Technolution

Matthias Horx, Jahrgang 1955, gilt als einflussreichster Trend- und Zukunftsforscher im deutschsprachigen Raum. Er war Redakteur unter anderem bei *Tempo* und *Die Zeit*. Seine Bücher, darunter *Wie wir leben werden* und *Anleitung zum Zukunftsoptimismus*, wurden zu Bestsellern. Matthias Horx lebt mit seiner Frau und seinen beiden Söhnen in Wien.

Matthias Horx

Technolution

Wie unsere Zukunft sich entwickelt

Campus Verlag
Frankfurt/New York

Bibliografische Information der Deutschen Nationalbibliothek:
Die Deutsche Nationalbibliothek verzeichnet diese Publikation in der
Deutschen Nationalbibliografie. Detaillierte bibliografische Daten
sind im Internet unter http://dnb.d-nb.de abrufbar.
ISBN 978-3-593-38555-6

Copyright © 2008 Campus Verlag GmbH, Frankfurt/Main
Umschlaggestaltung: Hißmann, Heilmann, Hamburg
Umschlagmotiv: © Getty Images
Satz: Fotosatz L. Huhn, Linsengericht
Druck und Bindung: CPI – Ebner & Spiegel, Ulm
Gedruckt auf säurefreiem und chlorfrei gebleichtem Papier.
Printed in Germany

Besuchen Sie uns im Internet: www.campus.de

Für Paul Strathern,
den Meister der Zitate und des Weltwissens
und besten Schwiegervater,
der in diesem Teil des Universums möglich ist.

Und natürlich für seine superfantastomatische Tochter ...

Inhalt

Ouvertüre

Auf dem Dachboden oder:
der vollautomatische Mann

Die Geschichte dieses Buches beginnt auf einem Dachboden. Auf dem staubigen Dachboden eines Hauses, in dem ich heute nicht mehr wohne.

Vor einigen Jahren begaben meine Familie und ich uns wieder einmal in den prekären Ausnahmezustand des Umziehens. Umziehen ist ja stets mit einer milden Form des Wahnsinns verbunden. Man muss sich *trennen* – von alten Gewohnheiten, Bindungen und Verwurzelungen. Dieser Zustand ähnelt einem leichten Trauma, das die Sinne schärft und die Seele empfänglich macht für die Schrecken und Segnungen der Veränderung.

In diesem Zustand also fand ich beim Versuch des Aufräumens auf dem Dachboden des Mietshauses, das ich damals mit meiner Familie verließ, einen kleinen, roten Koffer aus laminierter Pappe, der an den Ecken bereits Auflösungserscheinungen zeigte. Darin lagen, mit spröden Gummibändern zusammengehalten und in fleckigen Umschlägen oder grauen Kartons, die vergessenen Zukunfts-Schätze meiner Kindheit aus den sechziger Jahren.

Sechs abgestoßene Matchbox-Rennautos, von denen der rote Porsche unbestrittener König war. Ein Stapel Schulhefte, an dessen Rändern die ersten bunten Jimi-Hendrix-Mäander blühten. Eine plastische Detailkarte des Mondes im Großformat 1,50 mal 1,50 Meter. Und eine abgegriffene »Pan-Am-Fahrkarte zum Mond«, einzulösen am 1.1.2000, ausgestellt am 1.1.1967. Sie hatte 20 D-Mark gekostet, eine gewaltige Investition für die Taschengeldbudgets der damaligen Zeit. Ein Stapel *Hobby*-Hefte, mit wundersamen Geschichten über »Das sensationelle Leben im All«. Da-

runter ein Stapel von »Birkel Zukunftsbildern« (von den *Birkel-Nudelwer-*
ken in Endersbach bei Stuttgart, Buxtehude und Schwelm).

Lange betrachtete ich diese Bilder aus dem vergangenen Reich Technotopia, dem Königreich meiner Kindheit. Sie hatten sich auf seltsame
Weise verändert. Ich hatte sie geradezu *panoramisch* im Gedächtnis;
groß und bunt und lebensecht. Jetzt wirkten sie wie Karikaturen, wie
rührende Witzbilder. Sie waren seltsam geschrumpft, auf banale Brief-
markengröße; und ihr Verblassen lag nicht nur an der Altersschwäche
der Pigmente.

Abbildung 0.1: Die Kunststoff-
Wohnung: Es ist gar nicht so
schlimm, in der Kunststoff-
Wohnung die Tapete zu be-
malen ... Man reißt die Bahn
einfach ab. Alles, was in der
Wohnung steht, ist aus Kunst-
stoff, auch die Blumen.

Abbildung 0.2: Wer es eilig
hat und zwischen Früh-
stück und Mittagessen
noch in New York sein
möchte, benutzt ab London
das Flugzeug ohne Fenster,
das wie ein Pfeilflügel
aussieht. In einer Höhe
von 25 000 Metern rast es
dahin ...

Abbildung 0.3: Die fernen Weiten Alaskas sind von Atomloks
erobert worden. Die sind 40
Meter lang und entwickeln
eine Leistung von 7 000 PS.

Abbildung 0.4: In der vollauto-
matischen Küche kann sich die
Hausfrau als Herrin über die
Maschinen fühlen.

Abbildung 0.5: Die Kontrolle
des Wetters: Uralt ist der
Traum der Menschen, Wetter
nach den eigenen Wünschen
zu machen. Heute ist es möglich – Farmer schießen vom
LKW aus mit einem Wetter-Ge-
nerator Gefrierkerne in Form
von Silberjodid in die Wolken.

Auf einer der größeren Illustrationen rauschte aus einem mächtigen, kanonenähnlichen Ding, das auf einem Lastwagen aufgebaut war, eine Art Nordlicht gen Himmel.

Aber es sollte noch intensiver kommen. Weiter unten im roten Koffer, in einem braunen Pappumschlag, fand ich zwei Zeitungsausschnitte aus dem Jahr 1950, fünf Jahre vor meiner Geburt. Sie zeigten meinen Vater pfeiferauchend in zwei Reportagen in der *Constanze* und der *Welt am Sonntag*. Schauplatz war eine kleine Mansardenwohnung im zerstörten Nachkriegs-Berlin.

Mein Vater ist zu diesem Zeitpunkt 28 Jahre alt, Student der Elektotechnik, und er sieht, das fand auch meine Mutter, ziemlich gut aus.

Junger Mann mit Ideen lebt wie der letzte Mensch –
Student haust vollelektrisch

Das schmale Bett in der kleinen Mansarde ist nicht gerade komfortabel. Aber dafür sind es manche Dinge ringsherum umso mehr. 800 Meter Kabel hat der junge Mann im Lauf eines Jahres hier eingebaut. 48 Kontrollanzeigen verwirren den Außenstehenden. Früh um 6.30 Uhr schaltet sich der Kocher ein, auf dem Kaffee- und Rasierwasser steht. 6.33 folgt das Radio. 6.36 treten die Ventilatoren in Tätigkeit und ermuntern mit sanftem Morgenwind ... Wenn er im Winter um sechs nach Hause kommt, hatte die Schaltuhr den Ofen bereits um vier Uhr entzündet, die Kartoffeln gekocht, oder sogar einen Griesbrei. Nein, keinen klumpigen! Denn dazu gab es eine Vorrichtung, die mit dem Kochen der Flüssigkeit einen Trichter öffnete, durch den der Gries hineingelangte und kräftig durchgequirlt wurde ...

Da ist er also. Werner Horx, mein Vater. 1950, fünf Jahre nach der Apokalypse des Krieges. Ein Tüftler, ein Bastler, ein Überlebenskünstler mit Ehrgeiz, wie es so viele im zerbombten Nachkriegsdeutschland gibt. Seine Kunst ist das Löten und Basteln, seine Leidenschaft die Elektrik. Sein Traum: der vollautomatische Junggesellen-Haushalt. Insgesamt 30 »elektrische Wunder« bastelt mein Vater in seine Mansardenwohnung im 6. Stock eines Hauses hinein, dessen hintere Hälfte durch eine Fliegerbombe weggerissen wurde: von der Klo-besetzt-Fernanzeige (Toiletten gab es nur auf dem Treppenabsatz zwei Stockwerke tiefer) über den automatischen Eisblumenabtauer (in den Berliner Nachkriegswintern blieb es wochenlang unter minus 20 Grad) bis zur automatischen Zeitschaltuhr, die um 22 Uhr das Licht herunterregelte.

Die Obsession, die Welt um ihn herum zu steuern, zu kontrollieren und

Constanze, 12. Heft, 3. Jahrgang, erstes Juniheft 1950

zu beteiligen. Am Ende kennen auch Sie einen ungewöhnlichen „menschlichen Fall" an Ihrem Wohnort? Hier nochmal die Teilnahme-Bedingungen:

1. Senden Sie Ihren Tip mit dem Vermerk „Constanze-Idee" an die Redaktion Constanze, Hamburg 1, Sprinkenhof (neue Adresse!)
2. Schildern Sie kurz und leserlich mit allen Adressenangaben, um was es sich handelt.

3. Ihr Tip darf noch in keiner Zeitschrift oder Zeitung veröffentlicht worden sein.
4. Läßt Constanze Ihren Tip von einem Reporter aufgreifen und erscheint der Artikel, so erhalten Sie eine Woche nach Veröffentlichung ein Ideenhonorar. Je nach Inhalt beträgt es 30 bis 100 Mark.
5. Sie erhalten auf alle Fälle eine Nachricht. Aber bitte nicht böse sein, wenn sie vorgedruckt und kurz ist.

Student lebt voll-elektrisch

Er lebt wie der letzte Mensch

Wer den 28jährigen Studenten der Charlottenburger Technischen Hochschule Werner H. besuchen will, muß darauf gefaßt sein, daß er nicht gleich eingelassen wird. Als Constanze an seiner Tür klingelte, leuchtete ein Schild auf: „Pst! Ich schlafe!" Na, dann ruhe sanft, sagte sie sich und kam nach drei Stunden wieder. Diesmal blinkte im Kasten die Leuchtschrift auf: „Bei Studierarbeiten! Bitte später!" Erst beim drittenmal war der stumme Portier gnädig. Es erschien der einladende Spruch: „Ja, bitte! Die Tür ist offen!" Constanze trat ein und befand sich in einem großen Flur. Kein Mensch weit und breit. Plötzlich bemerkte sie einen Leuchtpfeil: „Zu Werner H." Sie ging um mehrere Ecken herum, lauter neuen Leuchtpfeilen nach, eine kleine Treppe hoch und stand dann in einer 4×2 Meter großen Mansarde einem Gewirr elektrischer Drähte und Geräte gegenüber, gewärtig, mit 220 Volt für ihren Vorwitz hingerichtet zu werden. „Keine Sorge", lachte der junge Mann. „Das ist alles gut gesichert!" Constanze sank auf einen Stuhl. Er war ausnahmsweise nicht elektrisch. „Ja, um Himmels willen, wozu ist das alles hier?" Herr H. lächelte erneut und lüftete sein Geheimnis: „Hier untern Dach wohnen fünf Parteien. Ich mag niemanden unnötig stören. Außerdem muß ich Zeit sparen. Bei mir funktioniert alles selbsttätig. Früh, um 6.30 Uhr schaltet sich der Kocher ein, auf dem Kaffee- und Rasierwasser steht. 6.33 Uhr folgt das Radio. 6.36 Uhr treten meine Ventilatoren in Tätigkeit und ermuntern mich mit sanftem Morgenwind. 6.37 Uhr ertönt ein kräftiger Summerton, den ich vom Bett aus nicht abstellen kann. Inzwischen kocht das Wasser. Bevor ich zur Universität gehe, stelle ich das Suppenkochgerät ein und setze mein Mittagbrot drauf. Eine Stunde vor meiner Heimkunft fängt der Suppenkocher an zu heizen. Komme ich nach Haus, ist das Essen fertig. Kennen Sie den Schlager: ‚Meine Klingel ist kaputt, juhhu!' Bei mir nicht! Auf Wiedersehen!"

Fotos: B. Waske (4), W. Fritz (5)

Die Scheibe hinter Werners klugem Köpfchen ist die große Uhr, deren Kontakte nicht nur das Wecken und Kochen veranlassen, sondern auch das meterlange Heizkissen im Bett zur gewünschten Zeit an- und abstellen.

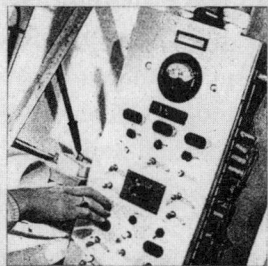

Wenn hier die rote Birne aufleuchtet, weiß Werner, daß der Briefträger Post durchgeworfen hat. Blaue Lampe heißt: „Toilette besetzt". Bei Grün liegt Strömstörung vor. Dann schaltet sich alles auf Batterie um.

Seine automatische Feuerhexe entzündet den Ofen. Wenn's halt ist, glüht ein Widerstandsdraht auf und setzt die vorbereitete Feuerung in Brand. Alle Geräte hat er aus alten Klamotten selbst gebastelt.

Werners elektrisches Gehirn erspart ihm die Frau im Hause. Er ist mit der Elektrizität verheiratet. „Der ganze Klimpatsch verbraucht höchstens für 2 Mark mehr Strom als sonst", sagt der Zweckmäßigkeitsfanatiker.

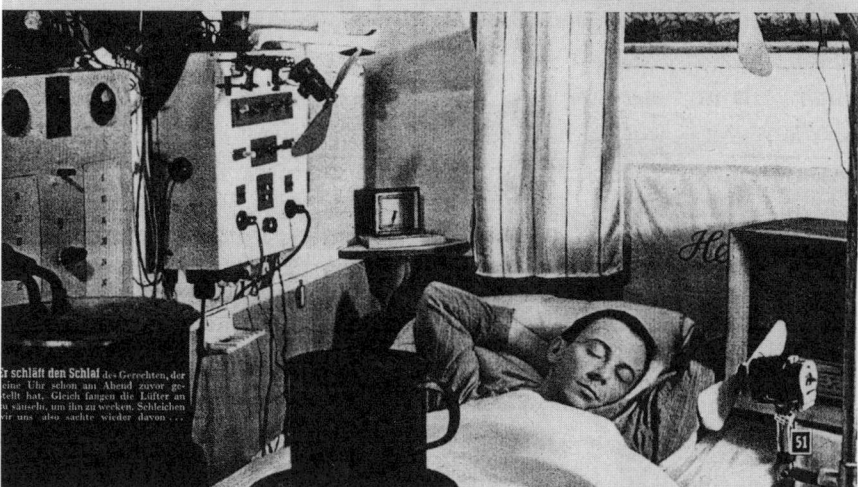

Er schläft den Schlaf des Gerechten, der seine Uhr schon am Abend zuvor gestellt hat. Gleich fangen die Lüfter an zu säuseln, um ihn zu wecken. Schleichen wir uns also sachte wieder davon ...

Abbildung 0.6: Werner Horx, der Nachkriegsbastler.

in einen berechenbaren Zeittakt zu zwingen, sollte ihn nie wirklich ver-
lassen. Im Reihenhaus in der Vorstadt, in dem ich meine Kindheit verbrachte, baute er eine riesige Eisenbahnanlage im Keller, die von einem
gewaltigen Schaltpult aus gesteuert wurde (es war so voller schwerer
Relais und Transformatoren, dass es später, bei einem weiteren Umzug,
zurückgelassen werden musste). Die Züge leuchteten im Dunkeln und
stießen sogar kleine weiße Dampfwolken aus. Meine Rolle in diesem vollautomatischen Rangierbahnhof war es, eine Eisenbahner-Mütze zu tragen, eine Kelle hochzuhalten und zu pfeifen.

Aus meinem sechsten Lebensjahr erinnere ich mich an die große ti-
ckende Uhr über meinem Kopfkissen. Mein Vater hatte mit schönen bunten Bildern die einzelnen Tagesabschnitte daraufgemalt: Zähneputzen,
Anziehen, Frühstücken, Mittagessen, Hausaufgaben, Abendessen, Bett-
zeit. Eine geordnete zeitliche Welt, ein Uhrwerk des Lebens. Jedes Mal,
wenn der Zeiger einen bestimmten Zeitabschnitt überschritt, klickte es
deutlich hörbar. Immer um Punkt acht machte das Relais besonders laut
klack, und dann leuchtete auf dem Kasten auf meinem Nachttisch das
große, düstere rote Wort »Einschlafen!« auf.

Von meiner Mutter ist bekannt, dass sie den Automatisierungszwang
meines Vaters etwas befremdlich fand, aber mit Humor nahm. Sie wei-
gerte sich, das Sofa zu benutzen, angeblich aus Angst vor einem elektrischen Schlag. Den Grießbrei kochte sie lieber selbst, und bei der Planung
einer vollautomatischen Bügelmaschine soll sie einmal ein Bügeleisen
an die Wand geworfen haben. Aber das sind Familiengerüchte. Waren
Männer nicht *immer* so? Musste man sich nicht daran gewöhnen, dass
sie immer alles regeln, steuern und kontrollieren wollen?

Ich sehe ihn noch da stehen, an der Werkbank im Keller, meinen tüf-
telnden Meisterbastler-Vater, den Hohepriester der automatischen Welt.
Ich rieche den Lötzinn und die heißen Transformatoren, den Geruch von
schmelzendem Plastik und den aromatischen Sechziger-Jahre-Klebstoff,
mit dem man die Modellhäuschen für die Eisenbahn-Landschaften zu-
sammenklebte und den man in langen, lustvollen Schichten von den
Fingern abziehen konnte. Ich sehe ihn, mit der Pfeife im Mund, mit Hunderten von Werkzeugen hantieren, elektrische Drähte schneiden und mit
Kabelschellen, klobigen Relais und blinkenden Lämpchen verbinden, mit
ruhigen, konzentrierten Bewegungen.

Und ich denke an meine eigene Jugend, die später nach Raketentreibstoff, einer Prise Marihuana und erheblichen erotischen Verheißungen roch.

Und plötzlich, auf diesem heißen Dachboden, mit dem Taubenkot unter den Gauben und dem durchdringenden Geruch unwiderbringlicher Vergangenheit, stieg ein heiliger Zorn in mir auf. Technik, so offenbarte sich mir, ist der große Betrüger. Sie gaukelt uns Erlösungen vor, die sie nie halten kann. Sie führt uns an der Nase herum, verdammt uns zu einer Illusion nach der anderen – und kann doch nie halten, was sie glorios verspricht. Sie ist wie der Vater auf dem Dachboden, der, kaum dass die Kindheit vorüber ist, alt und krank und hinfällig wird.

Wo sind sie nur alle geblieben, die Raumstationen, in denen wir fröhlich-schwerelos in hautengen Stretchuniformen umhertreiben, während am Himmel über uns Galaxien und Sterne leuchten? Hat jemand eine Ahnung, wo die sprachgesteuerten höflichen Roboter – *»Ja, Herr! Selbstverständlich, Herr!«* –, die uns den Rasen sprengen und das Geschirr abwaschen und den Müll raustragen und das Essen servieren, geblieben sind? Und die lichten Unterwasserstädte, die Aircopter, mit denen wir eben mal zum Einkaufen in die Stadt fliegen? Die Super-Medikamente, die uns alle schlank bleiben lassen, den Krebs bekämpfen und das Leben endlos und unbeschwert machen? Die Helme, die wir uns aufsetzen, und – zong! – schon haben wir eine neue Fremdsprache gelernt? Die sprechenden Haustiere, die sprachgesteuerten Häuser und selbstfahrenden Autos? Wir müssen nur noch eine kleine Weile Geduld haben? Wer's glaubt, wird selig!

Wo, zum Teufel, ist die *Zukunft* geblieben? Warum haben sich sogar die *Utopien*, die sich um die Technik ranken, heute in absurde Blödheiten verwandelt? Hier einige Beispiele aus der Gegenwart der Zukunftsvisionen:

Die Lifestyle-Medizin der Zukunft

Ein romantisches Wochenende im Jahr 2020, Tom und Linda sind zu einem Rendezvous verabredet. Dass beide schon jenseits der 60 sind, sieht man ihnen nicht an – regelmäßigen Antifalten-Behandlungen sei

Dank. Außerdem schlucken die beiden täglich einen Cocktail aus 250 Vitaminen, Enzymen und Hormonen. Auch der Abend verläuft dank Lifestyle-Medikamenten wild wie bei Twens. Kurz bevor Linda an der Tür klingelt, verteilt Tom ein paar Spritzer Oxytocin im Raum – für eine vertrauensvolle Atmosphäre. Danach schluckt er eine Kombination aus Viagra und Dapoxetine, ein Medikament, das vorzeitigen Samenerguss verhindert.

In diesem Text, gefunden in einer Website im Jahr 2008, konzentriert sich alles, was an unsinnigem *Technoquark* in den heutigen Medien kursiert. Welche Welt- und Menschenverachtung muss hinter einer solchen »Vision« stecken, die uns als Vorstellung eines »romantischen Wochenendes in der Zukunft« verkauft wird? Alles daran ist falsch: das Bild der Sechzigjährigen als impotente Greise, die Technologie als Prothese, die Vorstellung, mit chemischen Mitteln Gefühle »herzustellen«, die ganze Kontroll- und Manipulations-Fantasie, die uns als »Zukunft« verkauft wird.

Das Leben in der Zukunft

Wir werden nach wie vor morgens aufstehen. Wir werden ins Badezimmer gehen und wenn wir Männer sind, dann werden wir uns rasieren. Das ist alles, was von unserem alten Leben übrig bleibt. Neu wird sein, dass wir alle einen Avatar haben, der uns das Leben leicht und süß macht – eine Software. Sie wird mit unseren Eigenschaften, Vorlieben und Bedürfnissen gefüttert sein. Die Software wird wissen, was wir wollen … Während wir uns rasieren, wird unser Butler im Badezimmer erscheinen und uns einen wunderschönen guten Morgen wünschen. Dann wird er uns das Fußballspiel von gestern Abend zeigen. Er wird dann unseren Freund anwählen, mit dem wir gerne gemeinsam Fußball schauen, und ihn im rechten oberen Eck des Badezimmerspiegels einblenden – wir werden dann gemeinsam das laufende Spiel kommentieren. Später werden wir unsere Sonnenbrille aufsetzen und zur Arbeit gehen, und während wir gehen, können wir das Spiel im Inneren der Sonnenbrille zu Ende gucken. Wenn wir im Büro ankommen, wird der Butler erkennen, in welcher Stimmung wir sind, aggressiv, melancholisch oder vielleicht verliebt. Er wird die passende Musik auswählen. Sensoren werden uns beobachten, unsere Emotionen erkennen können. Abends, wenn wir nach Hause kommen, wird der Butler ein individuelles Unterhaltungsprogramm komponieren. Wenn wir verkrampft sind, wird er uns ein Blödelfilmchen aus den Videoportalen vorspielen, wenn wir lüstern wirken, einen Porno. Unser Butler wird uns auf Artikel hinweisen, die uns erfahrungsgemäß interessieren. Auf Produkte, die uns erfahrungsgemäß gefallen. Auf Menschen, deren Eigenschaften wir erfahrungsgemäß schätzen. In sieben bis acht Jahren wird es so weit sein!

Markus Feldenkirchen, der *Spiegel*-Autor, der diese »Vision« auf einer typischen »Future Vision Conference« auf der Burg Giebichenstein bei Halle im Jahr 2007 protokollierte, fügte trocken hinzu:

> Sie glauben, das Paradies zu gestalten, aber sie haben nicht bemerkt, dass sie die Vision eines stinklangweiligen Lebens entworfen haben![1]

Wie wahr! Und wie schrecklich. Wir sind in einer Welt von futuristischem Spießertum gelandet. Die Zukunft ist zu einer automatisierten Hölle verkommen, gegen die das Bastel-Wohnzimmer meines Vaters noch einen gesunden dilettantischen Charme versprühte. Gegen diese »Zukunft« waren die Hirschgeweih- und Pantoffel-Idyllen unserer Ur-Urgroßeltern noch im hohen Maße spannend und fortschrittlich.

Schließlich fand ich in meiner Schublade einen Zukunftswettbewerb der *Zeit*, in dem junge Leser – Kinder um die zehn Jahre – »Zukunftsmaschinen« beschrieben, die sie unbedingt haben oder bauen wollten:

> Emma, 7 Jahre: »Immer wenn ich ›Zähne putzen!‹ rufe, kommt diese Zahnputzmaschine. In der ersten Hand hat er meine Zahnbürste, in der zweiten meine Zahnpasta und in der dritten Hand einen Waschlappen.«
> Jan Philipp, 9 Jahre: »Das ist eine Essenbringmaschine. Sie kann sprechen, telefonieren, Essen machen und überall hinfassen. Sie kann auch ihre Arme zehn Kilometer weit ausfahren. Am besten aber kann sie Spaghetti kochen.«

Und schließlich eine Postkarte, die ich meinen Söhnen aus London geschickt hatte, als sie vier und sechs Jahre alt waren – ach, waren sie süß!

Plötzlich fiel es mir wie Schuppen von den Augen: Unsere technologischen Zukunftsträume sind in Wirklichkeit Kleine-Hans-Visionen.

Technologie, das war – und ist bis heute – die große Mutti, die uns anstandslos und ohne Murren rund um die Uhr versorgt.

Wir alle sind Abkömmlinge eines futurologischen Kinderhortes, der irgendwie dem Raum mit den Tausenden bunten Styroporkugeln bei IKEA ähnelt. Der Krieg ist vorbei, und alles wird gut. Nur dass nun niemand mehr den kleinen Martin aus dem Kinderparadies abholen kann.

Abbildung 07: *In the future you will have massive sweets walking.*
(In der Zukunft werden gewaltige Bonbons herumlaufen.)

Teil I
Eine kleine Floppologie
Warum Innovationen scheitern

Die Informationsgesellschaft ist vor allem eine Erzählgemeinschaft.
Ihre Erzählform ist das Futur. Es wird einmal. Das große Mañana.
Das freie Prophezeien ist zum Volkssport geworden. Aus dem Traum
einer besseren Gesellschaft ist der Glaube an die überlegene Technik
geworden, die für den Einzelnen dasselbe leisten kann: die Befriedi-
gung aller körperlichen Bedürfnisse durch Teleshopping, Cybersex
und das Schwanzwedeln irgendeines besten Freundes aus Plastik,
bis dass die Akkuladung euch scheidet![2]

Hilmar Schmundt, Hightechmärchen

One machine can do the work of fifty ordinary men. No machine
can do the work of one extraordinary man.

Elbert Hubbard

Der Zeppelin: Der glorreiche König der Lüfte

Als das Flaggschiff der deutschen Luftschifffahrt, die majestätische »Hindenburg«, am 6. Mai 1937 beim Landeanflug in Lakehurst in New Jersey in Flammen aufging, beendete dies eine glanzvolle Episode technologischen Fortschritts. Die Zeppeline, diese sanften Riesen der Lüfte, hatten immerhin ein Vierteljahrhundert Geschichte hinter sich – eine äußerst erfolgreiche und spektakuläre Epoche der Aeronautik. Die 1928 in Dienst gestellte »Graf Zeppelin« flog mehr als eine Million Meilen und kreuzte 144-mal über den Atlantik, bevor sie nach dem Unfall von Lakehurst im selben Jahr noch ausgemustert wurde. Mehr als 25 Luftschiffe hatte das Deutsche Reich bis 1937 in Betrieb, 130 wurden insgesamt gebaut, bedienten den Linienbetrieb innerhalb Europas, von Friedrichshafen nach Berlin und in fünf andere deutsche Großstädte, von Frankfurt nach Rio, Ägypten und New York.

Die Zeppeline waren das Produkt eines langen Sehnsuchtsprozesses. Die mentalen und technischen Vorbereitungen hatten bereits Jahrhunderte, vielleicht Jahrtausende gedauert – der Traum vom Fliegen ist so alt wie die Menschheit selbst. Seit am 21. November 1783 die Brüder Montgolfier die ersten Menschen im Heißluftballon über die Dächer von Paris geschickt hatten, war ein weitverbreitetes »aeronautisches Fieber« entstanden. Könige, Potentaten und Revolutionäre hatten alle auf ihre Weise die »Menscherhebung in die Luft« symbolisch zu funktionalisieren versucht. Zu Napoleons Krönung 1804 wurde ein Ballon über ganz Europa geschickt – er landete ausgerechnet auf dem Grab Neros am Stadtrand von Rom, was Napoleon toben ließ – der Franzosenkaiser sah diesen unfreiwilligen Bezug zu dem tyrannischen Imperator als schlechtes Zeichen.[3]

Der Triumph des Zeppelins zu Beginn des 20. Jahrhunderts war ein Fanal des Fortschritts, dessen Auswirkungen um 1900 auch die Massen zu erfassen begannen: Der Kunstdünger verbesserte die Nahrungslage in den rasant wachsenden Industrieregionen. Die Billetts der Eisenbahnen wurden auch für einfache Leute erschwinglich. Das elektrische Licht erhellte nun die Straßen der großen Städte und löste die Gaslaternen und rußigen Petroleumfunzeln ab. Die alten Windjammer, mit denen man bei weiten Seereisen völlig von den Naturkräften abhängig war, wurden durch schnelle Dampfschiffe ersetzt. Eine erste Globalisierungsphase des Welthandels brachte »Kolonialwaren« bis in die Provinz.

Der Zeppelin war im *Fin de Siècle*, diesem Zeitalter der elektrifizierten Fortschritts-Hoffnungen, ein magisches Symbol. Seine silbrige Stromlinienform wirkte wie eine Chiffre der Zeit- und Raumüberwindung – wie eine Botschaft aus der Zukunft eben. Wenn Zeppeline über Großstädten erschienen, wurde ihre Ankunft fast wie ein Gottesdienst zelebriert.

Die Zukunft lag in der Luft. In den Jahren zwischen 1905 und 1915 wurden im Deutschen Reich Millionen von »Zukunftspostkarten« verschickt, die jeweils die Silhouette einer bestimmten Stadt zeigten, über der Hunderte von Doppeldeckern, Zeppelinen und merkwürdigen »Luftkraftwagen« schwebten. Der 1910 in Leipzig erschienene Utopie-Bestseller *Die Welt in 100 Jahren* interpretierte den Zeppelin als Anfang eines allgemeinen »Luftwohnens«, bei dem sich zum Beispiel die Kolonialisten Afrikas 2 000 Meter über der Erde in »Luftburgen« ein schönes Leben machen würden.[4]

Der Zeppelin verfügte nicht nur über die entsprechende Majestätik, sondern auch über einen veritablen technologischen Vorsprung gegenüber seinem Konkurrenten, dem Flügelflugzeug. Erst 1903 war es den Brüdern Wright in Amerika gelungen, ein Motorflugzeug länger als zehn Sekunden in der Luft zu halten, und so schien für die meisten Zeitgenossen, wie für das Gros der Wissenschaftler, die Sachlage klar: Flugzeuge sind schwerer als Luft, neigen zum Abstürzen, sie können deshalb niemals dem Luftschiff den Rang ablaufen.

Doch wie konnte ein Unfall wie der von Lakehurst eine derart triumphale technische Evolution mit einem Schlag beenden? Bis dahin hatte es keinen größeren Unfall mit Zeppelinen gegeben, und mit den Opferzahlen lässt sich das kaum erklären. Lakehurst forderte 35 Menschenleben – gegenüber 1 504 Todesopfern der Titanic-Katastrophe von 1912. Und schon eine Woche nach dem Untergang der Titanic wurden die nächsten

Abbildung 1.1: Eine typische Zukunftspostkarte um 1910.

großen Ozean-Liner in Dienst gestellt. Gegen das Automobil in dessen Pionierjahren war der Zeppelin ebenfalls ein vergleichsweise sicheres Reisemittel. Auch im Reich der Eisenbahnen kam es immer wieder zu spektakulären Unglücken, ganz zu schweigen von den Flugzeugen, die jahrzehntelang als »Himmelfahrtsmaschinen« galten.

Gewiss spielten politische Veränderungen eine Rolle – das auf eine direkte Konfrontation zusteuernde Verhältnis zwischen Amerika und Nazi-Deutschland, die Sabotagegerüchte und Verschwörungstheorien, die nach dem Lakehurst-Unfall in Berlin kursierten. Die USA besaßen in den dreißiger Jahren mehr oder weniger das Monopol über das teurere, aber sichere Helium; sie verweigerten es dem Deutschen Reich, so das Gerücht, um durch die Provokation eines (durch die leichte Entflammbarkeit von Wasserstoff verursachten) Unfalls die Hoheit in der Weltluftfahrt an sich zu reißen ... Diese Theorie ignorierte, dass auch die Amerikaner und Briten überwiegend mit Wasserstoff-Zeppelinen Luftschifffahrt[5] betrieben (eines der größten US-Luftschiffe, die »Los Angeles«, war eine Reparationsleistung der Deutschen)[6].

Um Triumph und Fall der Zeppelintechnologie genauer zu verstehen, müssen wir uns im Geiste noch einmal an Bord eines der Luxusliner der Lüfte begeben.

Die Zeppelin-Luftschifffahrt war Luxus pur. Jede der 25 Kabinen der Hindenburg verfügte über ein komplettes Badezimmer mit Wanne und Armaturen. Seidenbrokat-Tapeten zierten die Wände. Auf jeder Seite des Schiffes verliefen 20 Meter lange verglaste »Schaugänge«. In der geräumigen Lounge standen ein großer Bechstein-Flügel und bequemste Fauteuils.

> Alle Metallteile des Kabinengerüstes sind mit Mahagoni innen verkleidet. Eine reiche Einlegearbeit an den Deckenbalken und Säulen lässt die Kabine als außerordentlich komfortablen und eleganten Raum erscheinen ... Ein sanftes Weinrot herrschte vor, Volants und gemusterte Tapeten sorgten für eine wohnliche Athmosphäre.[7]

Auf den Reisen nach Südamerika wurde von der Bordküche aufgefahren, was die hochbürgerliche Gourmetküche zu bieten hatte, mit einem »Theming« der jeweiligen überflogenen Regionen: Langusten bei der Äquatorüberquerung, Ochsenzunge in Madeira über der Insel Madeira, Chicken Creole, wenn das Luftschiff über Mexiko kreuzte. Die Weinkarte bot einen Chateau Talbot und Châteauneuf-du-Pape vom Fass.

Zeppelinreisen inszenierten eine alte, vorbürgerliche Weise des *Schauens*: Die Welt wurde als *Panorama* vorgeführt, wie auf den Rundum-Gemälden des 17. und 18. Jahrhunderts. *»Majestätisch gleiten die Berge der Kordilleren vorbei!«* – *»Der Zuckerhut von Rio kommt in Sicht!!!«* – so klangen die mit gutturalem R gerollten Berichte aus der Zeppelinkanzel, die in den dreißiger Jahren per Radioreportagen in alle Welt gingen. Weniger das Bewegen von Ort zu Ort als die *Betrachtung* der Welt bildete den sinnhaften Kern einer Zeppelinreise.

Die großen Ozean-Liner, die von 1890 an den Atlantikverkehr dominierten, finanzierten sich nicht zuletzt aus den Menschenmassen, die in ihrem Bauch verborgen blieben. 200 Erste-Klasse-Passagieren stand die zehnfache Menge von Zweite- und Dritte-Klasse-Passagieren gegenüber, die größtenteils nach Amerika emigrierten. Im Zeppelin hingegen entfiel diese Querfinanzierung. Eine Atlantiküberfahrt kostete mit 1500 Reichsmark (einfach) etwas mehr als ein Erste-Klasse-Schiffsticket. Aber die Besatzung konnte kaum weniger als 40 Mann stark sein, während die Passagieranzahl bei etwa ebenfalls 40 stagnierte – trotz immer größerer Gasballons und immer riesigerer Konstruktionen trugen die Zeppeline einfach nicht mehr Gewicht.

Wer reiste von Deutschland nach Amerika und zahlte dabei für den Zeitvorteil? (Zeppeline waren etwa doppelt so schnell wie die Luxusliner, sie machten etwa 100 Stundenkilometer, aber nur, wenn das Wetter gut war.) Magnaten, Filmproduzenten, exzentrische Damen aus der Hautevolee, reiche Erben – und Journalisten, zum Beispiel Arthur Koestler. Teilweise bildeten in den Luxusgondeln Journalisten ein Drittel der Passagiere, und über dem Atlantik ging es zu wie in einer *murder mystery* von Patricia Highsmith: Zigarren, Flirt, schöngeistige Gespräche und übermäßiger Champagnergenuss auf sanft schwankendem Boden.

Dass schließlich das Flugzeug den totalen Sieg im Luftverkehr davontragen sollte, lag mit Sicherheit nicht an dessen Bequemlichkeit. Flugzeuge blieben als Menschentransportmittel viele Jahrzehnte lang hart, unkomfortabel und gefährlich. Aber Flugzeuge waren *robuster* gegen Wettereinflüsse – sie mussten bei Gewittern und Stürmen weniger Umwege in Kauf nehmen oder am Boden bleiben. Sie konnten bald größere Mengen von Passagieren befördern – was beim Zeppelin nur mit einer gigantischen Aufblähung möglich gewesen wäre. Und vor allem: Sie hatten einen klaren und unschlagbaren Zeitvorteil. Blieben Zeppeline eher ein Zeitvertreib für die »Leisure Class«, verkörperte das Flugzeug das Kernversprechen der industriellen Moderne: *Geschwindigkeit!*

Wie Zeppeline wurden auch Flugzeuge zu Beginn der Luftfahrt aus herkömmlichen Materialien gebaut: Stoff, Holz, Metallstreben. Auch Zeppeline erfuhren konstruktive Veränderungen – die ersten, wulstigen Ungetüme waren konstruktiv meilenweit von den stromlinienförmigen, elegant versteiften Zigarren der dreißiger Jahre entfernt. Doch das Flugzeug durchlief eine weitaus radikalere Entwicklung. Die Kommandozentrale eines Zeppelins ähnelte der mahagonigetäfelten Brücke eines Schiffes – weil Zeppeline langsam flogen, mussten im Vergleich zur Schiffstechnik kaum ergonomische Veränderungen vorgenommen werden. Die Steuerungseinheiten der Flugzeuge wandelten sich hingegen schnell zu »Cockpits« – (»Hahnengruben«), in denen Informationen vom Piloten ungleich schneller verarbeitet werden konnten.

Freeman Dyson beschrieb den Unterschied der technologischen Evolution beider Fluggeräte so:

> »Der Zeppelin entstand aus Träumen von Imperialität. Flugzeuge dagegen entstanden aus den Träumen persönlicher Abenteuer. ... Die Evolution des Flugzeugs war ein strikt darwinistischer Prozess. So gut wie alle Flugzeugvarianten der Pionierzeit versagten, so wie fast alle Exemplare einer Spezies irgendwann aussterben. ... Flugzeuge stürzten ab, Piloten wurden getötet, Investoren wurden ruiniert, aber aufgrund der Vielfalt der Flugzeugindustrie waren die Verluste nie groß genug, um die Evolution aufzuhalten. Aufgrund der gnadenlosen Selektion sind die heutigen Flugzeuge heute erstaunlich verlässlich, ökonomisch und sicher.«[8]

Der Unfall von Lakehurst fand statt, als die technische Evolution des Zeppelins sich längst auf einem toten Ast befand. Diese Sackgasse war einerseits technischer, aber auch ökonomischer und nicht zuletzt *kultureller* Natur. Zeppeline bildeten eine Eins-zu-eins-Umsetzung eines aristokratisch-bürgerlichen Schiffssalons in die Luftfahrt. Flugzeuge hingegen erzeugten eine völlig eigenständige Techno-Evolution, sie »morphten« entlang der gnadenlosen Auslese der Abstürze, des technischen Versagens, der Kriegseinsätze. (Zeppeline fanden im Ersten Weltkrieg zwar Verwendung, stellten sich aber als enorm verwundbar heraus und blieben deshalb später im Kriegseinsatz unbemannt.) Flugzeuge produzierten männliche Mythen- und Heldengeschichten, vom »Roten Baron« Richthofen über Lindbergh bis Saint-Exupéry. Zeppeline verlängerten die gesellschaftlichen Beharrungskräfte der Jahrhundertwende einfach in die Luft. Dort blieben sie gleichsam stehen – ihr evolutionärer Spielraum war ausgereizt.

Am Wettlauf zwischen den beiden Lufttechnologien lässt sich der »technolutionäre« Prozess beispielhaft aufzeigen. Was im Reich der Natur die Ressourcen von Luft, Wasser, Nahrungsstoffe, sind im Bereich der Technik Kapital, Wissen, Infrastrukturbildung, menschliches Interesse, aber auch kulturelle Bindungen und Bedürfnisse. Wie im Reich der Natur gibt es auch im Universum der Technik Überlebenstechniken wie Schnelligkeit, Panzerung, Tarnung, Symbiose, Fortpflanzungsgeschwindigkeit, Kooperation. Und wie die natürliche Evolution Organismen radikal umformt oder aussterben lässt, werden auch Technologien von ihrer »Umwelt« ständig zu Wandlungen getrieben – auf Gedeih oder Verderb.

65 Jahre nach dem Ende der Großzeppeline, im Herbst 2002, endete in der Nähe von Potsdam auch der zweite Versuch, Luftschifffahrt in kommerziellen Dimensionen zu betreiben, in einem Desaster – allerdings ohne Menschenopfer. Cargolifter, das Unternehmen mit dem New-Economy-Esprit, das sich der Zeppelintechnik im Sinn eines emphatischen »Retros« bedienen wollte – diesmal zur Beförderung von Schwerlasten –, meldete Insolvenz an. Millionen von Investorengeldern waren verloren. In der riesigen Halle von Cargolifter befindet sich heute ein von asiatischen Investoren betriebenes Tropen-Paradies.

Man kann Dinosaurier nur schwer wiederbeleben, wenn die Lebensräume dieser Riesen nicht mehr existieren.

Das Flugauto: Lass uns abdüsen, Egon!

In den sechziger Jahren boomten in Amerika spektakuläre Vorführungen von wagemutigen Männern, die in knallbunten Fantasie-Raumanzügen mit Raketenrucksäcken über Schluchten oder atemlose Menschenmengen sprangen. Einer von ihnen war der legendäre Stuntman William P. Suitor, der »Original Rocketeer«. Seitdem hat uns die Fantasie des individualisierten Fliegens nicht mehr losgelassen. Alle Jubeljahre wieder werden sie uns in der Rubrik »Vermischtes« erneut als »demnächst serienreif« verkauft. Die Flugautos, »Solokopter« oder andere Geräte, mit denen sich Otto Normalverbraucher endlich in die Luft erheben kann: »Ein einfacher Führerschein genügt!«

Wäre das nicht die längst fällige Lösung für alle Verkehrsprobleme? Eine Antwort auf den Horror der Billigflieger, in denen wir wie eingedoste Tomaten sitzen, wie auf die Agonie im Stau? Wäre es nicht die logische Konsequenz und Fortsetzungsgeschichte des technischen Fortschritts?

Wer an den Küsten der Welt an einen x-beliebigen Hafen kommt, findet dort unzählige Jachten und Boote in allen Formen und Größen – gesteuert von Laien mit Bootsführerschein. Das Fahrrad hat, entgegen aller Voraussagen, auch nach dem Triumph des motorisierten Individualverkehrs eine Zukunft vor sich. Ähnliches gilt für die Motorräder, die von Pioniervehikeln zu Hobby-Hightechmaschinen mutierten. Nur das individualisierte Fliegen ist einsames Privileg einer kleinen, irgendwie versnobten Elite geblieben. Etwas seltsam Altmodisches umweht die Individualfliegerei. Die Bar eines Kleinflughafens in der Provinz wirkt wie ein Wohnzimmer aus den fünfziger Jahren; dagegen ist jedes Tennis-Center hochmodern. Die Pipers und Cessnas auf dem Vorfeld sehen genauso aus wie in den siebziger Jahren, sie sind immer noch so unerschwinglich teuer, dass sie für das reine Privatvergnügen nur beschränkt taugen. Ein durchschnittliches Privatflugzeug schafft leicht 30, 40 Jahre bis zur Ausmusterung, ein Alter, in dem man Autos längst der Schrottpresse überantwortet hätte.

Die Technolution des Privatfliegens, so können wir konstatieren, stagniert. Anstatt sich zu beschleunigen, wie man es angesichts der gewaltigen weltweiten Zunahme des Flugverkehrs und der Mobilität *überhaupt* vermuten könnte.

In unzähligen Sci-Fi-Filmen konnten wir dagegen den Individualverkehr der Zukunft *at full throttle* erleben. In *Das fünfte Element* kurvt der abgehalfterte Spezialagent Bruce Willis mit seinem Lufttaxi durch eine dreidimensionale New Yorker Rush Hour, dass es nur so kracht. In der großen – und vor allem teuren – ZDF-Serie *2057 – Unser Leben in der Zukunft*, einem der letzten großen Zukunftsversuche des deutschen Fernsehens, ziehen die Flugautos in langen Kolonnen durch die Luft. Die japanische Firma Engineering System Co. bietet schon seit mehreren Jahren einen

Abbildung 1.2: Das Moller Skycar.

getesteten Rotor-Rucksack für knapp 35 000 Euro an – als Kunden interessierten sich bislang nur Militärs. Und der fanatische Flugzeugingenieur Paul Moller hat es mit seinem wohldesignten Düsen-Viersitzer »Moller Skycar« zu unzähligen Zeitungsberichten, aber null Flugstunden gebracht.

Woran liegt es, dass in der Evolution des Flugverkehrs die klassischen Gesetze technischer Innovationswellen – irgendwann folgt auf eine elitäre Phase des Technikgebrauchs die Individualisierung, Demokratisierung, Verbilligung und Vermassung – versagen?

Mehrere Argumente fallen einem spontan ein. Fluggeräte sind, ohne Zweifel, komplexer als Fahrgeräte. Sie erzwingen ein hohes Maß von Redundanz, was zu teuren Zweit- und Drittsystemen führt. Aber noch vor wenigen Jahren waren auch Computer teuer. Und heute stecken in jedem Handy mehr elektronische Schaltkreise als im Apollo-Mondlandeprogramm.

Ist es ein Ressourcenproblem? Die Verteuerung des Öls scheint ein massives Gegenargument gegen den Individualluftverkehr. Doch das Evolutionstempo des Privatflugzeugs blieb auch in jener Zeit das einer Schnecke, als das Kerosin noch spottbillig war. Neuere Kleinflugzeuge verbrauchen kaum mehr Treibstoff als ein Mittelklasseauto. Der Lärm? Auch er wäre technologisch beherrschbar.

Bleibt die Steuerungs- und Sicherheitsfrage: Wie ließe sich ein Flugkontrollsystem konstruieren, dass nicht Tausende, sondern *Millionen* Flugbewegungen sicher koordiniert?

Jedes GPS-System bestimmt heute die Lage eines Objekts im dreidimensionalen Raum. Jeder Herr Schmidt kann einen simulierten Jumbo-Jet auf seinem Heim-PC steuern. Rechnerkapazitäten sind keine Mangelressource mehr. Warum also tut sich nichts an dieser technologischen Front? Warum gibt es kein »iPlane« – und warum, meine These, wird es auch in den nächsten 50, 100 Jahren keinen massenhaften Individualflugverkehr geben?

Um die Evolutionsgesetze von Technologien zu beschreiben, müssen wir noch andere Faktoren verstehen als nur die technischen. In Sachen »iPlane«, also des Flugautos für jedermann, gibt es schlichtweg höhere systemische Hürden. Dazu ist jedoch schlichtweg die menschliche Psyche verantwortlich für einen starken Bremseffekt.

Der Ursprung der Menschheit liegt in den Savannen, in den weiten Ebenen und Hügelländern Afrikas. Unser Hirn wurde von der Evolution vor allem in *zwei* Dimensionen geformt; wir sind »Horizontalwesen«. Für unsere Vorfahren, die Jäger und Sammler, war es existenziell, zu wissen, wo sie sich befanden – in Bezug auf die Jagdbeute, in Bezug auf die Höhle, in der die Sippe Unterschlupf gefunden hatte, oder gegenüber dem feindlichen Stamm.

All diesen Orientierungsmodi fehlt die dritte Dimension – sie ist zumindest stark unterrepräsentiert. Zwar gibt es Völker wie die Sherpas, Berufszweige wie Taucher, Piloten oder Astronauten, die die Höhen- oder Tiefenangst überwinden oder zumindest beherrschen können und die dabei ein erhebliches *dreidimensionales* Orientierungsvermögen erlangen. Aber im Vergleich zur gewohnten Bewegung in der Fläche stellt die dritte Dimension eine existenzielle Herausforderung für unser Kognitionssystem dar. (Beispielsweise weiß jeder, der Computerspiele spielt, dass im virtuellen Raum fast immer Landschaften nachgebaut werden.)

Neben einem zweidimensionalen Orientierungsgehirn hat uns die Evolution auch ein ausgeprägtes Risikogehirn mitgegeben. Wir beurteilen

Risiken jeweils instinktiv nach der »Redundanzquote« – welche Chancen habe ich, wenn etwas schiefgeht? Wenn ein Bootsmotor versagt, rudern wir (falls wir nicht zu blöd dazu waren, ein Paddel mitzunehmen). Wenn der Motor eines Autos stehen bleibt, rollen wir an den Rand. Auch wenn moderne Flugzeugmotoren viel seltener versagen, als wir glauben: Fliegen steigert unsere existenzielle Abhängigkeit von technischen Funktionsmerkmalen um mehrere Potenzen. Es ist diese existenzielle Abhängigkeit, nicht die Statistik, die unsere Amygdala, unser für Angst und Erregungen zuständiges Gehirngebiet, beim Einsteigen in ein Flugzeug bemisst. Das heißt nicht, dass wir nicht mitfliegen (obwohl es einen harten Kern von extrem Flugängstlichen gibt). Aber wir überlassen »es«, das Fliegen selbst, am Ende doch lieber den Profis, den Spezialisten. Männern mit Mützen und Uniformen und sonoren Stimmen, die uns suggerieren, dass sie die Dinge schon im Griff haben ...

In den USA, diesem Land des technologischen Heroismus, ist die Anzahl der Privatpiloten deutlich höher als in Europa. Dort ist es durchaus üblich, dass man als Manager, Farmer oder Finanzcrack einen Pilotenschein besitzt und am Wochenende Richtung Ferienwohnung fliegt. Doch schon in den zwanziger Jahren des 20. Jahrhunderts war in einer amerikanischen Zeitschrift von der »Air-Shyness« die Rede, der »Schüchternheit gegenüber der Luft«:

> »Die Vereinigten Staaten, mit Ausnahme ihrer Piloten, sind air-shy. Das Land vermochte es in kurzer Zeit, eine Filmindustrie und eine Autoindustrie aufzubauen; aus dem Flugzeug machten wir hingegen eine Sensation; niemals wurde ernsthaft in Erwägung gezogen, es zum Vehikel für Zivilisten zu formen.«[9]

Natürlich lassen sich viele kognitiven Prägungen im Lauf der Zeit überwinden. Auch gegenüber der Eisenbahn und dem Automobil gab es »mentale Vorbehalte« – im ausgehenden 18. Jahrhundert ging man davon aus, dass hohe Geschwindigkeiten eine Art Wahnsinn erzeugen müssten. Aber »Air-Shyness« ist weitaus fundamentaler als »Speed-Shyness«. Denn das Fliegen ist letzten Endes ein alter, metaphysischer Traum der Menschheit, der ans »Eingemachte« geht. Es ist der technische »Urtraum« schlechthin – und gerade deshalb auch die Quelle tiefsitzender, archaischer Ängste.

In den nächsten Jahren wird eine neue Generation preiswerter Jets und Kleinflugzeuge auf den Markt kommen. Diese werden zweifelsohne einen neuen Boom bei preiswerteren Punkt-zu-Punkt-Flugverbindungen auslösen; Kleinflughäfen in der Provinz erleben einen Aufschwung. Und doch wird all dies die »Mentalgrammatik« des Fliegens nicht ändern. Nach wie vor sitzen bei den allermeisten Flugbewegungen hochtechnologisch trainierte Spezialisten vorne. Und wir, hinten auf den Passagiersitzen, hoffen, dass nichts schiefgeht, und wenn doch, dass sich dann eine militärische Ordnung bewährt, die das Bestmögliche für unser Überleben herausholt. *Ground Control to Major Tom.*

Das automatische Auto

Männer mit Hüten sitzen entspannt in fahrenden Glaskuppeln, rauchen und lesen Zeitung. Fröhliche Familien spielen Scrabble und düsen dabei auf einer nahezu leeren Autobahn einer Stadt entgegen, die sich als Gebirge aus Stahl und Glas am Horizont auftürmt. Solche Bilder aus den technotopischen Kindheitsträumen der sechziger und siebziger Jahre sind uns wohlvertraut. Autofahren ohne Lenken scheint nichts anderes zu sein als die logische Folge der terrestrischen Verkehrsentwicklung. Wann also werden wir im Auto entspannt die Füße hochlegen und einen Spielfilm einschalten – auch auf den Vordersitzen?

Grundsätzlich gibt es zwei technische Möglichkeiten für den fahrerlosen Individualverkehr, die beide heute technisch annähernd realisiert sind. Bei der ersten Variante rüstet man Autos mit computerisierter Orientierungsintelligenz auf, und diese suchen sich dann entlang von GPS-Daten plus sensorischen und optischen Umweltinformationen selbstständig ihren Weg. Diese komplexe Technik ist heute Gegenstand von zahllosen Wettbewerben, an denen alle nennenswerten Autohersteller und viele hochproduktive Forschungsteams teilnehmen. Das erfolgreichste Team gehört zur Stanford University – es gewann mit einem VW-Touareg im Jahr 2005 einen vom US-Verteidigungsministerium ausgeschriebenen Wettbewerb. Das Roboterfahrzeug des Stanford-Teams legte bei der »DARPA Grand Challenge« als erstes die 211 Kilometer lange Strecke durch die Wüste ohne Fehler zurück. Der Golf »Herbie« von VW schaffte ähnliche Strecken. Mittlerweile gibt es auch Parcours in stadt-

Abbildung 1.3: Automatisches Fahren oder besser: Schweben – der ewige Traum des Automobilisten?

ähnlichen Gebieten, allerdings noch ohne menschliche Insassen. Doch all das ist nur noch eine Frage der Zeit.

Die zweite Variante ist technisch einfacher zu realisieren. An der Universität von Berkeley hat man die »Führungsspur« für Automobile ausführlich getestet. Toyota hat die entsprechenden Technologien schon öffentlich vorgeführt.[10] Eine Magnetspur in der Fahrbahn kommuniziert mit Induktionsmagneten in den Fahrzeugen – auf diese Weise ist ein gleichmäßiger Kolonnenverkehr mit geringen Abständen möglich. Wenn ein Defekt oder eine Systemstörung auftritt, wird sanft abgebremst. Die Vorstufen dieser Entwicklung sind heute bereits in vielen Serienfahrzeugen eingebaut: Spurkontrolle, Abstandswahrung, elektronische Geschwindigkeitsregelung.

Wäre das nicht ein wunderbares Konjunkturprogramm? Alle Autobahnen, später auch die Landstraßen der Welt wären mit Magnetinduktor-Streifen zu versehen. (Nebenbei könnte man sie auch noch als Sonnenkollektoren umgestalten!) Viele gesellschaftliche Gruppen würden profitieren, allen voran die Wirtschaft. Welche ungeheuren Zeitkontingente hier einzusparen wären! Im Auto arbeiten, konzentriert telefonieren, Konferenzen abhalten! Welche ungeheure Verschwendung menschlicher Talente wir *endlich* beenden würden! Keine übermüdeten Brummi-Fahrer mehr; keine hochgebildeten Talente, die viele Stunden ihre geistigen Kapazitäten brachliegen lassen, würden sie ihre Aufmerksamkeit auf die Bedienung eines Steuerrades verschwenden! Ein Segen auch für die Umwelt, denn nun würden Staus durch »smartes« Kolonnenverhalten moderiert und jeweils die spritsparendste Fahrweise gewählt!

Ich glaube trotzdem nicht, dass sich das automatische Fahren durchsetzen wird – zumindest nicht in diesem Jahrhundert, und nicht innerhalb unseres heutigen Mobilitätssystems. Meine Begründung liegt auch hier wieder nicht im Technischen, sondern in der *mentalen Metaphysik* des Autofahrens.

– Das Auto ist ein Artefakt, mittels dessen eine große Zahl von Menschen die *unmittelbare Macht über erhebliche kinetische Energien* erfahren kann. Man tritt auf einen Hebel, und schon werden Kräfte entfesselt, die weit jenseits der eigenen physischen Möglichkeiten liegen. Deshalb ist Autofahren »erotisch« und »faszinierend«, »sexy« und »potent«: Es vermittelt uns ein unmittelbares Macht- und Kontrollgefühl. Dieser Akt dient unter anderem dem Abbau überschüssiger Energien und Aggressionen, der Kompensation von Unterlegenheitsgefühlen und der Erlangung eines »Thrills«.

– Das Auto ist ein Statussymbol, mit dem vor allem Männer ihre Ranghierarchien regeln. Es ist ein Fluchtmittel, das effektives Ausweichen aus engen (oder als eng empfundenen) sozialen Beziehungen ermöglicht.

– Das Auto ist ein fahrender Kokon, ein »Ich-Raum«, in der wir ungehemmt einen semi-regressiven Bewusstseinszustand ausleben können. Die Tätigkeit des Fahrens beansprucht unsere kognitiven Fähigkeiten nur in einem sehr geringen Ausmaß, sodass wir Dinge tun können, die als angenehm empfunden werden: Nachdenken, Wachträumen, Musik hören, Landschaft genießen. Wir »tun« etwas (»Autofahren«) und müssen gleichzeitig wenig tun – ein Zustand, der enorm entstressende und entlastende Wirkung hat.

Autofahren ist eben keineswegs nur »Herstellung von Mobilität«. Mensch und Auto sind vielmehr eine tiefgehende technoevolutionäre Symbiose eingegangen. *Das Steuer loslassen* wäre deshalb weit, weit mehr als ein Wechsel des Antriebsmechanismus – es würde das gesamte System »Mensch–Auto« infrage stellen. Sofort entstünde eine riesige Palette juristischer Probleme: Wer ist schuld und wer zahlt, wenn es zu Unfällen beim automatischen Fahren kommt? Wer verfügt über die dann verfügbare Zeit? Würden nicht die Arbeitgeber die Fahrzeit nun zur Arbeitszeit deklarieren und uns damit aus unserem angenehmen Dösen vertreiben? Nun gut, wir sind keine Raser – aber wollen wir nicht wenigstens *rasen können*, wenn wir die Lust dazu verspüren *sollten*!

Männer in automatischen Autos, so ahnen wir, würden lieber gleich auf den Zug umsteigen. Unser Technikgebrauch hat eine archaische Seite, die wir nicht einfach ignorieren sollten. Manchmal, und gar nicht so selten, ist *Fortschritt durch Technik* eben kein Fortschritt, sondern ein Verlust.

In *Minority Report*, Steven Spielbergs Sci-Fi-Film von 2002, können wir den Autoverkehr der Zukunft in einer von Zukunftsforschern entworfenen realistischen Technikvision bewundern. Die vollautomatischen Vehikel sind smart, surrend und technisch unendlich verfeinert. Sie sehen sehr ästhetisch aus, wie auf dem Höhepunkt ihrer Technolution angelangt, eine Mischung aus Porsche-Design und Concept-Car. Erst auf den zweiten Blick wird ein scheinbar unwichtiges Detail deutlich: Alle Autos unterscheiden sich nur durch die Farbe, ansonsten sind sie alle gleich. (Es gibt nur eine Marke, Lexus, denn Toyota hat den Film gesponsort.) Das automatische Fahrsystem, mit dem die Fahrzeuge in riesigen Strömen durch Straßenschluchten und sogar Häuserwände hinauf- und hinabgeführt werden, basiert auf *Normierung und Konformität*. Um Sicherheit und Funktion zu gewährleisten, müssen alle Autos sich dem Regime des Systems unterwerfen: die gleiche Antriebsquelle, die gleiche Kraftentfaltung, den gleichen CW-Wert, die gleiche Form. Kein Wunder, dass Tom Cruise, der Held, eine ganze vollautomatische Autofabrik demoliert und immer wieder aus den rasenden Gefährten ausbricht – ein renitenter Retro-Kämpfer für die Macht der männlich-mechanischen Kontrolle über Raum und Zeit.

Die Concorde: Adieu, schöner weißer Vogel

Kein funktionierendes technisches Gerät hat *Zukunft* jemals so ästhetisch auf den Punkt gebracht wie das Überschallflugzeug Concorde. Geboren im Vollschub der sechziger Jahre, designt von den kühnen Konstrukteuren des *Space Age*, verkörperte die Concorde in radikalster Form den Traum der Überwindung von Zeit und Raum. Dieser »Zeppelin des Überschallzeitalters« schien sich mit seinen gewölbten Flügeln dem Weltraum entgegenzuschwingen. Nirgends ging es so luxuriös zu wie in der Concorde mit ihren Ledersitzen, ihren handverlesenen Stewardessen, ihrer mondänen, immer nach James Bond und Copacabana riechenden Verwöhnung weit über den Wolken. Wer jemals in der engen Röhre gesessen hat (ich hatte im Jahr 1994 das Vergnügen), das Brüllen der Triebwerke hinter sich, das Display mit der Aufschrift »MACH 2.0« vor sich, konnte das Technotopia der sechziger Jahre live erleben: Up, up and away, mit 30 000 kp Pferdestärken.

Warum finden wir die schöne Concorde heute nur noch als melancholische Hülle in den technischen Museen, zwischen alten Lokomotiven und Weltraumraketen?

Die Kommentare der Medien zum *grounding* im Jahr 2003 ähnelten den Nachrufen auf den Zeppelin 70 Jahre zuvor. Neben dem Absturz am 25. Juli 2000 in Paris waren es vor allem ökonomische und ökologische Gründe, die das Ende des Passagier-Überschallflugs besiegelten. Das Flaggschiff der Lüfte hatte sich trotz horrender Ticketpreise niemals amortisiert, das Geschoss verbrauchte Unmengen von Kerosin, blieb laut und deshalb nur auf wenigen Strecken einsetzbar. Es war schwer zu warten und nur von Super-Profis zu fliegen. Ein utopisches Fossil, das einfach nicht mehr in die Zeit passte, in der Energiekrise, Global-Warming-Angst und Terrorismus den Ton bestimmten.

Doch als die Concorde zum letzten Mal in den Hangar rollte, waren die Benzin- und Kerosinpreise niedrig wie selten zuvor. Und drei Jahre später hatten sich bereits mehr 10 000 Passagiere für einen Kurzausflug ins

All eingeschrieben, der von Richard Bransons Raumfahrtunternehmen Virgin Galactic ab 2012 angeboten wird, mit dem ersten kommerziellen Raumschiff der Welt, dem »SpaceShipTwo«. Ein schlichter Hüpfer an die Grenzen der Atmosphäre, höher als die Concorde, aber mit 200 000 Dollar deutlich teurer. Ein reines Freizeitvergnügen, just for fun ...

Der zentrale Grund für das Ende des Überschall-Reiseverkehrs lag womöglich auf einem ganz anderen Feld: dem der Zeitökonomie. Die Concorde ersparte auf der Standardstrecke London–New York etwa drei Stunden Flugzeit. In den siebziger Jahren, als die Boeing 707 noch den Transatlantikverkehr bestritt, lag der Zeitvorteil noch höher. Damals war es üblich, dass ein oder zwei Triebwerke während des Fluges ausfielen. »Beten und hoffen, dass Nummer drei durchhält« war die Devise der 707-Piloten, sonst drohte eine Notwasserung oder, wie es oft geschah, eine hektische Zwischenlandung in Neufundland oder Island.

Bei diesem unsicheren technologischen Stand der Dinge war die Concorde eine echte Alternative. Große Unternehmen spendierten ihren Führungskräften gerne einmal die 5 000 Dollar für einen Concorde-Flug, denn sie waren auf Verlässlichkeit angewiesen. Das blieb auch noch eine Weile so, als der Jumbo auf den Markt kam und den Luft-Atlantikverkehr zur »Commodity« machte.

Im Verlauf der achtziger und neunziger Jahre veränderten sich jedoch einige entscheidende Parameter in der Welt des Passagierflugverkehrs. Wachsende Passagierzahlen und steigende Konkurrenz zwischen den Airlines verbesserten die Infrastrukturen der Flughäfen. In den Jumbos wurde die drangvolle Enge von immer luxuriöseren Business- und First-class-Abteilungen abgelöst. In-Flight-Entertainment-Systeme machten einen normalen Flug über den Atlantik kurzweiliger und entspannter.

Der *eigentliche* Todesstoß wurde der Concorde jedoch von der Erfindung und Vermassung eines Geräts versetzt, das die Zeitstruktur des Business nachhaltig verändern sollte. Der *Laptop* sorgte dafür, dass Manager nun auch im Flugzeug arbeiten konnten – ohne Aktenberge mitzuschleppen. Damit entfiel das ökonomische Argument des Zeitgewinns. Schließlich wurden Concorde-Flüge als Gewinne von Preisausschreiben verlost oder sogar, wie der Absturzflug des Jahres 2000, als Pauschalreise vermarktet.

Technologie unterliegt, ebenso wie die Spezies in der Evolution, den Kriterien des *komparativen Überlebensvorteils*. Nischenbewohner – und

so kann man die Concorde interpretieren – genießen bestimmte Schon-
räume, solange sie nicht im Wettbewerb um die »Futtertröge« der Mehr-
heitsspezies stehen. Je mehr sie »komparativ« werden, desto leichter
werden sie von einer »Universalspezies« an den Rand gedrängt, bis sie
schließlich aussterben.

Überschallflugzeuge werden irgendwann wiederkehren. Aber das
wird lange dauern und noch viele fundamentale Technologiesprünge
erfordern. Bis dahin werden die Unterschallflugzeuge eine gewaltige
Dominanz aufgebaut haben. Diese Spezies »ernährt« sich durch die
gewaltigen Kräfte der Globalisierung prächtig. Längst hat der globale
Flugverkehr eine eigene Umwelt erzeugt: aus Zubringerflüssen, Kno-
tenpunkten, Transitorien, Flughäfen, die inzwischen riesige globale
Einkaufszentren sind. Für die etwas schnelleren, aber ungleich aufwen-
digeren Spezialistenvögel des Überschallfluges ist in dieser Welt keine
Nische mehr frei.

Der Segway: Die gehypte Nische

In der zukunftsschwangeren Zeit des Jahres 2001 durften wir auf Gigantisches hoffen. Auf der Website von Amazon raunte es geheimnisvoll, die
Kultzeitschriften von *Wallpaper* über *Fast Company* bis *Wired* versorgten
uns mit geheimnisvollen Andeutungen. Steve Jobs, gerade auf dem besten Weg, die Kultmarke Apple zur neuen Techno-Religion zu formen, ließ
Zitate fallen wie »fast so gut wie das Internet und so revolutionär wie der
Mac«.

Im Januar 2002 wurde der »Segway« enthüllt, der »Human Transpor-
ter«, ein raffiniert konstruierter gyroskopischer Roller, ein Hightech-
Gadget, auf dem eine einzelne Person nebst einigem Gepäck elegant
durch die Städte kurven konnte. Alle lobten die instinktive Steuerung,
die raffinierte Software, die solide Verarbeitung. Ein wenig vorlehnen,
schon beschleunigt der Segway. Den Lenker wenig nach rechts oder links
beugen – schon geht er in die Kurve. Nur George W. Bush fiel beim ersten
Versuch vom Gerät, na klar, aber selbst steife Business-Typen meisterten
das Gerät sofort. 25 Kilometer Reichweite, 20 Kilometer Höchstgeschwin-

Abbildung 1.4: Der Segway.

digkeit, keine Abgase – endlich ein Gefährt für die autogeplagten Innenstädte.

Nein, der Segway war kein Totalflop. Man sieht ihn heute noch in schicken Läden in den Innenstädten, auf einigen amerikanischen Flughäfen, in Vergnügungsparks und Altensiedlungen. Aber im Weichbild der Großstädte führt er ein eher marginales Dasein. Lag es am Preis, der mit 5000 bis 8000 Dollar doch nahe an ein Gebrauchtauto heranreicht (die Entwicklungskosten betrugen angeblich 100 Millionen Dollar)? Lag es am Charakter des Erfinders, des exzentrischen Millionärs Dean Kamen, der mit medizinischen Geräten und einem Rollstuhl, der Treppen steigen kann, bekannt wurde und nichts vom Marketing verstand? (Kamen besitzt 16 Fahrzeuge und eine eigene Insel, auf der er angeblich eigene Gesetze erlassen hat.)

Was den Segway ausbremste, war gerade das, was ihn groß und stark machen sollte: seine Konkurrenz zu anderen Fortbewegungsmodi. Der Segway ist ein Beispiel dafür, wie sich neue, junge Techno-Spezies gegen ihre alten »Artgenossen« schwertun können.

Der urbane Mobilitätsraum unterhalb des Automobils ist keineswegs unbesetzt. Fahrradfahrer und Fußgänger, Rollerblader und Skateboarder, Jogger und Rollstuhlfahrer bevölkern ihn. Dazu die öffentlichen Verkehrsmittel, vom Bus über die Straßenbahn bis zur U- und S-Bahn. Die sind in Amerika, dem Geburtsland des Segway, zwar schlecht ausgebaut. Aber überall in den Metropolen erleben sie eine Renaissance, selbst in den Städten der amerikanischen Westküste.

In diesem Umfeld bleibt der Segway eine merkwürdige Zwischenform. Er ist wendig, gewiss. Aber Bordsteine, Kanten und Ecken, die für Jogger und Fußgänger kein Hindernis darstellen, hemmen seinen surrenden Lauf erheblich. Für den Lastentransport taugt er nicht wirklich, weil größere Gewichte ihn aus dem Gleichgewicht bringen. Einem einzelnen Passanten verleiht er erhebliche kinetische Energie. Man möchte mit der Eingangssequenz von *Superman* etwas ratlos ausrufen: *»Is it a Bird? Is it a Plane? It's a SEGWAY!«*

Die Folge war, dass die Stadtverwaltungen sich weigerten, den Segway auf Bürgersteigen zuzulassen, weil sie ihn als *Fahrzeug* definierten. Und die Versicherungsgesellschaften keine Versicherungen abschlossen. Obwohl Segway Polizei und Behörden kostenlose Test-Roller zur Verfügung stellte und ein massives Lobbying betrieb, war die geniale Erfindung nun von Bürokratie-Entscheidungen abhängig. »Die Kernfrage war, wie der Segway klassifiziert werden sollte, eine Angelegenheit, die von politischen Entscheidungsträgern innerhalb eines komplexen sozialen Prozesses entschieden wurde – und dies entschied über die Zukunft einer Innovation«, so schrieb Everett M. Rogers in *Diffusion of Innovations*.[11]

Der relative Misserfolg – oder sagen wir: *ausbleibende Triumph* – des Hightech-Rollers zeigt, wie Erfindungen von *Zeit* und *Ort* ihrer Entstehung abhängig sind – ähnlich wie bei biologischen Organismen, die nur in einer bestimmten Umwelt wachsen und gedeihen. Der Segway bleibt in seinem Wesen ein »kalifornisches« Gerät. In den sonnigen, von weiten Straßenzügen, zentralisierter Infrastruktur und kaum öffentlichen Verkehrsmitteln geprägten Städten der amerikanischen Westküste kann er seine Vorteile ausspielen. In verdichteten, vertikalen Städten bekommt er Probleme. Auf Rolltreppen und im Auf und Ab »untertunnelter« Stadtlandschaften wirkt er fehl am Platz. Dort, wo man mit U-Bahn, Straßenbahn oder Bus jede Ecke erreichen kann, schrumpft sein komparativer Vorteil.

Schließlich bremste ein Retro-Trend den Segway, der aus demselben »Lager« zu stammen scheint wie das poppige Gerät: die Fitness-Welle. Das zunehmende Gesundheitsbewusstsein und die anhaltende Debatte über Adipositas verändern das Bewegungsverhalten. Zu allen Tages- und Nachtzeiten sind die großen Parks heute voller Jogger. Welches urbane Verkehrsmittel profitiert davon? Das Fahrrad. Auf dem Fahrrad kommt man von A nach B ins Schwitzen. Auf dem Segway fühlt man sich cool. Aber cool reicht eben nicht mehr aus. Oft geht es nicht um Transport, sondern um sportliche Bewegung.

Der Segway zeigt, dass perfekte Technik eben *nicht* alles ist – Trends im Sozialverhalten spielen eine mindestens genauso große Rolle für den Markterfolg von Innovation. Die Lücke, die der Segway sich erobern wollte, schrumpfte, weil die umgebenden Systeme schneller »mutierten«, als er sich entwickeln konnte.

Das Bildtelefon: Schau mir in die Augen, Kleines

Wenn eine neue Technologie sich im Alltag durchgesetzt hat, wird sie zur Projektionsleinwand für Steigerungsfantasien. Das galt und gilt für das Auto, das sich – so waren und sind die Techno-Utopisten sich einig – zum selbststeuernden Fluggefährt entwickeln muss. So war es mit den Flugzeugen, die – natürlicherweise – allesamt demnächst Überschall fliegen müssen. So ist es bis heute mit dem Telefon.

Als um 1870 die ersten Tonübertragungen zu öffentlichen Ereignissen wurden und Edison in seiner Innovationsschmiede daraus ein handhabbares Gerät formte, war klar, dass *diese* Erfindung die menschliche Seinsweise radikal umkrempeln würde. Wie sich das Telefon in Zukunft entwickeln würde, schien schon damals sonnenklar: Wenn man derzeit nur *Töne* übertragen konnte, so würden es demnächst *Bilder* sein!

Auf zahlreichen historischen Zukunftsillustrationen findet man deshalb die Darstellung des *Bildtelefons*: Chat-Salons, Lehrveranstaltungen, Kleiderberatung per »Elektroverkäufer«, erotische (Fern-)Salons, Telepräsenz bei Oma, die man nun zu Weihnachten nicht mehr physisch, sondern per Bildleinwand besucht – an sozialen und kommerziellen Anwendungsvisionen der Videotelefonie herrschte schon vor 100 Jahren kein Mangel.

Die unvermeidbare Karriere des »Videofons« verfolgt uns seitdem wie ein kichernder Geist. Seit den zwanziger Jahren ist das Gerät auf allen Funkausstellungen der Welt ein Publikumsmagnet. Bereits 1935, auf der Funkausstellung in Berlin, stellte die Deutsche Reichspost eine »Fernseh-Sprechzelle« vor – drei Minuten Videogespräch für 3 Reichsmark.[12] 1988 versucht die japanische Post, die ISDN-Technik in den japanischen Ballungsgebieten mit aller Macht durchzusetzen, und nutzt das Bildtelefon dabei als »Killer Application«: *das Nonplusultra der Zukunft, das in jeden Haushalt gehört!* ISDN setzte sich durch, das Bildtelefon bleibt in den Regalen. AT&T unternimmt den nächsten Anlauf im Jahr 1992 in den USA; die Bildübertragung ist nunmehr halbwegs ruckelfrei, zwei Endgeräte kosten 800 Dollar, aber auch hier bewegt sich nichts im Markt. Die deutsche Telekom wirft 1997 das »T-View 100« an die Marketingfront, ein preiswertes Doppelgerät für den Endverbraucher, und bewirbt es als neues, aufregendes Tool des Kommunikationszeitalters. Ergebnis: kaum 1 000 verkaufte Exemplare, Millionen versenkte Werbekosten. Um die Jahrtausendwende

Abbildung 1.5: Illustration von 1877: Rauchende Frauen bildtelefonieren – ein Schock geht durch das Abendland.

Abbildung 1.6: Die Telepräsenz bei Oma zu Weihnachten,
Abbildung von ca. 1928.

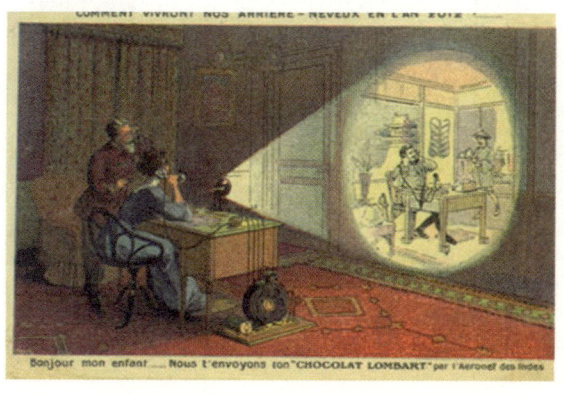

Abbildung 1.7: Videotelefonie
rund um den Planeten war
schon in der Kolonialzeit
eine weitverbreitete Fan-
tasie – hier die Fernverbin-
dung nach China auf einem
Schokoladen-Zukunftsbild
von ca. 1900.

Abbildung 1.8: Natürlich wurde auch die erotische Fantasie auf das Bildtelefon übertragen – Abbildung von ca. 1900.

Abbildung 1.9: Auch »Telelearning« war um die vor-vergangene Jahrhundertwende eine weitverbreitete Vision.

wird das Bildtelefon in zahlreichen Werbekampagnen als *das* Supergerät
der Zukunft angepriesen: »Dream your Dream – come closer!« 2003 drängen in Europa und Asien Handy-Betreiber mit Milliardeninvestitionen
auf den Markt, für die Videotelefonieren ein zentrales Element ihres Ge-
schäftsmodells darstellt – die sogenannten 3G-Provider.

Heute ist die private Alltags-Videotelefonie ein Untoter der Technologiegeschichte – von einem *Hype* in eine *Commodity* abgestürzt, für die
sich niemand wirklich interessiert. Viele Menschen besitzen Handys, mit
denen man Videotelefonie betreiben kann – und wissen es noch nicht
einmal! Auf allen Apple-Computern ist heute ein komfortables Video-
fon-Programm – iSight – eingebaut. Ich kenne aber nur wenige, die es
mehr als ein-, zweimal benutzt haben (und ich kenne viele Apple-User!).
In zahlreichen Unternehmen stehen für Zigtausende Euro eingerichtete
Videokonferenzräume der zweiten Generation leer (erst die dritte, noch
teurere und hochauflösende Generation funktioniert in multinationalen
Konzernen).

Warum beharrten die Telekomanbieter lange Jahre so hartnäckig auf
einer Anwendung, die schon so oft im Markt gefloppt ist, dass man es
eigentlich *wissen könnte*? Erstens: Videotelefonie ist ein *Zukunftsklischee*
dafür, »wie Zukunft zu sein hat«. Zweitens: Der ökonomische Wunsch
ist der Vater des Trendgedankens. Bei den UMTS-Versteigerungen des
Jahres 2001 gaben die Telekomfirmen Milliarden für die 3G-Netzlizen-
zen aus. Für die Amortisation der gewaltigen technischen Infrastruktur
wird immer noch verzweifelt nach der berühmten »Killer-Applikation«
gesucht. Marketinggurus und Werbeleute, die sich für Trendforscher halten, werden deshalb nicht müde, Videotelefonie zum *Megatrend* zu deklarieren. Dahinter stehen pure Marketinginteressen.

Der fundamentale Irrtum in der Annahme, Videotelefonie wäre die logische Weiterentwicklung von Audiotelefonie, basiert auf einem Missverständnis über das Wesen menschlicher Kommunikation.

Moderne elektronische Kommunikationsmedien überbrücken nicht
nur räumliche Distanzen, sondern auch viele Differenzen von Klasse,
Schicht und Etikette. Statt bei jedem Gespräch »vorstellig zu werden«
(und uns damit einem komplexen Ritual auszusetzen), rufen wir einfach
an. Durch Verbal- oder auch Schrift-Fernkommunikation wie Mail oder
SMS nehmen wir heiklen sozialen Situationen ihren Stachel. (Jeder, der

in afrikanischen oder arabischen Ländern unterwegs ist, wo das Telefon noch keine integrierte soziale Rolle spielt, weiß, wie mühsam das »Sitzen und Kommunizieren« für jeden kleinen Zweck sein kann.) Statt der Angebeteten mit knallrotem Kopf unsere Verliebtheit gestehen zu müssen, schicken wir einfach eine kleine Botschaft, praktizieren »Snacking« und »Grazing« auch im Liebeswerben – und optimieren damit unseren Wirkungs- und Einflussradius auf andere Menschen, ohne dabei die Verbindlichkeiten körperlicher Nähe eingehen zu müssen. Cliquen oder Seilschaften können ihr soziales »Feintuning« regeln, ohne sich dauernd physisch konfrontieren zu müssen.

Kommunikation in individualisierten Wohlstandskulturen dient keineswegs der Erzeugung von *Nähe*. Sondern dem Managen von *Distanz*! Und genau *dies* sabotiert das Videotelefon gründlich!

Direkte Mensch-zu-Mensch-Bildübertragung verändert das *soziale Setting* des Kommunikationsaktes in Richtung auf Steifheit. Im Business-Kontext bedeutet das: gerade sitzen, Schlips beachten, Schreibtisch aufräumen, lächeln, vorteilhaft gekleidet sein, auf den Teint achten. Ist das Licht gut? Sitzt die Frisur? Stimmen die Farben? Habe ich Ringe unter den Augen? *Wie wirke ich?* Mit Bildübertragung beinhaltet jeder Anruf *Stress*.

In der familiären Situation provoziert Bildübertragung einen knallharten Kontrollaspekt. In der Videofon-Kampagne der Deutschen Telekom des Jahres 1997 wurde dieser Aspekt sogar noch als Werbeargument genutzt: Die Oma kontrolliert per Videofon die Hausaufgaben des Enkels! Eine konsequentere Abschreckungskampagne lässt sich doch kaum denken! Auch in der ehelich-familiären Situation tun wir uns nichts Gutes: *»Liebling, wie siehst du denn heute Abend aus – hast du zu viel getrunken!!? Und wo BIST DU überhaupt? Warum zeigst du mir dein Bildspeicherfoto, anstatt mit mir zu reden – hast du etwas zu verbergen?«*

Ich bezweifle nicht, dass Alltagsbildtelefonie ihre Nischen finden wird. Für Liebende, die sich einfach nicht aus den Augen verlieren wollen. (Der Grund, warum in einigen italienischen Regionen eine relativ hohe Videotelefonie-Anwendungsrate zu finden ist, besteht in der sehr optisch angelegten Flirtkultur der Italiener.) Wenn Familien über kontinentale Distanzen getrennt sind, betreiben Omas oft »Babyscanning« – Kleinkinder lassen sich per Fernvideo gut betrachten, aber nur, solange sie klein sind. In den vertikalen Mega-Metropolen von Tokio, Seoul, Shanghai ist eine elektronische Meta-Kultur entstanden, in der sich die *urban tribes* ihre schrillen Outfits und Tätowierungen gegenseitig abvideofonieren. Auch in der Business-Kommunikation findet Bildübertragung eine expandierende Nische, allerdings nur im High-End-Bereich. Denn wer geschäftliche Verhandlungen führt und komplexe Inhalte kommunizieren muss, der braucht extrem hohe Übertragungsraten und gestochen scharfe Bilder – unter 500 000 Euro ist ein solches Equipment nicht zu haben. Sonst setzt man sich lieber wieder in die Business-Class und sammelt *airmiles*!

Im privaten Bereich jedoch sehe ich keine gloriose Zukunft der Bildtelefonie. Eine auf uns gerichtete Kamera erzeugt eine kommunikative Starre, indem sie unsere natürliche Kommunikationslust lähmt – ein Effekt, den man nur sehr schwer »umtrainieren« kann, weil er tief in unserer humanen Schüchternheit verankert ist. In der berühmten Eröffnungsszene von Kubricks Weltraumepos *2001 – Odyssee im Weltraum* bildtelefoniert der Held Heywood Floyd mit seiner kleinen Tochter – von einer Bildtelefonzelle 220 Kilometer über der Erde. Während sich im Hintergrund langsam der blaue Planet dreht, entspannt sich eine gespenstische Nicht-Kommunikation zwischen Vater und Tochter:

Hallo!

Guten Tag! Na, wie geht's dir, Häschen?

Gut.

Was machst du denn gerade?
Ich spiele.

Wo ist Mami?

Mami ist einkaufen gegangen. … Kommst du morgen zu meiner Geburtstagsfeier?

Tut mir leid, Liebling, aber ich kann nicht. … Aber weißt du was, ich werde dir ein sehr hübsches Geschenk schicken. Hast du einen besonderen Wunsch?

Ein Telefon.

Aber wir haben doch schon so viele Telefone. Soll ich dir nicht lieber etwas anderes zum Geburtstag schenken, irgendwas ganz Besonderes?

Ja. Ein Buschbaby.

Ein Buschbaby! Na, ich wird mal sehen, was sich da machen lässt. … Du sagst der Mami, dass ich angerufen habe, ja, Schätzchen?

Ja.

Abbildung 1.10: Heywood Floyd telefoniert mit seiner Tochter – *2001: Odyssee im Weltraum*.

Und dass ich wieder anrufe, wahrscheinlich morgen. ...

Ja. Wiedersehen.

Wiedersehen, alles Gute zum Geburtstag.

Das papierlose Büro und das elektronische Buch

Dass Papier ein Stoff ohne Zukunft ist, scheint eine besiegelte Sache. Seit 20 Jahren habe ich zahlreiche Kongresse der digitalen Zunft erlebt, auf denen der Abgesang von der anachronistischen Papierwelt prophetisch beschworen wurde. Und mindestens genauso viele Kongresse der Druck- und Papierbranche, auf denen äußerst gute Laune herrschte. Und eine gewisse ironische Heiterkeit herrschte: *Stellt nur immer mehr Computer in die Büros! Umso mehr wird ausgedruckt!*

Warum bleiben tagtäglich Millionen Tonnen Zellstoff in unserem Materialkreislauf und verursachen gigantische Mengen Kohlendioxid (allein durch den Transport des unglaublich schweren Materials Papier)? Wieso gelingt es praktisch keinem Büro (auch dem Institut eines Zukunftsforschers nicht), die Lawine aus verdichteter Zellulose einzudämmen, geschweige denn zu stoppen? Obwohl in jedem Raum immer mehr wunderbare Bildschirme stehen, deren Brillanz und Auflösung ständig steigt?

Papier ist, bei Licht betrachtet, einfach ein guter Datenträger. Es zerkratzt nicht, braucht keine Batterien, stürzt nicht ab, man kann es (in Grenzen) einfach wegwerfen. Man benötigt keine Bedienungsanleitung in 18 Sprachen, kann das Material ohne große Probleme »entfremden« – als Sichtschutz oder zum Schuheausstopfen. Die Nutzung von Papier erzeugt eine Handlungskomplexität von nahezu null. Nur der Transport ist mühsam.

Man mag einwenden: Wir waren auch »einfache« Ochsenkarren gewohnt, Kloaken hinter dem Haus und die Leibeigenenwirtschaft – und haben uns doch relativ schnell auf deren Verabschiedung geeinigt. Seit vielen Jahren wird in den Entwicklerlabors an Bildschirmfolien gearbeitet; gehen wir einmal davon aus, dass in den nächsten Jahrzehnten jeder mit seinem *softscreen* auf Reisen geht. Das elektronische Buch – wie unendlich komfortabel wäre es auf Reisen, im Alltagsgebrauch, in der engen Flugzeugkabine!

Ja, das wird irgendwann so kommen. Trotzdem wird es dann *immer noch* Bücher aus Papier geben. *Viele* Bücher aus Papier. Bücher, an denen man riechen kann, mit geprinteten Lettern, deren Abdrücke im Papier man mit einer sensiblen Fingerkuppe spürt. Wahrscheinlich sind diese Bücher dann sogar noch kostbarer, edler, sorgfältiger gestaltet als heute. Und mit Sicherheit werden sie noch besser riechen.

Warum ich zu diesem Urteil komme? Erstens hat nur selten ein Trägermedium jemals ein anderes *vollständig* abgelöst. Zwar gibt es heute praktisch keinen Papyrus und kein Pergament mehr, aber das liegt eher an Ersatzstoffen als am »Aussterben«. Auffällig ist die hohe *Retro*-Rate im Bereich der Datenträger: Als die CD ihren Triumph vollendete, kam es zu einem »Retro« des Vinyls. Als zu Beginn der Filmära das Buch totgesagt wurde, begann dessen Massenproduktion und Differenzierung erst richtig.

Zweitens glaube ich nicht an das vielkolportierte Gerücht, dass immer weniger gelesen wird. In den entwickelten Industrienationen steigen (mit wenigen Ausnahmen) die Bildungsniveaus ständig an; Länder wie Kanada und Neuseeland haben bereits mehr als 50 Prozent Hochgebildete (Inhaber von Universitäts- oder sonstigen tertiären Bildungsabschlüssen) in der gesamten Bevölkerung. In den Schwellenländern sinkt die Zahl der Analphabeten. *In toto* wächst die Anzahl der Buchstaben, die auf menschliche Hirne treffen, exponentiell an. (Und ich glaube einfach nicht, dass in

Abbildung 1.11: Das »Kindle« von Amazon.

einem Dorf in Tansania die Leute auf Computerfolien lesen werden. Nicht auf absehbare Zeit.)

Drittens sind Bücher eben keine *Daten*, sondern kulturelle Artefakte, mit denen uns eine Vielzahl von haptischen, olfaktorischen, optischen und anderen sinnlichen Signalen verbindet. Bücher sind »Stellvertreter von Ideen« – und gerade deshalb benötigen sie eine starke physische Dimension.

Anthropologisch könnte man das Phänomen des »E-Mail-Ausdruckens«, das es in jedem Büro gibt, mit einem simplen Satz erklären: *Menschen nehmen nur ernst, was raschelt!* Unser anthropomorphes Gehirn ist Millionen Jahre hindurch durch *fassen und greifen* geprägt. Auch die moderne Pädagogik bestätigt: Gutes Lernen ist *immer* körperlich, haptisch, er-fassbar; die produktivste Lernsituation ist das Theater, die beste Lernmethode das Experiment, bei dem es knallt, raucht und stinkt. Information ist *physisch*.

Wir drucken unsere E-Mails aus, weil wir »etwas in der Hand haben« wollen. Papier wird im digitalen Zeitalter zu einem Selektionsmerkmal: *Was wichtig ist, wird ausgedruckt.* Der Rest verschwindet im digitalen Orkus.

In den *Hannibal*-Romanen von Thomas Harris lebt Hannibal Lecter, der kannibalische Massenmörder, in einer Kathedrale von *content*, einem Palast aus Erinnerungen, den er nach Räumen, Stockwerken, Trakten, Flügeln sortiert. Allen Datenbanken, Wikipedias, Googles zum Trotz haben wir eine zutiefst *analoge* Weise, Inhalte zu verknüpfen. Wenn wir uns etwas kognitiv aneignen, *verorten* wir es. Wer viele Bücher besitzt, kennt diesen Effekt: Das Buch Soundso steht *irgendwo rechts* oben neben dem Buch, das ich letztes Jahr zum Geburtstag bekommen habe. (Ein Publizist, den ich kenne, sortiert seine Bücher nach Farben, und wenn eines zwar kategorial, aber nicht farblich passt, klebt er eine entsprechende farbige Folie auf den Buchrücken.) *Content* mag in Datenspeichern und Suchmaschinen gelagert werden, *Kontext* sucht immer ein Regal!

Wenn mein hochintellektueller Schwiegervater Paul aus London zu uns aufs Festland zu Besuch kommt, so etwa zwei-, dreimal im Jahr, bringt er immer einen Koffer mit Büchern mit. Immer wiegt der Koffer über 30 Kilogramm, und immer muss er im Flugzeug Übergewichtsgebühren zahlen. So ein Unsinn! Der Mann braucht endlich ein onlinefähiges Digitalbook, mit hoch auflösendem mattweißem Bildschirm! – Ist das nicht längst auf dem Markt?[13]

Immer wenn ich sehe, wie Paul ein Buch anfasst, es öffnet, darin blättert – bekomme ich meine Zweifel. Wenn Paul den Koffer die Treppen zu unserer Wohnung emporwuchtet, dann *atmet* er Wissen. Es hält ihn jung, auf mehrfache Weise. Er »trägt die Last der Bücher«, weil ihm das hilft, sie zu *würdigen.*

Die ungebrochene Vermehrungstendenz des Papiers erzählt uns eine weitere wichtige techno-evolutionäre Geschichte. Sie handelt von den *sinnlich-haptischen* Dimensionen, die uns mit unserer Umwelt verbinden. Von den körperlichen Mühen, die tief in unseren Genen *und* Memen gelagert sind. Technologie ist das Ergebnis eines uralten, schweißtreibenden, körperlichen Prozesses. So sehr wir uns auch mühen, in das Reich des Geistes, des Wissens, der reinen Abstraktion vorzudringen – etwas von dieser animalischen Körperlichkeit wird sich für immer in unserem Verhältnis zur Technik zeigen.

Das automatische Lernen

Aus meiner Schuljugend sind mir noch die Wunderwaffen der utopischen Pädagogik im Gedächtnis: Aus dem chaotischen Prozess des Lernens sollte endlich ein skalierbarer, messbarer Prozess werden. Und so wurden in den sechziger Jahren in vielen Schulen die *Sprachlabore* gebaut. In rund 30 eierkartonähnlichen Schachteln saßen wir Schüler mit unseren Kopfhörern und Mikrofonen vor einem Kassettenrekorder, während sich vorne ein Lehrer darauf beschränkte, Aufsicht zu führen und Kaffee zu trinken. Wir sollten währenddessen Vokabeln »pauken«, die uns von hypnotisch drehenden Tonbandspulen vorgelesen wurden.

Sprachlabore waren eine feine Sache. Man konnte dösen, flirten und dabei relativ ungestraft seine Jimi-Hendrix-Kassetten hören. Schon nach einem Jahr Betriebszeit wurde das Labor ein geräumiger Abstellraum für den Hausmeister, der im Sprachlabor sein Gerümpel unterbringen konnte.

Die Idee des automatischen Lernens ist ein weiteres Dauergespenst in der technologischen Utopie. Bereits im 17. und 18. Jahrhundert finden wir Darstellungen von »Lerntrichtern«, und »Lernautomaten«, mit vagen Beschreibungen von »Strahlen« oder »Elektriken«, die uns »alles Wissen der Welt« ins Hirn schaufeln sollten. In ihrer modernen Version waren dies die Triumphmeldungen vom »Tele-Learning«. Bis heute ist das Gerücht nicht verstummt, dass man »Wissen« durch irgendeine Übertragung ins Hirn »bekommen« kann. Irgendetwas an unserem Hirn – und am Menschen überhaupt – scheint sich jedoch hartnäckig zu weigern, diesen komfortablen Weg zu beschreiten. Gerald Hüther schreibt in *Biologie der Angst*:

> Wir lernen etwas Neues richtig schnell und so, dass es auch sitzt, offenbar nur dann, wenn dieses sonderbare noradrenerge System in unserem Gehirn eingeschaltet wird, das uns gehörig wachrüttelt und dazu beiträgt, die erfolgreich zur Lösung des Problems, zur Bewältigung der Angst eingesetzten Verschaltungen zu bahnen.[14]

Lernen ist ein *sinnlich-organischer* Auseinandersetzungsprozess mit der Umwelt, in dem Menschen als *Ganze* beteiligt sind – nicht nur als Gehirne. »Ganze Menschen« haben Gefühle, Neugier oder Langeweile, Ängste oder Interessen, Leidenschaften oder Obsessionen. Entscheidend für den Lern-

Abbildung 1.12: Der Nürnberger Trichter.

erfolg ist, ob man etwas wissen *will* – das »Lernen des Lernens« ist somit der entscheidende Kern des kognitiven Prozesses.

Die neuen Schulen machen deshalb Schluss mit dem traditionellen Unterricht, dem Auswendiglernen, dem »Pauken«. Sie verändern die Lernsituation derart, dass die natürliche »Neugier-Belohnung-Kaskade« anfangen kann zu arbeiten. *Selbstlernen* ist das Ziel. Lernen kann plötzlich zur Leidenschaft, ja zur *Sucht* werden. Menschen sind, wenn sie ihre Neugier frei entfalten können (das allerdings muss man lernen!), Kognitionsmaschinen, die ständig nach neuen Lernerfolgen suchen ...

An diesem Punkt sind wir an einer weiteren wichtigen Flop-Mechanik angelangt: dem Übertragungssyndrom. Kulturformen und Menschenbilder der Vergangenheit werden auf Zukunftstechnologien übertragen und scheitern kläglich. In der technologischen Vision vom »Wissensimplantieren« spiegelt sich das alte Menschen- und Pädagogikbild des 19. Jahrhunderts, das in unserer Kultur nie wirklich revidiert wurde. Dieser Mechanismus ist, wie wir sehen werden, einer der wesentlichen Gründe für das Scheitern von Innovationen.

Das Fernsehen der Zukunft:
Wie eine (Kultur-)Technik demontiert wird

Wenn man eine genügend große Zahl von Menschen fragt, welche technische Erfindung das Alltagsleben der Menschheit in den letzten 50 Jahren am radikalsten verändert hat, kommt man schnell auf das Fernsehen. Auch wenn man die Zeitnutzungsstudien aus allen Ländern der Welt anschaut, ist das Ergebnis eindeutig: Dreieinhalb Stunden pro Tag, im Durchschnitt der Bevölkerung, sieht man in den USA fern, in Europa und Asien liegen die Tagesquoten nur geringfügig darunter.[15] Ein gigantisches Meer an Zeit und Aufmerksamkeit, dessen Pegel ständig anzusteigen scheint.

Wie geht es weiter mit dem Fernsehen? Die Expertin Lydia Aldejohann, »Head of Business Innovation« einer großen Telekommunikationsfirma, meint: »Das Fernsehen der Zukunft wird jeden einzelnen Zuschauer kennen und ein personalisiertes Programm anbieten.« In einem Bericht aus dem Jahr 2006 wurde Aldejohanns Utopie des Fernsehens über alle Nachrichtenagenturen verbreitet [ihre Vision des zukünftigen Fernsehens – sie nennt es TV 2.0 – besteht aus vier Elementen, von denen ich aber nur drei erwähne; Anmerkung des Autors]:

TV2.0 werde durch »**personal programming**« bestimmt. In der unüberschaubaren Fülle der Angebote, die per Internet auf den Wohnzimmerfernseher übertragen werden, werde TV2.0 auf das individuelle Profil seines Zuschauers reagieren und personalisierte Programme anbieten. Dabei werde TV2.0 durch intelligente Software seinen Nutzer analysieren und dessen Bedürfnisse immer besser kennenlernen. ... Ein weiteres Merkmal des TV2.0 werde »**transaction media**« sein. Dies bedeute, der

Wohnzimmermonitor sei nicht nur Heimat des Fernsehens, sondern gleichzeitig Monitor für Internetanwendungen ... Der Ort dafür sei früher das Tagebuch gewesen, heute ist es das Internet, künftig werde es auch der Fernseher sein ... Nicht zuletzt werde sich TV2.0 vom heutigen Fernsehen durch »self publishing« unterscheiden. In 2 bis 3 Jahren werde es für jedermann einfach sein, seinen eigenen Fernsehkanal aus der Fülle der Angebote bei YouTube & Co. zusammenzustellen. Dieses »self channeling« werde zu einer »Menge verrückter Kanäle führen« ...[16]

Für mich ist dies eines der klassischen »Affenfallen-Statements« über »garantiert kommende Zukunftstechnologien« – letzten Endes ist hier der Businessplan Vater des Gedankens. Zukunft wird entlang der Fragestellung entwickelt, wie man mit einer Technologie möglichst viel Geld verdienen kann.

Meine These dazu lautet: Das Fernsehen hat seine große, seine kulturprägende und weltstrukturierende Zeit längst hinter sich. Seine Zukunft besteht in einem kontinuierlichen Zerfallsprozess: Das Fernsehen löst sich auf, und gleichzeitig wird es allgegenwärtig. Es wird von einem Medium zu einer »Commodity«.

Ob diese These Sinn macht, hängt zuallererst mit der Frage zusammen, wie wir »Fernsehen« definieren. Wenn wir *Fernsehen* sagen, meinen wir im Grunde eine bestimmte *Art* des Fernsehens: das zentralistische, staatlich dominierte Massenfernsehen, wie es in den Industrienationen in den siebziger Jahren entstand. Und *uns* – die heute Erwachsenen – stark sozialisiert hat.

In seinen Pioniertagen war Fernsehen in vielen Ländern primär *edukatorisch* – es verfolgte einen Erziehungsauftrag. Die ersten Sendeformate waren demzufolge Nachrichtensendungen. Es folgten Übertragungen von Symphoniekonzerten und Gottesdiensten; dann politische Diskussionen, Naturfilme, Dokumentationen, und schließlich die Übertragung von Kinofilmen. Erst dann wandelte sich das Fernsehen zum Unterhaltungsmedium mit Shows, Soaps, Softpornos und Dschungelcamp-Formaten.

Das Fernsehen bedeutete für die Wahrnehmung der Menschen das, was das Auto für die Mobilität darstellte. Fernsehen komprimierte Raum und Zeit, holte ferne Ereignisse ins Wohnzimmer, strukturierte Öffentlichkeiten und Weltbilder, es gab der modernen Massengesellschaft ihre kollektiven Themen. Fernsehen selektierte und kanalisierte Weltwahrnehmung, schuf eine Synchronizität der Wahrnehmung, eine gemeinsame *Erzählung*. Das Fernsehen war ein Kognitionssystem, das der Wohlstandsgesellschaft ein *Wir* verlieh.

Auch im Dinglichen und seinen geistig-gedanklichen Konnotationen drückte sich diese Funktion aus: Der Fernseher rückte im Wohnzimmer in jene Zentralposition, auf dem jahrtausendelang Schreine, Haustempel, Marienbilder gestanden hatten. Er bildete einen modernen Herrgottswinkel, ein »mentales Tabernakel«, um den sich die gesamte Familie versammelte.

Doch diese Phase sollte nicht lange dauern. Erst zersplitterte die Programmstruktur durch die Erweiterung der Sendezeiten – in den neunziger Jahren ging man von Fernsehprogrammen mit mitternächtlichem Sendeschluss und anschließendem Signalton zum Rund-um-die-Uhr-Senden über. Dann zersplitterten schließlich die Sehgewohnheiten generativ, kulturell und technisch. Kleinere Geräte wanderten in Kinderzimmer, Schlafzimmer, inzwischen auch in die Küchen, während das Zentralgerät monströse Ausmaße annahm. Das Privatfernsehen machte aus drei Sendern 20, das Spartenfernsehen fügte noch einmal 100 Sendeplätze dazu, der Empfang über Satellit, Kabel oder terrestrisch-digital förderte: Pay-TV, Pornokanäle, Bezahlfernsehen. Digitale Aufzeichnungsgeräte vollendeten, was der Videorekorder begonnen hatte – eine zeitliche De-Sychronisierung des televisionären Geschehens. Und dann begann der Generalangriff des Internets.

»Fernsehen« ist ein Beispiel dafür, wie eine Technologie zunächst eine dominante Kulturtechnik erzeugt, die sich durch ihre Eigendynamik dann wieder *dekonstruiert*. »Du warst im Fernsehen« ist heute kein anerkennender Satz mehr, sondern eher eine Mitleidsbekundung. In diesem fraktalisierten Babylon des bewegten Bildes müssen sich alle Innovationen selbst relativieren und widerlegen. »Interaktives Fernsehen« zum Beispiel ist längst ein schaler Witz, weil Fernbedienung und Internet, Festplattenrekorder und DVD längst die Herrschaft des Zuschauers über das Programm bedeuten. Handy-IP-TV, die »Killer-Applikation« der kommenden Jahre, muss zwangsläufig in einer Nische bruchlanden. Erstens weil es eben kein »TV« mehr gibt, das genügend Adhäsionskraft für einen nachhaltigen Massenmarkt entwickelt (mit Ausnahme von Groß-Sportveranstaltungen oder Weltkatastrophen). Zweitens ist die audiovisuelle Wahrnehmung an bestimmte soziale Situationen gebunden. Man kann zwar in der Kneipe Fußball schauen, aber keinen Problemfilm. Wie viel Zeit unseres täglichen Lebens eignet sich zum Fernsehempfang auf dem Handy, in welchen Situationen werden wir das tun? Das stolze Zentralmedium kannibalisiert sich selbst, jedenfalls in unserem Kulturkreis. (In

Afghanistan, wo nur 14 Prozent aller Menschen über Elektrizität verfügen, haben 18 Prozent aller Haushalte ein TV-Gerät – und zwei Drittel der Bevölkerung sagen, sie verfolgten generell das Fernsehprogramm. Hier gibt es zwei Sender, die sechs Stunden senden, und hier hat das Fernsehen noch eine großartige Zukunft und eine Mission.)[17]

»Auf den Schirm!« – Dimensionierungen der Wahrnehmung

Bildschirme, in ihrer Eigenschaft als »Fenster in mediale Wirklichkeiten«, haben eine bestimmte »informelle Taktrate«, die mit den kognitiven Wahrnehmungsmustern unseres Hirns synchronisiert sein muss. Je nach »Format« präferiert unser Hirn eine bestimmte Auflösung, Geschwindigkeit der Bilder, Schärfe etc. Diese Muster sind teilweise kulturell erlernt, teilweise hängen sie mit den festen Verdrahtungen unserer Kognitionssysteme zusammen.

Wenn wir die Größen und Proportionen von Fernsehbildschirmen nach ihrem Verhältnis zum jeweiligen Sendeformat bemessen, ergeben sich, schematisch und näherungsweise dargestellt, die folgenden Idealmaße:

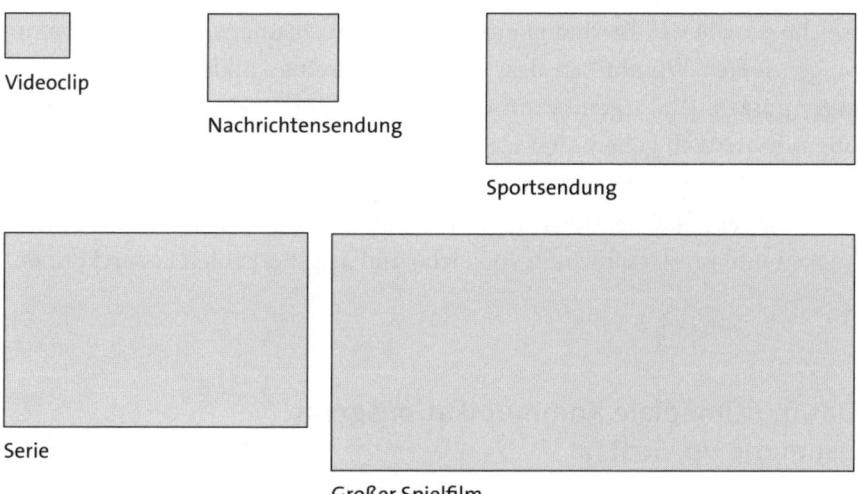

Abbildung 1.13: Größe und Proportionen von Fernsehbildschirmen im Verhältnis zum Sendeformat.

Die Effekte dieses »Rightsizing« kann man nachvollziehen, wenn man einen großen Flachbildschirm im Wohnzimmer hat. Bei bestimmten Sendungen, wie etwa Nachrichtensendungen oder Videoclips, nehmen wir das Fernsehbild als nervig, aufdringlich, *unangemessen* wahr; als würden die Sprecher und Bilder penetrant in den Raum eindringen. Die Farben wirken grell, und man schaltet schnell wieder ab oder um. Bei großen Spielfilmen hingegen scheint das Bild eher geschrumpft; man vergleicht die Situation instinktiv mit dem Kino, wo der Boden wackelt, wenn das Erdbeben kommt.

Das Medium hat sich zerlegt, aber die Schnittstelle zum Menschen, der Bildschirm, hat sich immer nur vergrößert. Das hochauflösende Fernsehen, das uns seit vielen Jahr versprochen wurde und jetzt langsam zur Marktreife gelangt, wird das Dilemma nur verschärfen – und den Markt weiter fraktalisieren. Natürlich gibt es Menschen, die eine Blasmusikshow in brillanter Hochschärfe sehen wollen. Aber der Trend geht in eine andere Richtung. Immer mehr Menschen nutzen das Fernsehen nur noch als Lagerfeuer, als Hintergrundflimmern, und dann ist es nicht nur egal, wie scharf das Bild ist, es *muss* sogar etwas unscharf sein!

In diesem Umfeld »kognitiver Dissonanz« entsteht zwangsläufig ein Prozess des Preisverfalls. In jedem Zimmer steht demnächst ein Fernseher, klein, groß, mittel: im Klo ein winziger Monitor, im Schlafzimmer eine Leinwand. Längst haben wir vergessen, wie die Fernbedienung funktioniert und welche Kanäle wir überhaupt empfangen *können*, und warum wir sie empfangen *sollten*. Wir merken, dass wir jeden einzelnen Bildschirm immer weniger nutzen. Und irgendwann wird ein Massensterben von Bildschirmen über unsere Welt gehen. Und viele Räume werden wieder still und klar und heimelig. Und wenn wir die Erde beben lassen wollen, gehen wir vielleicht doch wieder ins Kino. Dorthin, wo wir mit anderen Menschen zusammenhocken und uns Geschichten von Liebe und Angst erzählen lassen können.

Das multimediale Kommunikationsgerät:
Beam me up, Scotty!

Jedes Jahr im Herbst, wenn Zeitungen und Zeitschriften mit Technik-Gadget-Geschichten um Anzeigen für das kommende Weihnachtsgeschäft buhlen, ist »es« wieder da: das große Fusionieren aller Kommunikations- und Mediengeräte zu *einem* Multifunktionsgerät! Kurz vor jeder großen Telekommunikationsmesse kann man dann die entsprechenden Prototypen oder Studien bewundern. Geräte, mit denen man *alles* kann: fernsehen, im Internet surfen, spielen, fotografieren, telefonieren, Satelliten steuern, Radio hören, Barthaare rasieren, Erdstrahlung und Pulsfrequenz messen ... Und demnächst die Kommandobrücke verständigen, dass sie einen gefälligst von der Planetenoberfläche wegbeamt!

In der Tat hat die Idee eines All-in-One-Geräts etwas Plausibles. Trotzdem bleibt es, so meine These, eine Missgeburt der Innovationsgeschichte, eine Monströsität. Es wird ihm so gehen wie dem bayerischen Wolpertinger, den man immer wieder im Wald zu sehen vermeint, der sogar ausgestopft in vielen Wirtsstuben hängt. Offensichtlich »gibt« es ihn – aber irgendwie will er sich nicht so richtig als *lebendig* herausstellen ...

Der erste Einwand hat mit dem Wesen von Komplexität zu tun. Komplexität hat Folgekosten, die in sinkendem Grenznutzen von *Einzelfunktionen* bestehen. In der Natur gibt es nur wenige überlebende Universalisten (zum Beispiel den Menschen). Und selbst der Mensch ist durch eine Spezialisierung charakterisiert: Sein übergroßes Hirn, sein Sprach- und Abstraktionsvermögen erzeugen jenen komparativen Vorteil, der ihm in der Evolution bislang Vorteile verschaffte.

Wer im Baumarkt Werkzeuge kauft, denkt oft daran, die Vielzahl der benötigten Geräte zu reduzieren. Er erwirbt Kombigeräte. Zangen, die auch Schraubenzieher im Griff aufbewahren. Bohrmaschinen, mit denen man außerdem hämmern, feilen, schleifen kann. Die Erfahrung ist immer die gleiche: Nach ein, zwei Jahren liegt das Kombigerät irgendwo in der hintersten Ecke des Werkzeugschranks, während der alte Hammer mit dem abgesplitterten Griff immer noch benutzt wird.

Jede Universalisierung kostet Funktionalität. Und jede Spezialisierung bringt funktionale Vorteile.

Zweitens jedoch müssen wir uns an dieser Stelle tiefer mit dem Wesen von Kommunikation auseinandersetzen. Im Kosmos der Kommunikation existieren im Prinzip vier Grundsituationen, die sich fundamental voneinander unterscheiden. Daraus lässt sich ein vierachsiges Diagrammsystem konstruieren:

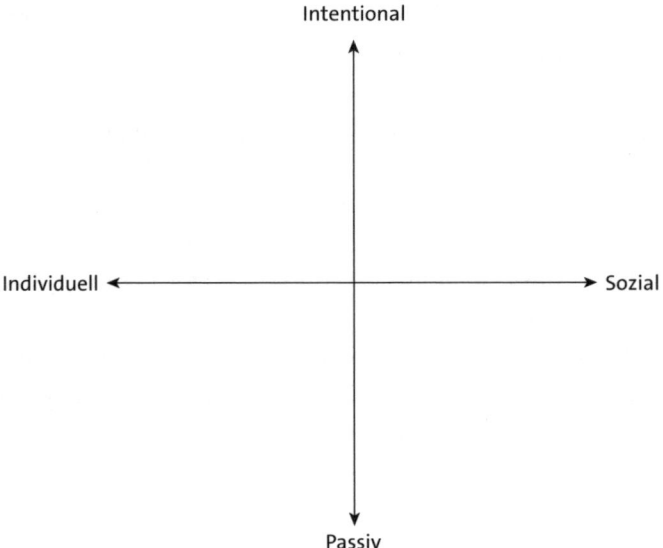

Abbildung 1.14: Das Achsensystem der Kommunikation.

Passiv oder intentional: Kommunikative Situationen können entweder *aufnehmenden* Charakter haben – ich bleibe dabei Rezipient. Oder ich will mit Kommunikation direkt etwas *bewirken* – das wäre dann *intentionale* Kommunikation.

Individuell oder sozial: Bei der *informellen* Kommunikation geht es um die individuelle Verarbeitung von Informationen in meinem Kopf – man könnte dies auch als »Kognitionsarbeit« bezeichnen. In der *sozialen* Variante werden Informationen auf vielfältige Weise verglichen, rückgekoppelt und ausgetauscht.

Natürlich lassen sich die Kommunikationssituationen, in denen wir uns täglich befinden, nicht *immer* sauber voneinander trennen. Wir sehen uns den Wetterbericht im Fernsehen an (individuell), aber wir tun dies, weil wir womöglich mit der Familie Skifahren wollen (intentional/sozial). Aber dennoch lassen sich vier *Wesensmuster* der Kommunikation in den vier Sektoren des Diagramms definieren:

– **Im Sektor individuell/passiv: anschließende Kommunikation oder »Information«.** Hier geht es um eine Art »Download« von Informationen in meinen individuellen Speicher, berührt ist zunächst nur das kognitive

System. In diesem Sektor haben traditionelle One-to-many-Medien wie Radio und Zeitung und auch das »alte« Fernsehen ihren Stammplatz.

- **Im Sektor individuell/intentional: lernen der »operativen« Information.** Hier begreifen wir Informationen als *operativ*. Wir lesen Gebrauchsanweisungen, um ein Gerät zu bedienen. Wir pauken Vokabeln, um eine Prüfung zu schaffen. Wir machen uns ein Bild über die Umwelt, um bestimmte Handlungen zu vollziehen.

- **Im Sektor intentional/sozial: steuernde Kommunikation.** In diesem Sektor werden Dinge durch Kommunikation *bewegt*. Ich kommuniziere, weil ich damit unmittelbar etwas erreichen will. Ich versuche Menschen von etwas zu überzeugen, sie zu Handlungen zu bewegen. Erotik, Teamwork, gemeinsames Jagen und Sammeln: Dafür müssen starke Rückkoppelungen zwischen den Teilnehmern entstehen und hohe Grade von Interaktivität hergestellt werden.

- **Im Sektor passiv/sozial: Unterhaltung und »Socializing«.** Schließlich gibt es noch eine Variante der sozialen Kommunikation, bei der es weniger um Aktivität als um »soziale Synchronisation« geht. Die Bandbreite reicht vom kollektiven Sitzen vor Höhle und Lagerfeuer bis zum Massensport. Vom gemeinsamen Kneipenbesuch bei Männern bis zum Latte-macchiato-Trinken mit Freundinnen. Zu dieser Kommunikation gehört ein verschwenderischer Umgang mit Redundanz: Es geht oft um Bestätigen, Rückbestätigen, Vergewissern – das schlichte Markieren der eigenen Existenz im sozialen Raum. *Hallo Liebling, ich stehe gerade am Flughafen* – wer solche banalen Rückmeldungen für eine Pervertierung unserer Kommunikationskultur hält, der irrt sich. »Kommunikatives Cocooning« ist ein allgemein menschliches Bedürfnis.

In diesen vier Hauptsegmenten können wir nun noch weitere Differenzierungen einordnen:

- **Managen:** Hier kommunizieren wir mit hoher Intention, um eine soziale Situation zu manipulieren. Wir nutzen *alle* Kanäle – Stimme, Sprache, Bilder – zur Erzeugung starker Rückkoppelungs- und Bindungskräfte.

- **Networking:** Eine eher entspannte Kommunikationsform, in der wir zwar soziale Absichten verfolgen und soziale »Spiele spielen«, aber eher im Sinne einer Status- und Bildungspflege.

– **Flirt:** Hier geht es um Verführung, Lockung, Selbstpreisung, Fantasieerzeugung – oft kombiniert mit sanfter Lüge und Mimikri.

– **Chat:** Eine eher beiläufige Form der Kommunikation, bei der wir durch eine Art »Weißes Rauschen« mit unserer Umgebung verbunden bleiben – Kaffeekränzchen im elektronischen Zeitalter.

– **Entertainment:** In diesem Modus suchen wir nach Selbstvergessenheit und einer möglichst intensiven Stimulation, die uns jedoch nicht zu Handlungen herausfordert.

– **Informieren, Beobachten:** Wenn wir uns informieren, schaffen wir in unserem Hirn eine »kognitive Kaskade«. Wir »updaten« bestimmte Kontextsysteme unseres Hirns.

– **Reflektieren:** Hier verändern wir die informellen Kontexte selbst, indem wir eine Supervision des bereits Bekannten herstellen.

– **Lernen:** Dieser Zustand erfordert höheres Engagement und erweiterte Hirntätigkeit. Er ist ohne die Beteiligung von Emotionen und Interaktionen nur sehr uneffektiv gestaltbar.

Für *alle* diese Situationen und Emotionen müsste ein universelles Kommunikationsgerät hohe Tauglichkeit anbieten. Wie soll das gehen? Jede

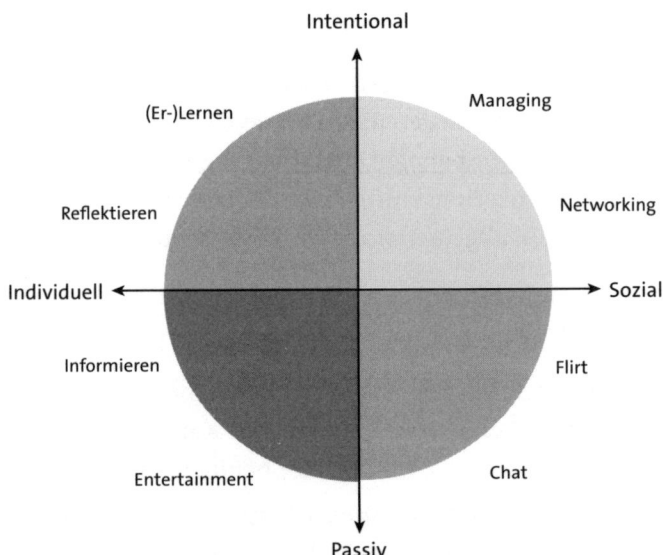

Abbildung 1.15: Das erweiterte Achsensystem der Kommunikation.

	Bandbreite	Interaktivität	»Körperfaktor«	Unmittelbarkeit
Managen	hoch	hoch	hoch	hoch
Networking	mittel	hoch	niedrig	niedrig
Flirt	niedrig	hoch	hoch oder niedrig	mittel
Chat	niedrig	hoch	niedrig	hoch
Entertainment	hoch	niedrig	niedrig	hoch
Informieren	mittel	niedrig	niedrig	hoch
Reflektieren	niedrig	niedrig	niedrig	mittel
Lernen	hoch	mittel	hoch oder niedrig	hoch

Tabelle 1: Adäquate Medienanwendungen.

Kommunikationsaufgabe erfordert ein ganz bestimmtes *soziales Setting*. Wie Kulturanthropologen herausgefunden haben, neigen wir beim Fernsehen zu hochkalorischer Nahrungsaufnahme, weil hier die Situation des tribalen Lagerfeuers simuliert wird. Wir lauschen den Erzählungen der Jäger und essen dabei die fette Beute! Manche Kommunikationsakte benötigen hohe Intimität. Die Swissair hat um das Jahr 2000 *alle* Flugzeugrücksitze mit Telefonen in den Rückseiten der Sitze ausgestattet – eine völlig bizarre Investition, die zum Ruin der Fluggesellschaft beigetragen haben dürfte. Das Medium E-Mail ist bei *Abwicklungen von Gruppenprozessen* gut geeignet, wenn die Teilnehmer sich gut kennen. Für kreative oder emotionale Prozesse und wichtige Entscheidungen ist es hingegen reines Gift! Für das Schreiben von Liebesbotschaften ist womöglich der *langsame* Füllfederhalter das geeignete Medium, während wir für Börsenentscheidungen informelle *Echtzeit* benötigen.

Vielleicht lässt sich nun erahnen, dass und warum die *vollständige Konvergenz der Medien* in Form eines »Mega-Devices« ein Flop bleibt. Wir können nun ein Rastersystem für »adäquate Medienanwendungen« entwickeln. Der Faktor »Bandbreite« bildet ab, wie hoch der Informationsfluss sein muss – gemessen in Bits oder anderen Messeinheiten. »Interaktivität« ist ein Indikator für Anzahl und/oder Wichtigkeit der Rückkoppelungskanäle. Der »Körperfaktor« misst die analog-körperli-

Medium	Komplexitätsgrad	Interaktivität	Primäre Anwendungs-funktion
Telegraf	sehr niedrig	One way	Kommandozwecke
Telefon	gering (steigend)	One to one	Mitteilung/Abstimmung, später Networking
Radio	mittel	One to many	Entspannung, soziale Organisation, Information
TV	hoch	One to many	Information, Unterhaltung
Zeitung	hoch (mit Ausnahmen)	One to many	Information, Meinungsbildung
Fax	gering	One way, one to some	Steuerung, Verifizierung
Handy/SMS	sehr gering	One to one (begrenzt One to some)	soziale Rückversicherung
E-Mail	mittel bis hoch	One to one One to many One to some Many to many	informationsbasierte Prozesse, auch soziales Networking

Tabelle 2: Charakteristika heutiger Kommunikationstechnologien.

chen Dimensionen beim jeweiligen Kommunikationsakt. Die »Unmittelbarkeit« benennt, wie synchron die Kommunikation ablaufen muss – soll sie in »Echtzeit« passieren, oder kann Zeitverschobenheit womöglich sogar von Vorteil sein?

Und so können wir die Technologien, die uns bis heute im weiten Reich der Kommunikation zur Verfügung stehen, einordnen und katalogisieren (s. Tabelle 2)

Natürlich lässt sich eine Technologie vorstellen, in der das »Morphing« zwischen den einzelnen Funktionsweisen so schnell vonstatten geht, dass wir es kaum noch merken – wir werden später dazu Vorschläge unterbreiten. Aber die Frage ist, ob all diese Funktionen tatsächlich zu einer

Einheit drängen. Oder ob es, ähnlich wie in der biologischen Evolutions-
geschichte, zu Spezialisierungen, Ausdifferenzierungen, Formen- und
Funktionsvielfalt kommt. Vielfalt und Spezialisierung, nicht Universali-
tät, sind im Reich der Biologie ein »Megatrend«. Könnte dies im Reich der
technologischen »Organismen« ganz ähnlich sein?

Der »intelligente Kühlschrank«

Auf jedem Produkt befindet sich ein kleiner Sender. Wenn ich einen Jo-
ghurtbecher in den Mülleimer werfe, löst dies einen Impuls aus. Mein
intelligenter Kühlschrank macht einen Abgleich. Wie viele Joghurts sind
noch da? Falls nur noch zwei im Kühlschrank stehen, wird eine Bestel-
lung zum örtlichen Supermarkt losgeschickt. Dort sammeln sich die Be-
stellungen in einem elektronischen Einkaufskorb. Am nächsten Morgen
wird von einem Lieferwagen die ergänzte Ware in einen Kühlschrank
in der Außenwand meines Hauses gestellt, den ich von innen erreichen
kann. Auch wenn ich nicht zu Hause bin, sind also immer frische Butter,
köstlicher Joghurt und kaltes Bier vorrätig ...

So oder ähnlich klingt ein inzwischen schon klassisches technologi-
sches Dauer-Märchen im Bereich des Haushalts: der »intelligente Kühlschrank«, der seit vielen Jahren spukhaft durch die Medien geistert.
Auf den ersten Blick handelt es sich hier wiederum um eine logische, ja
zwangsläufige Weiterentwicklung von Haushaltstechnik – zum Wohle
des Menschen und seiner Bedürfnisse. Wäre das nicht ein Traum? Kein
Anstellen an der Kasse im Supermarkt? Keine quengelnden Kinder auf
dem Rücksitz, keine Parkprobleme beim Einkaufen?

Um zu verstehen, warum der »intelligente Kühlschrank« ein Flop bleiben wird, muss man sich mit dem Wandel von Haushalts- und Ernäh-
rungssystemen und dem Übergang zur mobilen Wissensgesellschaft beschäftigen. Zu diesem komplexen System gehören:

- Nahrungserzeugung
- Ladengeschäfte/Supermärkte
- Gastronomie

- Haushalt
- Individuum

In allen Bereichen hat sich in den letzten Jahrzehnten und Jahrhunderten Entscheidendes verändert:

- Die Nahrungserzeugung fand bis zur industriellen Revolution primär am Ort des Verbrauchs statt – auf dem bäuerlichen Hof. Die Grundversorgung stammte aus der bäuerlichen Vorratshaltung, die stark jahreszeitlich geprägt und von klimatischen Bedingungen abhängig war. Im Dezember gab es Rüben und Kartoffeln, im März meist nichts mehr!

- Der Nahrungsmittelhandel entwickelte sich von den Überschussmärkten des agrarischen Zeitalters über die »Kolonialwarenläden« bis zum modernen Supermarkt, in dem immer noch das Gros der Güter des täglichen Gebrauchs beschafft wird – allerdings mit einem starken Trend zu Convenience- und Servicedienstleistungen.

- Die Gastronomie verliert im Übergang von der agrarischen zur Industriegesellschaft zunächst an Einfluss. Der öffentlich-städtische Raum war im Mittelalter (und ist es heute noch in Asien und in Südamerika) eine einzige Garküche. Gegessen wurde auf der Straße, weniger am heimischen Herd, der eher der Wärme- als der Essensproduktion diente. Erst die europäische Blüte des (privaten) Bauerntums macht »Heim und Herd« zum Zentrum des Alltags; daraus entsteht in der Industriegesellschaft die typische Rollenteilung, in der die Frau für Nahrungsmittelzubereitung und -beschaffung verantwortlich ist. Öffentliches Essen findet hier nur als Sondersituation statt, im »vornehmen Restaurant«, in das man zur Belohnung oder zum Feiern geht. Heute entwickelt sich eine Renaissance des öffentlichen Essen; in einer intensiven Home-Delivery-Kultur ebenso wie in einer riesigen (Über-)Versorgung des öffentlichen Raums mit unendlich vielen »Snacking-und-Grazing«-Angeboten. Die steigende Rollen- und Berufsmobilität verlagert das Essen wieder aus dem Haushalt in die Kantinen, Fast-Food-Stationen, Tankstellen, Fast-Food-Services, Starbucks, auf die Gourmetmeilen dieser Welt.

- Der »ganze Haushalt«, in dem vor 100 Jahren Eltern, Kinder, Mägde, Knechte, Haushälterinnen und andere abhängige Beschäftigte wohnten, hat sich auf vielfältige Art atomisiert. Die »nukleare Familie« der sechziger Jahre, in der die Rollenbilder strikt und die zeitlichen Abfolgen haushaltlicher Pflichten eindeutig blieben, ist der Patchwork-Familienstruktur von heute, mit ihren vielen Single-Haushalten, nachbarlichen Querverbindungen und konfusen Verhandlungssituationen gewichen. (Wer trägt den Müll herunter, wer kauft ein?)

– Das Individuum ernährt sich heute völlig anders als noch vor 20, 30 Jahren, als in der überwiegenden Anzahl der Haushalte noch eine »hausfrauliche Rundumversorgung« herrschte – damals kamen im Lauf des Tages drei Mahlzeiten auf den Tisch, vieles entstammte noch einer rudimentären Vorratshaltung. Nahrungsmittel wurden »gestreckt« und restlos verwertet. Die Auswahlkriterien für Nahrung werden heute immer komplexer: Gesundheits-Food, Functional Food, Erlebnis-Food, »Exotic Food« lösen die alte »Nahrungsversorgung« ab. Kaum eine Familie schafft es noch, dass *alle* ihre Mitglieder bei einer Mahlzeit das Gleiche essen.

Auffällig ist, dass in diesen Prozessen nicht nur »Überwindungen« alter Verhältnisse stattfanden, sondern immer wieder auch *Renaissancen*. Heute gibt es wieder einen Trend zum guten, alten Wochenmarkt, sogar die heimische Nahrungsmittelversorgung erlebt in Form des Bio-Trends ein Comeback. Mit Freunden bereitet man am Wochenende gemeinsam ein opulentes Mahl zu – mit Zutaten, die man in sinnlicher Weise (Schmecken, Riechen, Tasten) auf dem Wochenmarkt ersteht. Unter der Woche bleibt hingegen der Kühlschrank eher leer, man bestellt beim Pizza-Service oder geht zum Italiener um die Ecke.

Mit anderen Worten: *Das Gesamtsystem Ernährung/Haushalt erhöht seine Komplexität ständig!*[18]

Wie soll unser armer »intelligenter Kühlschrank« unsere Vorlieben und Abneigungen, Heißhungeranfälle, Allergien und Sympathien, Moden und Eskapaden nachvollziehen? Wollen wir wirklich immer die gleiche Menge Joghurt im Kühlschrank stehen haben? Natürlich können wir diktieren: »Diese Woche keinen normalen Joghurt mehr, wir sind auf laktosefreie Produkte umgestiegen!« Oder: »Hör mit dem verdammten Bier und der Schokolade auf, ich mache eine Diät!« Aber bald stoßen wir an eine *systemische* Grenze, denn oft wissen wir gar nicht, was wir wollen, oder wollen können, oder wollen sollten. (Das erfahren wir dann eher doch wieder im Supermarkt; siehe den Abschnitt zu den »Attraktoren« im zweiten Teil.) Und schnell überschreitet der Kommunikationsaufwand, den wir mit unserem klugen Kühlschrank treiben müssen, den komparativen Vorteil, den er mit sich bringt.

Der »dumme Kühlschrank«, wie er heute in unseren Wohnungen herumsteht, ist einer der simpelsten, nützlichsten und »smartesten« Gegenstände unserer Technosphäre. Er läuft nahezu wartungsfrei, ist langlebig und kinderleicht zu bedienen. Er macht das mühsame Geschäft der Einweck-Vorratswirtschaft, die unsere Großmütter noch zu Sklaven des Haushalts verdammte, überflüssig. Er verhindert, so neueste Forschungen, Millionen Fälle von Krebs – der weltweite Rückgang des Magenkrebses ist, wie wir heute wissen, auf das Zurückdrängen des Pökelns und Räucherns als Hauptkonservierungsmethode von Fleisch zurückzuführen.

Der »intelligente Kühlschrank« ist hingegen ein exzellentes Beispiel für die technologischen Trugbilder, die bis heute unsere Zukunftsvisionen dominieren. Er ist ein Teil jener (männlichen) Automatisierungsutopie, welche die Welt als Steuerungs- und Kontrollproblem definiert.

James Taylor, ein Microsoft-Forscher, der in einem Projekt zur Erforschung von Haushaltskommunikation arbeitete, formulierte es in einem Internet-Blog folgendermaßen: »Familiäre Organisationsmittel sind oft auf eigentümliche Weise persönlich. Effizienz und Optimierung können in der häuslichen Umgebung eine ganz andere Bedeutung haben als im Büro.« Familiäre Kommunikation erfordert eine empfindliche Balance aus Informiertheit, Ahnungslosigkeit, von Hin- und Weghören, aus Sensibilität und Ignoranz.

Der »intelligente Kühlschrank« ist also auch eine Fehlübertragung aus der Bürowelt in die Familienwelt – in beiden Sphären herrschen sehr unterschiedliche Gesetze. Und noch etwas zeigt uns das Beispiel des »intelligenten Kühlschranks«, nämlich: Sollen Geräte des alltäglichen Gebrauchs wirklich »intelligent« sein? Der Satiriker Hans Zippert beschrieb in der Internet-Zeitschrift *Gold.de* im Jahr 2000 ironisch, wohin das führen kann:

Ich möchte nicht erleben, wie mich mein superschlauer Toaster demnächst in ein zwangloses Gespräch verwickelt. »Die Scheiben könntest du auch mal regelmäßiger schneiden, da toastet man sich ja einen Wolf.« »Das geht mit der Hand nicht besser.« »Ich kann dir sofort ein digitalisiertes Brotschneidemesser bestellen!« »Lass das bleiben, ich muss noch die Brotbackmaschine abstottern, die du mir letztes Jahr aufgezwungen hast« ... Nein, Küchenmaschinen sollen nicht denken dürfen. Was nützt mir eine Mikrowelle, die heimlich das Gesamtwerk von Johann Lafer bestellt? Eines Tages werde ich meine eigene Küche nicht mehr betreten dürfen, weil meine »intelligente Küchentür« sich weigert, den Weg freizugeben. »Es ist vier Uhr nachts, deine Verdauungsorgane arbeiten nicht mehr, und deine Cholesterinwerte sind eh zu hoch. Es tut mir leid, aber der Herd und der Kühlschrank sind mit mir der Meinung, dass erst ab sieben Uhr wieder Lebensmittel ausgegeben werden können.«

»Ähh, ich habe nur die Zeitung auf dem Küchentisch liegen gelassen. Und ich habe einen gigantischen Heißhunger auf Schokolade.«

»Geh zum Schuhschrank und lass dir von ihm eine neue Zeitung ausdrucken! Aber an deiner Stelle würde ich mich lieber wieder an den Schreibtisch setzen, bevor die Knoblauchpresse deine ganze Festplatte gelöscht hat!«[19]

Intelligenz, so ahnen wir, ist nicht technologisch objektivierbar. Sie hat etwas mit Macht zu tun, mit Interpretations- und Unterscheidungsprozessen, die genuin humanen Kriterien unterliegen. Maschinen »intelligent« zu machen ist nicht nur sehr, sehr schwer. Es ist vielleicht auch sehr dumm. Sollten Maschinen nicht lieber das Dumme für uns erledigen, damit *wir* schlauer werden können? Donald A. Norman formulierte es so:

Maschinen, die versuchen, die Motive und Handlungen von Menschen vorauszuahnen und zu interpretieren, sind dazu verdammt, beunruhigend im besten und gefährlich im schlechtesten Fall zu sein.[20]

Der Human-Roboter

Es wird erzählt, dass der Mathematiker und Philosoph René Descartes (1596–1650) in seinen späteren Jahren immer in Begleitung einer lebensgroßen weiblichen Puppe mit äußerst menschlichen Zügen reiste. Er hatte sie selbst nach seiner unehelichen Tochter Francine konstruiert, die im Alter von fünf Jahren starb, aber auch, so berichteten es Zeitzeugen, um zu zeigen, dass »Thiere nur Maschinen sind und keine Seele haben«. Descartes und die Puppe waren unzertrennlich; sie ruhte stets in einer

Truhe an einer Seite. Einmal, während einer Fahrt über die Nordsee, als Descartes gerade schlief, schlich sich der Kapitän aus Neugier in seine Kabine, öffnete die Truhe und fand zu seinem Schrecken die lebensechte Puppe. Er zerrte sie aus ihrem Versteck, schleifte sie an Deck und warf sie über die Reling.

Die Auseinandersetzung mit »künstlichem Leben« gehört zu den Konstanten der menschlichen Ideengeschichte. »Wiedergänger« und »Homunculi« finden sich in unzähligen archaischen und historischen Mythen. In der Urform handelt es sich bei den Robotern um geistbeseelte, von einer höheren oder dunklen Macht gesteuerte »Hüllen«. Man denke an den Golem in der jüdischen Literatur. Auch die diversen »Untoten« im Reich der fantastischen Literatur gehören in diesen Formenkreis, bis hin zu Bram Stokers *Dracula*. Es war das mechanische Zeitalter, das diesen Fantasien eine realistische Gestalt verlieh. Im 18. Jahrhundert wurden Roboter zum ersten Mal als Demonstrationsobjekte en vogue – der »Schachtürke« machte Karriere, die fressende und schnatternde mechanische Ente des Jacques de Vaucanson verblüffte ihre Betrachter. In künstlichen »Thieren und Menschen« konnten kunstvolle Mechaniker ihre Fähigkeiten zeigen. Im 20. Jahrhundert bemächtigte sich der Stummfilm des Themas: In *Metropolis* von Fritz Lang wird ein »gotisch-industrieller Totalitarismus« gezeigt, dessen Zentrum eine allwissende Maschine bildet, die sich die Menschen untertan macht – diese verhalten sich dann genau wie Maschinen.

Ein großer Teil des KI-Hypes, des Geredes von der künstlichen Intelligenz, verdanken wir einem simplen Missverständnis: »Denken« wird hier als simple Rechenoperation definiert. In dieser Logik »übertrifft die Kapazität von Computern längst die des menschlichen Hirns« – wie man es in jedem zweiten pseudowissenschaftlichen Medienerguss lesen kann. Dass das menschliche Hirn eben mehr als ein Rechenwerk ist, lässt sich offenbar nur schwer begreifen.

In den fünfziger und sechziger Jahren, als Isaac Asimovs »Robotergeschichten« erschienen und es in allen Fernsehserien von lustigen Blechgesellen wimmelte, wurden Roboter zum Zentrum eines Kultes, der bis heute andauert. Sie standen für die große Vision einer Befreiung von monotoner Arbeit, für das Utopia der Vororte, bevölkert von fröhlichen Hausfrauen mit ebenso fröhlichen, blechernen Helferlein. In so gut wie allen Sci-Fi-Filmen blinken und piepen die mechanischen Diener und verkünden ihre jederzeitige Einsatzbereitschaft.

Den mechanischen Alltagshelfern stand immer der *Moloch* gegenüber. Die Androiden in *Blade Runner, Total Recall* und *Terminator* sind menschenähnliche Kampfmaschinen, in *Matrix* haben die Maschinen gleich die ganze Welt übernommen. Und so geht es hin und her: zwischen hilfsbereitem Spielzeug und Killermaschine: R2D2 und C3PO aus *Star Wars* verkörpern Roboter als Teddybären. Ähnlich Huey und Dewey in *Silent Running* (*Lautlos im Weltraum*, 1972), zwei freundliche Gärtner-Roboter, die erfolglos, aber rührend die Welt zu retten versuchen. Um die Jahrtausendwende, als Zukunft vorübergehend wieder utopisch und metallisch zu schmecken schien, thematisierte ein großer Spielberg-Film, *A. I. – Künstliche Intelligenz* (der eigentlich Kubricks Abschiedswerk werden sollte), in existenzieller Weise die Frontlinie zwischen Mensch und Maschine. Ein Roboter wird sterblich und lernt das Träumen, und die Menschen verschwinden von der Erde wie ein flüchtiger Schatten. Gleich darauf folgte Will Smith in der Hauptrolle des albernen Films *I, Robot*, der unser Verhältnis zur KI wieder auf Materialvernichtung und Action-Klamotte herunterzog. Roboter ergreifen in Roboterfilmen meist die Macht und werden »böse«. Mit anderen Worten: Sie handeln menschlich.

In den letzten Jahren nun scheint es (wieder einmal) *endgültig ernst* zu werden mit den Robotern. Presse, Funk, Fernsehen und andere Vermutungsinstitutionen sind sich nun endgültig einig: *Er kommt!* ASIMO, die Neuentwicklung von Honda, läuft Treppen hinauf und hinunter und spielt auf Business-Konferenzen Trompete. Auf den »Vermischtes«-Seiten häufen sich die Bilder von wohldesignten Apparaten aus Japan, die »selbstständig kommunizieren« und »verschiedene Menschen unterscheiden« können. »In spätestens zehn Jahren werden humanoide Roboter die Altenpflege übernehmen und in unseren Haushalten aufräumen, putzen und staubsaugen!« Und das Bier bringen! Garantiert! Demnächst! Mit Sicherheit!

Meine Prognose lautet: Der humanoide, intelligente Roboter (also der Roboter in menschenähnlicher Gestalt mit menschenähnlichen Fähigkeiten) wird für immer ein *Running Gag,* ein Fabelwesen der Technologiegeschichte bleiben.

Drei Gründe möchte ich dafür ins Feld führen:

1. **Man kann drei Milliarden Jahre Evolution nicht schlagen.** Haben Sie schon einmal versucht, einen Arm, eine Hand zu konstruieren? Der menschliche Greif*mechanismus* ist Resultat einer unendlich langen Kette von biologischen Optimierungen. Allein das Laufen zu simulieren erfordert gewaltige Rechenkräfte. Und am Ende haben wir immer nur einen fragilen und schwankenden Homunculus. Eine Schießbudenfigur.

2. **Intelligenz ist fleischlich.** Das menschliche Hirn, dieses »sichere System aus unsicheren Elementen« (John von Neumann)[21], ist eine organische Anpassungsreaktion an die Gefahren der Umwelt. Das, was wir »Intelligenz« nennen, entstand in Jahrmillionen der Aussterbe-Bedrohung, in Klimakatastrophen, Dezimierungen, Totalverlusten durch Krankheiten und Elend, Krieg und Verlust. Die komplexe Struktur unseres Geistes ist nichts anderes als eine »Verzweiflungsknospe« gegen die Empfindlichkeit unserer Organismen. Unsere Emotionen sind »Imprimaturen des Schmerzes« – und nur in diesem Kontext haben sie *Sinn*! Um tatsächlich *künstliche Intelligenz* herzustellen, müssten wir Robotern also *Fleisch und Sterblichkeit* verleihen. Dann aber bräuchte man erst gar keine zu konstruieren!

3. **Humanroboter haben direkte Konkurrenten: Menschen.** In der Zukunft, so verheißen es uns die ganz, ganz scharfen Propheten, werden wir natürlich Sex mit Robotern haben. So behauptet es zum Beispiel David Levy in seinem Buch *Love and Sex with Robots*.[22] Aber stellen wir uns das Szenario einmal leibhaftig vor. Angenommen, Sie kämen (ich gehe einmal davon aus, dass Sie ein Mann sind) mit dem Modell *Tenderbot 3*, dem neuesten Sexroboter-Modell, auf die abendliche Party. Matt glänzend, hautähnliche Oberfläche, atemberaubende Kurven, ein glockenhelles Lachen und lange, blonde Echthaare, die sogar richtig wachsen (meine Güte, die Friseurrechnungen!!!). Würde man Sie bewundern, dass sie sich ein solches cooles Mega-Gadget leisten können? Wahrscheinlicher wäre, dass man hinter der Hand murmeln würde: *Der kann sich keine echte leisten!* Ähnlich erginge es Ihnen womöglich, wenn Sie für Ihre Mutter oder Großmutter einen Pflegeroboter mieten würden, der sich intelligent und fürsorglich um die alte Dame kümmert. Denn damit

wäre klar: Sie sind ein Ausbund sozialer Kälte! Sie wollen Ihre Mutter/ Großmutter abschieben!

Cybersex revisited

Im Jahr 1999 feierte ein niederländischer Künstler, dessen Name längst in Vergessenheit geraten ist, mit seinen Cybersex-Performances Triumphe in den Medien. Auf Kongressen, in Talkshows, auf Kunstmessen und in Kultblättern wie *Wired* führte er seine »teledidonischen« Experimente vor, in denen schöne blonde Frauen sich (reale oder imaginierte) Gummipenisse umschnallten, und Männer entsprechende Manipulationspenisse – und man sich durch Computer-Ferninput stimulieren ließ. AHHH! AHHH! HIHI!

Zwar funktionierten diese Experimente technisch irgendwie noch nicht (die Dildos klemmten oder es kam aus unerfindlichen Gründen zu Serverabstürzen). Aber irgendwann beschlich uns der Verdacht, dass es darauf auch gar nicht ankam.

Schon im Jahr 1997 sagte Joel Snell, ein US-Zukunftsexperte, ein sehr plausibles Artefakt der Zukunft voraus: den Sexroboter.[23] »Roboter, die sexuelle Dienstleistungen anbieten, sind sehr wahrscheinlich. Die ›Sexbots‹ haben menschliche Züge und werden weich und freundlich sein. Sie werden Vibratoren zur sexuellen Stimulation und Stimmen zur Freundlichkeit haben.« Sein Kollege David Levy veröffentlichte 2007 den bereits erwähnten Bestseller mit dem schönen Titel *Love and Sex with Robots*.

Natürlich, ein gigantischer Markt existiert: Nicht nur in der westlichen Welt entsteht ein massiv ansteigender »Männerfrust«, bei dem Millionen von dauerhaft partnerlosen Männern jedem Geschlechtsverkehr entsagen müssen, weil sich schlichtweg keine Frau mehr für sie interessiert – die Bildungspotenziale wie der Zeitgeist neigen sich inzwischen zuungunsten des männlichen Geschlechts. Die Folge ist ein erhöhtes Gewaltpotenzial, dass in den Ländern mit einem »male youth bulge« (einem Übergewicht an männlichen Jugendlichen) kriegerische Dimensionen annimmt. Dazu die vielen starken, erfolgreichen Frauen, die partout keine adäquaten Männer mehr finden. Und auch keine Lust mehr haben, sich mit deren Weinerlichkeiten auseinanderzusetzen. Wäre nicht ein schön gebauter Adonis, der jederzeit zur Verfügung steht, genau das Richtige? Keine menschliche Tätigkeit ist so verletzlich, so spannungsgeladen, so angsterregend wie die Sexualität. Beim Sex sind wir uns gleichzeitig extrem nah und extrem fern, und ohne die neuronalen Fantasieproduktionen in unserem Hirn geht wenig. Wird der Kunst-Sex wirklich besser, wenn die Puppe lebensechter wird? Nein, er wird nur noch verzweifelter, ein Sachverhalt, den der große Stanislaw Lem locker »Windelhöschenphantomatik« nannte.[24]

Je mehr künstliche Ferienparadiese, desto kostbarer der echte, unverfälsche Strand einer einsamen Insel! Je mehr billigen Cybersex wir haben könnten, desto mehr suchen wir nach dem Authentischen, dem Echten. Wir sind umso mehr bereit, für die wahre Liebe zu zahlen, uns zu strecken, zu verändern, uns anzustrengen, auf die Suche zu gehen ...

Sex ist *in seinem Wesen* virtuell. Ohne Fantasieproduktion, ohne unser Kopfkino funktioniert er nicht. Und doch ist er nur fleischlich, riskant und bei vollem Risiko zu haben. Ihn völlig seiner seelischen, mentalen Komponente zu entkleiden, gelingt uns nicht, solange wir körperliche, seelische, mentale, emotionale Wesen sind.

Mit anderen Worten: Um wirklich lustvollen Sex mit Robotern zu haben, müssten wir Roboter werden.

Aber dann käme schon die nächste Enttäuschung: Für Roboter ist Sex völlig unerheblich. Anders als Humanoide sind sie nicht der sexuellen Selektion unterworfen. Warum sollten sie »es« also tun? Höchstens, weil sie darauf programmiert sind, es zu imitieren. Wie langweilig!

Autos mit Beinen

All diese Überlegungen und Aspekte veranlassten Alan Turing, einen der Erfinder des Computers, einmal zu dem Satz: »Die Erfindung von Künstlicher Intelligenz wäre so, als würde man einen Haufen Arbeit in die Erfindung von Autos stecken, die auf Beinen laufen können, statt das Rad weiter zu nutzen!«[25] Psychologische Tests und Erfahrungen haben ergeben, dass Menschenähnlichkeit von Haushaltsrobotern eher als irritierend und bedrohlich empfunden wird.[26] Wir wollen wissen, zu welcher Seinskategorie ein »Ding« gehört. Die Auskunft darüber, was *lebt* und was *tot* ist, das ist eines der grundlegenden menschlichen Einordnungsmuster *überhaupt* – es strukturiert ethische Systeme, Religionen, Werte, Normen, die ganze menschliche Kultur.[27]

Sonys berühmter künstlicher Hund Aibo »lebte« deshalb nur sechs Jahre, bevor seine Produktion und Entwicklung 2006 eingestellt wurden. Der süße Robo-Hund, der in keiner Zukunfts-TV-Sendung fehlen durfte und der tatsächlich sehr hundeähnlich agierte, blieb ein Markt-Flop. Gerade *weil* er sich so niedlich bewegte, berührte er ein Tabu. Er wurde seinen Besitzern unheimlich – oder machte sie traurig, weil es eben kein *echter* Hund war.

Rodney Brooks, einer der profiliertesten Vertreter der Künstliche-Intelligenz-Forschung, beschäftigte sich am MIT bereits seit 20 Jahren mit der Frage, wie man Maschinen zur Intelligenz bringen kann. Er konstruierte insenktenähnliche Roboter, die sich in völlig unregelmäßigem Gelände bewegen können. Er schuf den ersten humanoiden Roboter, der sich die Welt Stück für Stück »zusammenscannt«. Seit ein paar Jahren hat Brooks eine »technologische Midlife-Crisis«.

»Was immer wir getan haben«, sagte Brooks in einem Interview mit der *Zeit* 2002, »war immer nur die Imitation von Intelligenz. Was uns im Grunde fehlt, ist der ›Juice‹, der Saft des Lebens.« Brooks arbeitet nun an einer »Heuristik des Lebens« – er will den dummen Silizium-Computern mit organischen Methoden Intelligenz einpflanzen. Er will künstliche Intelligenz nicht mehr konstruieren, sondern evolutionieren.

Die Fallstudie des intelligenten Roboters zeigt uns, dass wir zwischen technischen *Möglichkeiten* und den *Botschaften* der Technologie unterscheiden müssen. Technik erzählt uns Geschichten, die wir aus anderen als aus technischen oder Vernunftsgründen glauben. Wir lassen uns gerne täuschen, wenn die »Story« spannend ist – und verwechseln Simulation mit Wirklichkeit.

Gerade in den Zeiten, in denen die Genforschung die letzten Geheimnisse der Biologie enthüllt, stellt sich eine Frage mehr denn je: *Wer sind wir?* Um *das* herauszufinden, sind Humanroboter (und Filme und Bücher und Prognosen und Erzählungen über Humanroboter) außerordentlich nützlich. »Von der künstlichen Intelligenz kann man lernen, wie seltsam natürliche Intelligenz ist«, schreibt Norbert Bolz in *Bang Design*.[28]

Was nicht heißt, das »Robotik« nicht ernsthafte Anwendungen begründen kann: in den Fabriken, wo immer mehr Industrieroboter endlich die schrecklichen monotonen Arbeiten übernehmen. Auf den Feldern, wo gewaltige Erntemaschinen nun auch ferngesteuert ihre Dienste verrichten – nichts anderes als Roboter! In unseren Küchen, in denen sie Kühlschrank, Waschmaschine, Geschirrspülmaschine heißen. In den Heimen für Demente hat sich »Paro« bewährt, ein robotisches Kuscheltier zum Anfassen und Trösten, das das menschliche Gegenüber mit seinen Knopfaugen direkt anguckt. Aber muss es deshalb »intelligent« sein? Besser nicht.

Die Logik der Techno-Flops

Aus dem weiten Reich des technischen Scheiterns haben wir hier einige besonders interessante Geschichten erzählt. Versuchen wir nun, diese grob zu kategorisieren.

Megaflops oder »Utopieflops«: Wer kennt aus seiner Jugend nicht die wunderbaren Unterwasserstädte, in denen wir uns in der Zukunft alle tummeln sollten? Damals war die Begründung klar: die nahende Überbevölkerung! In allen Zukunftsentwürfen ging man von einer weiter exponentiell steigenden Zahl von Menschen aus – 20 Milliarden sollten es mindestens im Jahr 2100 sein. Das bedeutete für die Menschheit den Zwang zur Besiedelung neuer Räume. Und wo befand sich neben dem Weltraum mehr verfügbarer Platz als in den Ozeanen?

Heute wissen wir, dass die Menschheit bei etwa 9,2 Milliarden ihren zahlenmäßigen Zenit erreichen wird – ungefähr im Jahr 2060.[29] 9,2 Milliarden Exemplare der Spezies Mensch kann unser Planet auch auf der Erdoberfläche verkraften. Unten im Wasser ist es hingegen klaustrophobisch eng, teuer und kalt. Wollen wir *wirklich* zwischen Haien, Quallen und unter 1000 Tonnen Wasserdruck leben – selbst wenn das »technisch möglich« wäre? Wir wollen *eigentlich* nicht. Die heute existierenden Unterwasserhotels sind klein, und die Gäste buchen sie selten für mehr als einen Tag. Menschen sind »Landschaftswesen« – aus den schon genannten Grün-

Abbildung 1.16: Unterwasserstädte: garantiert vorhergesagt für das Jahr 2000.

den. Unser Blick ist symbolisch-metaphorisch auf den Horizont gerichtet. Alles das fehlt unter Wasser, und das würde uns nicht wirklich froh machen.

Running Gags oder »Fabelwesen«: Variante der Utopieflops. Man erkennt sie an einem ganz einfachen Indikator: Ihr *sicherer Durchbruch* liegt *immer* zehn Jahre in der Zukunft – und das schon seit Jahrhunderten! Kontinuierlich wird ihre *demnächst sicher bevorstehende* Marktreife in Zeitungen und TV propagiert.

Das Publikum *glaubt* diese Ankündigungen, wie man an Drachen, magische Kräfte, Wasseradern und Homöopathie glaubt. Denn in ihrem Kern steckt eine Erlösungsfantasie, ein dringender, existenzieller Wunsch. Denken wir an die Schlankheitspille. Oder an »Klugheitspillen« – oder eben an »automatisches Lernen«, an Haushaltsroboter oder Pflegeroboter. An Gedankenübertragung via Computer. Vielleicht gibt es die »irgendwie« und »irgendwann«. Aber bei genauerer Betrachtung gehen wir halt auch in Zukunft immer noch ins Büro, putzen die Küche, lernen mühsam Neues und müssen uns mit unseren kranken oder gebrechlichen Angehörigen auseinandersetzen.

Running Gags sind die »Affenfallen« der technischen Zukunftsvisionen. Wie der berühmte Affe, der ein leckeres Stück Fleisch in einer hohlen

Kokosnuss findet, hineinlangt und das Stück grapscht, aber nun durch die schmale Öffnung das Stück Fleisch nicht mehr herausziehen kann, vor lauter Gier nicht loslässt und deshalb mit dem schweren Ding am Arm eine leichte Beute ist (so fangen angeblich einige Südseestämme Affen), sind wir von diesen Zukunftsutopien bedingungslos geblendet und fasziniert. Ähnlich wie bei den Ismen der sozialen Welt, den Ideologien und Idealismen, den Romantizismen und Klischee-Weltbildern, halten wir lieber an der »wahren Lehre« *ad infinitum* fest, als uns der Wirklichkeit zu stellen.

Fehlanwendungen (»Right Question, Wrong Answer«): Hier wurde ein Bedarf richtig erkannt, aber die angewandte (oder antizipierte) Technik ist schlichtweg ungeeignet, die Aufgabe zu erfüllen. Neben dem Zeppelin fallen in diese Kategorie zum Beispiel Pressluft-U-Bahnen: Um 1910 existierte in jeder europäischen Großstadt ein weitverzweigtes, hocheffizientes Rohrpostnetz, die »pneumatische Post«, die in Städten wie Prag, Paris und Mailand teilweise noch bis in die jüngste Vergangenheit Verwendung fand. Warum also, so dachte man, nicht auch den Personenverkehr auf diese Weise organisieren? Die ersten Londoner U-Bahnen trieb man mit starken Ventilatoren an, weil man in den dunklen Tunneln weder Pferde noch rußige Lokomotiven benutzen wollte.[30] Aber sie fuhren natürlich nur einige Meter weit, und die Dichtungsfrage wurde nie gelöst. Pneumatische Technologien, so schien es, könnten *überall* funktionieren. Aber genau das taten sie nicht. Ebenso wenig wie der »Dampfrollwagen« von Joseph Cugnot (1725–1804) die Ära des Dampf-Personenautos begründen sollte. Ein Versuch, der von Graf Albert de Dion 1883 mit einer ganzen Flotte von Dampffahrzeugen aufgegriffen wurde. 1887 kam es sogar zu einer Fernfahrt eines Straßen-Dampfmobils von Paris nach Wien.[31] Weitere Beispiele in dieser Kategorie sind das Hovercraft, ein Gefährt, das einen Höllenlärm macht, über einem Meter Wellenhöhe versagt und unmäßige Mengen von Energie verbraucht. Diese Art von Flops entsteht vor allem dann, wenn man den Erfolg einer bestimmten Technik in *einem* Sektor auf einen anderen zu übertragen versucht.

Nischen-Hypes: Bei dieser Variante des Techno-Flops wird eine kleine Nische, ein Nebengleis der technischen Evolution, zu einer gewaltigen

»Story« aufgeblasen. In der mediendominierten Welt von heute ist dies zweifelsohne die gängigste Flop-Variante. Das »Ding« erweist sich zwar als technisch machbar, aber nicht sonderlich marktdurchdringend. Denken wir an Riechcomputer, die vor kurzer Zeit auf all unseren Schreibtischen stehen sollten – durch das Internet gesteuerte »Aromamaschinen« mit kleinen Duftkapseln, mittels derer wir unsere Wohnung aromatechnisch aufrüsten sollten. Die Technik gibt es heute, aber sie wanderte eher in den Bereich der Ladengestaltung ab. Der Segway gehört zu dieser Kategorie. Und die »intelligente Kleidung«, die ihre Nischenanwendungen finden wird, aber eben nicht mehr.

Weitere Nischen-Hypes und Running Gags:

- das E-Book
- intelligente Kleiderstoffe
- Spracherkennung im Alltag
- Handy-TV
- virtuelles Geld
- unter die Haut implantierte Chips

Geniale Stümpereien: Ein kleine Nebengruppe der Flops sind die harmlosen und letztes Endes amüsanten Innovationen, die uns alle faszinieren, die wir einfach *toll* finden – aber die einfach sagenhaft stümperhaft realisiert waren. Oft passiert dies, wenn Erfinder sich als Futurologen betätigen. Ein schönes Beispiel stellt das Dymaxion-Auto des Zukunftsvisionärs Buckminster Fuller dar, eine stromlinienförmige rollende Pappmaschee-Banane, die sich sogar in die Luft erheben sollte, sich aber schon in der schlichten Fahr-Version als eine Gurkenkonstruktion herausstellte.[32] Selbst (ja gerade) sehr innovative Unternehmen sind nicht vor diesem Flop-Typ gefeit, man denke an Apples »Cube« oder »Newton«.

»Future-Fades« oder Hase-und-Igel-Innovationen: Dies sind Innovationen, die tatsächlich realisiert werden und sich auf dem Markt durchsetzten. Aber schon *während* sie dies tun, verlieren sie ihren faszinierenden Charakter. Sie werden entzaubert – gerade *weil* sie sich realisieren: wie ein Liebhaber, der sich nach einer heißen Nacht bei Tageslicht in »etwas« ganz anderes verwandelt ...

Abbildung 1.17: Dymaxion-Auto von Buckminster Fuller: Ein utopisches Gurken-Gefährt, das ziemlich schnell auseinanderfiel.

Denken wir etwa an die glorreichen Errungenschaften der sagenhaften Telemedizin. Heute kann ein Chirurg mithilfe eines ferngesteuerten Roboters auch vom anderen Ende der Welt Hüften oder Herzen operieren. Aber ist das wirklich *toll*? Lernen wir nicht *gerade jetzt*, dass Medizin, selbst Intensivmedizin, etwas mit Berührung, Kommunikation, *Präsenz* zu tun hat? Ähnlich das berühmte »Interaktive TV«, bei dem wir einen Rückkanal zum Fernsehprogramm bedienen: Technisch ist das längst möglich. Aber haben wir wirklich *Lust* darauf, dauern zu *voten*, uns per Kamera oder Wortmeldung in laufende Sendungen einzuschalten, womöglich den Verlauf eines Spielfilms zu beeinflussen? Sind wir nicht eigentlich ganz froh, dass es einen gottverdammten Regisseur gibt, der uns eine spannende Handlung präsentiert, die wir gut oder schlecht finden können?

Auf dem Weg zu einer ganzheitlichen Technologiebetrachtung

Was wir verstehen müssen, wenn wir uns mit der Zukunft der Technik beschäftigen, ist, dass Technik keine »Zukunft« ist, sondern eine *Erzählung*.

Menschen erzählen sich, was sie erhoffen. Aber mehr noch, was sie fürchten. Wenn beides möglichst extrem spekulativ und mediengerecht zusammenkommt, wird eine »Technovision« daraus.

Dieses Buch möchte mit mehreren Illusionen aufräumen, die unsere Wahrnehmung und Prognose von Technologie immer noch dominieren:

– **Technologie ist ein linearer Prozess:** In der öffentlichen Rezeption wird Technikentwicklung immer noch als gerade Linie verstanden – als Konsequenz von Steigerungen, die zwangsläufig und unwiderruflich eintreten *müssen.* Die Beobachtung technischer Teilsysteme scheint dies zunächst auch nahezulegen: Computerchips verdoppeln ihre Taktrate bekanntlich alle 18 Monate, Elektronenmikroskope haben eine immer stärkere Auflösung etc. Aber fliegen Flugzeuge auch alle 18 Monate doppelt so schnell? Entwickeln sich unsere Möglichkeiten, Krankheiten zu bekämpfen oder Energien aus Wind, Strom und Sonne zu gewinnen, in derselben Steigerungsrate?

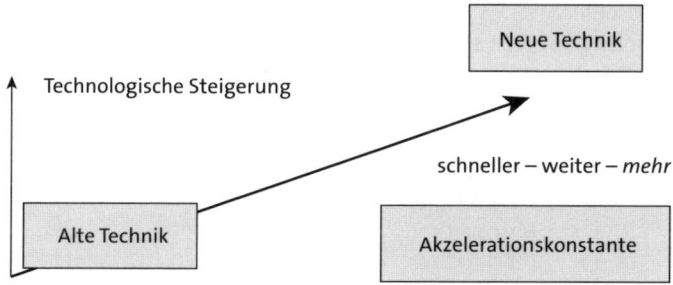

Abbildung 1.18: Die Logik des technologischen Steigerungsprinzips.

– **Technologie ist »unbelebt« und »objektiv«:** Das rationalistische Denken beruht auf einer Dualität, die in der Antike ihren Anfang nahm und in der Aufklärung ihren Höhepunkt erreichte. Dem Menschen als beseeltes Wesen steht eine unbeseelte Welt gegenüber, in der allein die mechanischen Gesetze herrschen. Fortschritt ist ein unweigerlicher, schicksalhafter Prozess – dieses duale Verständnis von Menschwelt und Dingwelt verkürzt Technologieprozesse auf mechanische Algorithmen. Es zementiert zudem eine bestimmte Form »männlicher« Technikauffassung. Männliche Techniker, Ingenieure und Wissenschaftler haben die Technologien der letzten Jahrtausende vorangetrieben. Aber wird dies auf einem »feminisierten Planeten«, auf dem wir zunehmend leben, auch so sein?

Darüber hinaus sind es aber ganze Technologien, die in einem Evolutionskontext stehen, der über ihre Zukunft oder Nicht-Zukunft entscheidet:

Technologische Breiteninnovationen sind eine Resultante aus mehreren Systemfaktoren, die intensiv miteinander interagieren:

– der Ökonomien und Forschungssysteme, in denen sich Technologien entwickeln – und von denen sie vorangetrieben werden;
– der kollektiven Wunsch-Ökonomien, die das menschliche Hirn fordert und bereitstellt und die uns, geprägt von genetischen und anthropologischen Urgründen, zu bestimmten Handlungen und Sehn-Süchten zwingen;
– den geistigen und materiellen Ressourcen, über die eine soziale oder gesellschaftliche Struktur verfügt;
– den kulturellen Systemen, in denen sich eine technische Entwicklung vollzieht – oder in denen sie gebremst oder verhindert wird.

Diese vier Regelkreise funktionieren wie eine »Umwelt«, in deren Mitte technologische Prozesse stattfinden.[33]

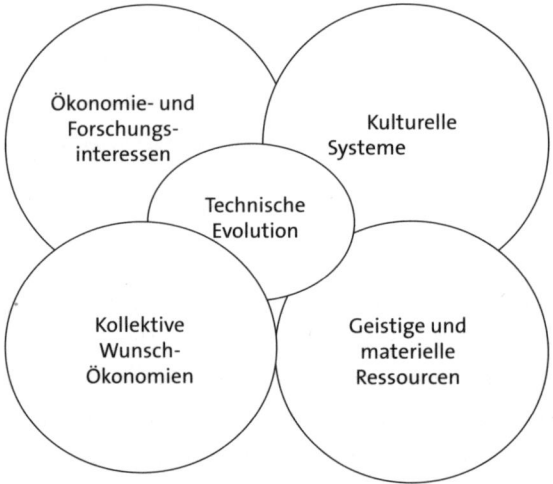

Abbildung 1.19: Der Meta-Kontext technischer Evolution.

Technik, so die grundlegende These dieses Buches, ist kein zwangsläufiger, automatischer Prozess, auf dem wir »unweigerlich« in die Zukunft getrieben werden. Technologien sind das Resultat von menschlichen Dispositionen und Vereinbarungen, von Wünschen, Träumen, Hoffnungen, Kompensationen und Ängsten. Technologie ist ein lebendiges System, eben eine *Evolution*. Und wie bei allen lebendigen Systemen können wir, wenn wir aufmerksam den Organismus und seine Umwelt beobachten, etwas über seine Zukunft aussagen.

Teil II

Die Mensch-Maschine-Symbiose

Wie Kultur und Technik ko-evolutionieren

Only babies in wet nappies want change.

Unbekannt

Im Grunde ist jede Technologie eine künstliche Verlängerung des natürlichen Bestrebens des Menschen, seine Umwelt zu kontrollieren und damit nicht im Kampf ums Dasein zu unterliegen.

Stanislaw Lem

The chief cause of problems is solutions.

Eric Sevareid

Der Geist der Innovation

Das Volk der Sentinelesen, das auf der indischen Inselgruppe der Andamanen lebt, zählt rund 90 bis 120 Menschen. So genau weiß man das nicht, weil die Männer des Stammes immer noch dazu neigen, Ethnologen mit Speeren und Hubschrauber mit Wurfspeeren oder Pfeilen zu attackieren. Nur einige wenige scheue Begegnungen sind der indischen Regierung von Anthropologen gemeldet worden. Die Mitglieder des Stammes galten Seefahrern früherer Tage als »Waldtiere«, sie neigen dazu, in den Wäldern ihrer Insel Schutz zu suchen und jede Annäherung zu vermeiden.

Das Andamanen-Archipel ist eine kleine isolierte Inselgruppe im subtropischen Klima des Bengalischen Golfs. Hier leben die letzten noch weitgehend unerforschten und völlig unassimilierten Jäger- und Sammlerstämme der Erde. Untergliedert in die Völker der Onge, der Jarawa und der erwähnten Sentinelesen bilden sie unstrukturierte Gruppen, die sich wie in der Steinzeit in Familienverbänden vom Jagen mit Pfeil und Bogen (vor allem auf Wildschweine) und vom Fischfang ernähren. Nur in der Regenzeit finden sich die Stämme in *beyras*, den Gemeinschaftshütten, unter einem Dach zusammen.

Warum erfinden Menschen Technik? Diese Frage scheint zunächst banal: Wir sind neugierige Wesen. Wir klettern auf Berge, weil sie »da sind«, wie Edmund Hillary, der Erstbesteiger des Mount Everest, es einst formulierte. Wir wollen unseren Wirk-Radius erweitern, etwas bewegen, *vorankommen*. Etwa quer über einen Ozean telefonieren, einen Fernseher kontrollieren, ohne aufzustehen, oder eine Bombe über weite Strecken ins Ziel bringen. Wir wollen Distanz zwischen uns und die Zwänge der Natur bringen. »Technik ermöglicht unschädliche Ignoranz«, wie Norbert Bolz es in *Bang Design* ausdrückt. [34]

Andererseits scheint kaum erklärbar, welche ungeheuren Ungleichzeitigkeiten in Bezug auf Nutzung und Erfindung von Techniken auf unserem Planeten existieren. Neben den Andamanern gibt es mehrere Hundert kleine, oft isoliert lebende Stämme, die ihre nomadische oder halbnomadische Lebensweise seit Tausenden von Jahren kaum verändert haben. Man findet sie in allen Klimazonen der Erde, auf allen Kontinenten von den unwirtlichen Eisregionen nahe der Arktis bis zu den Wüstengegenden nördlich und südlich des Äquators. Die Barabaig und die !Kung San in Afrika etwa. Die Inuit im arktischen Nordamerika, die Sinabo und die Yanaigua in Bolivien. Die Huorani in Ecuador und die Wapishana in Guyana, die Akulio in Surinam und Hunderte andere Gruppen, deren Größe dem typischen »Pool« tribaler Gesellschaften entspricht– zwischen 80 und 200 Individuen.[35]

Bis vor kurzem schien die Antwort auf die Frage, warum Technik hier erfunden wird und dort ausbleibt, im *Genetischen* zu liegen (und in Wahrheit denken oder fühlen viele auch durchaus aufgeklärte Menschen bis heute so): Bei den *Indigenen* handele es sich eben um ein Überbleibsel einer Steinzeit-Spezies, wie die Neandertaler, eine völlig andere Rasse. Doch »exportiert« man einen Andamaner, einen !Kung, Barabaig oder Inuit in jungem Alter nach London, Frankfurt oder New York, lässt ihn dort in einer liebevollen Mittelschichtfamilie aufwachsen, zur Schule gehen und sich mit Videospielen vergnügen, ist er nach ein, zwei Jahrzehnten ohne Weiteres in der Lage, ein Hochschulexamen zu machen, ein Auto zu steuern und Finanzbroker zu werden – obwohl seine genetischen Eltern ihr ganzes Leben unter primitiven Strohhütten verbrachten.

Zudem sind die Andamaner keineswegs, wie es aus der hochmütigen Sicht der technischen Zivilisation scheint, ohne Technik. Erstens verfügen sie, als Mitglieder unserer Gattung *Homo sapiens sapiens*, über die ungeheuer komplexen »Bio-Technologien«, die die Evolution im Laufe der Äonen zu menschlichen Körpern zusammengefügt hat: Knochengerüst, Lungen, Nieren, Herzen, enorm komplexe Hirne, kombiniert zu einer effektiven Überlebensmaschine. Zweitens bauen sie Stoffmatten, flechten komplexe Fischernetze, schnitzen Harpunen, errichten große Gebäude, zimmern seetüchtige Kanus von erstaunlicher Haltbar- und Tragfähigkeit. Jagdbögen sind der Stolz jedes andamanischen Mannes, reich verziert und mit erheblicher Durchschlagskraft ausgestattet, kann man damit eine Vielzahl von keineswegs nur kleinen Tieren erlegen.

Es ist ein Irrtum, die Technologie vergangener Zeiten als primitiv anzusehen. *Jede* Technik ist primitiv gegenüber der zukünftigen, aber jede zukünftige Technologie kann sich als primitiv gegenüber bestimmten Aufgaben erweisen. (Versuchen Sie einmal, mit einem Laptop einen Löwen zu jagen!) »High Tech« bedeutete unter den Bedingungen der Urzeit also nur etwas anderes. Unsere (tatsächlich genetisch unterschiedenen) Vorfahren des *Homo erectus* haben deshalb überlebt, weil sie in der Lage waren, Wurfspeere herzustellen, mit denen man Pferde, Mammuts, Hirsche mitten in der Bewegung treffen und erlegen konnte. Abbildung 2.1 zeigt einen in einem Braunkohletagebau unweit Hannovers gefundenen Holzspeer, dessen Alter auf 400 000 Jahre datiert wurde. Man darf sich von den Krümmungen nicht täuschen lassen (sie entstanden durch die Einwirkungen der Sedimente und die lange Zeit, die der Speer im Boden verbrachte): Dieser Speer war ein perfekt gefertigtes, perfekt ausbalanciertes Wurfgeschoss. Mit 2,30 Meter Länge und ungefähr 600 Gramm Gewicht ähnelt er den Wurfspeeren, die man heute auf Olympiaden benutzt – ein Nachbau dieses Speers wird heute von Speerwurfathleten fast genauso weit geworfen wie moderne Glasfaserspeere.[36]

Abbildung. 2.1: Speer von Schöningen

Der Grund, warum die Andamaner keine Handys, Atomkraftwerke und Küchenmixer erfunden haben, ist schlichtweg evolutionärer Natur: Sie *mussten* es nicht. Ihre Lebensweise, ihre Technologie – wie ihre Kulturtechniken – blieben über Jahrtausende an ihre Umwelt angepasst. Die Andamaner brachten es fertig, ihre Bevölkerungszahl im Gleichgewicht mit den Ressourcen zu halten. Ihr Immunsystem war den Krankheiten des Archipels gewachsen, und durch ihre Isolation blieben sie von eingeschleppten Seuchen verschont. Sie haben gelernt, Stürme und Nahrungsknappheiten zu überleben und ihre inneren Konflikte und Hierarchieprobleme durch Rituale zu moderieren.

Anstatt von Rückständigkeit zu sprechen, könnten wir auch umgekehrt argumentieren: Der *andere* Teil der Menschheit hatte nicht das Glück (oder die Fähigkeit), mit seiner Umwelt in Balance zu leben. Jene

Menschen, die in drei Wellen aus Afrika auswanderten – vor 2 Millionen, 200 000 und 90 000 Jahren –, waren gezwungen, Techniken der Steigerung zu erfinden. Sie erhöhten ihre Bevölkerungszahl derart, dass die Ressourcen nicht mehr ausreichten. Sie liefen vor Artgenossen, Katastrophen, klimabedingten Knappheiten davon. Dabei kämpften sie verzweifelt ums Überleben – und schufen zu diesem Zwecke Hilfsmittel.

Neue Technologie entsteht vor allem aus *Disparität* – zwischen dem Organismus und seiner Umwelt. Hier finden wir das »genuin Zukünftige« jeder Technik: Sie ist immer *nach vorne* gerichtet, zu Verhinderung eines kommenden Schadens, zur Erweiterung der (Über-)Lebensmöglichkeit. Josef Reichholf schreibt in seinem Buch *Das Rätsel der Menschwerdung*:

> Ein ganz zentraler Gedanke ist dabei das Prinzip, dass erst der Mangel weiteren Fortschritt bewirkt. Solange etwas im Überfluss vorhanden ist, besteht keine Veranlassung, seine Nutzung zu verbessern. Erst wenn das benötigte Gut knapp wird, setzt die Selektion an, und die bessere, die effizientere Nutzung wird zum Konkurrenten der früheren guten Verwendung. ... Der Zufall spielt eine viel geringere Rolle im Prozess der Evolution als die Notwendigkeit, die der Mangel gebiert.[37]

Als Thomas Savery im Jahr 1698 die erste brauchbare Dampfpumpe erfand, waren die englischen Kohleminen nicht mehr in der Lage, genug Grundwasser auf herkömmliche Art abpumpen konnten, um funktionsfähig zu bleiben. Die Fortschritte in der Getreidemühlentechnik im 15. Jahrhundert fanden vor dem Hintergrund einer zunehmenden Verstädterung und Bevölkerungszunahme Europas statt, die jedoch mit zurückgehenden (durch den Klimawandel der »Kleinen Eiszeit« bedingten) Ernteausfällen konfrontiert waren. Technik ist Notwehr, und wenn daraus ein kultureller Prozess wird, entsteht Technologie – und irgendwann der Prozess des technischen Fortschritts.

Copy, Copy, Paste, Fail

Der Grundmechanismus der Natur ist ein so einfacher wie effektiver Kopierprozess in zwei Dimensionen. Einerseits werden innerhalb eines Organismus ständig Gene und Gensequenzen vervielfältigt und in andere Zellen übertragen – die geniale Kopiermaschine der RNS sichert Wachstum und Regeneration des Organismus. Andererseits pflanzen sich Organismen über Gameten fort, indem sie ihr Erbgut immer wieder neu kombinieren und damit eine *Variante* ins Rennen ums Überleben schicken. Bei diesen Kombinationen entstehen im Lauf der Zeit immer wieder kleine Abweichungen, die in der natürlichen Umwelt entweder selektiert oder verworfen werden.

Mehrere Millionen Jahre lang funktionierte die humane Technologie-Evolution nach ähnlichen Basismethoden: Fähigkeiten und Werkzeuge wurden durch Beobachtung und Mimikri »kopiert« und in genau derselben Weise benutzt, wie es die Alten vorgemacht hatten: *copy, copy, paste*. Die ersten Steinwerkzeuge, die vor 1,8 Millionen Jahren entstanden, veränderten über die nächsten 1,1 Millionen Jahre kaum ihre Form. Vor 500 000 Jahren entstanden immer weiter verfeinerte und verbesserte Werkzeuge, deren bekannteste und wichtigste Ausprägung die Faustkeile waren. Diese waren die am längsten gebräuchlichen Werkzeuge; es gab sie bis etwa 10 000 vor Christus.[38] In den Stammesgesellschaften entwickeln sich Techniken sehr wohl weiter, aber in einem sehr langsamen Tempo. Wo allerdings mehrere Ethnien dicht zusammenlebten, oder wo die Mobilität zwischen Stämmen zunahm, es zu Kriegen und Vermischungen kam, entstanden häufiger kleine Abweichungen. Ein Jüngerer fand zufällig einen Stein, der Funken schlug, mit dem man andere erschrecken konnte. Ein Stein erwies sich als härter als der andere. Ein Speer flog weiter und zielgenauer.

Ganz zu Beginn dieses Prozesses waren Technik und »Biotechnik« kaum voneinander zu trennen. Die erste »Technik« war der aufrechte Gang. Im Vergleich zu anderen Primatengruppen brachte dies den Vormenschen einen größeren Radius zur Nahrungssuche. Wenn die großen Regen ausblieben, wenn eine Trockenzeit andauerte, überlebte diejenige Hominidengruppe mit den längeren Schritten, der größeren Ausdauer. Der Mensch ist als Savannen-Dauerläufer »konstruiert«, seine Haarlosigkeit resultiert aus der besseren Kühlung. Aufrechter Gang hieß auch: bessere optische Übersicht über die Savannenlandschaft. Übersicht bedeutete: komplexere optische Wahrnehmung. Und so verlor das menschliche Auge seine Spezialisierung. Es konnte nicht nur, wie die Augen von Katzen, schnelle Bewegungen wahrnehmen, oder wie die Primatenaugen vor allem die Absichten der Artgenossen schnell abschätzen. Es lernte Distanzen und Topografien einzuschätzen und daraus »mentale Modelle« zu formen. Es wurde, in Symbiose mit einem höhere Komplexität verarbeitenden Hirn, zum »Jäger-und-Sammler-Auge«.

Der Genzoll, den alle diese Veränderungen forderten, war gewaltig. Über Millionen von Jahren kam es zu radikalen De-Selektionen – allein acht bekannte Urmenschenformen, vom *Australopithecus* über den *Homo habilis* und den *Homo erectus* bis zum Neandertaler, existieren heute nicht mehr. Aber auch bei den »Gewinnern«, den haarlosen, langbeinigen *Homo sapiens sapiens*, tat sich fast eine Million Jahre relativ wenig in Sachen Technologie: Feuernutzung, Steinkeil, Knochenschaber, Pfeilherstellung, Jagd, Tierfellbearbeitung – dabei blieb es.

Der entscheidende anthropomorphe Technologieschub hatte eine grundlegende Bedingung: die Sprache. Durch sie konnten höhere Arbeitsteilungs- und Koordinationsgrade innerhalb einer Jäger-und-Sammlergemeinschaft entstehen. Die nun möglichen Spezialisierungen verbreiterten die Ernährungsgrundlage. Irgendwann entstand dann das, was man »Technologietransfer« nennen könnte: Techniken wurden nicht mehr nur von Hand zu Hand, von Auge zu Auge, sondern auch von Mund zu Mund weitergegeben: »Du musst das so und so machen!«[39]

Die Schrift schließlich erlaubt es, Erfahrungen und »Zustände« aufzuzeichnen und unabhängig vom Adressaten zu speichern. Damit wird Wissen »entsubjektiviert«. Und damit beginnt jener symbolisch-kognitive Prozess, der aus Techniken erst Technologien (im erweiterten Sinne) formt: Wissenschaft.

Aber noch einmal zurück in die Steinzeit: Vermutlich hatten die Neandertaler, die vor 200 000 Jahren aus Afrika kommend den eurasischen Kontinent besiedelten, keine Sprache. Obwohl ihr Hirnvolumen das des *Homo sapiens* sogar übertraf und ihre körperliche Robustheit sie in den kalten Landschaften des Nordens privilegierte, sich ihr Gebiss hervorragend zum Zerkleinern auch rohen Fleisches von großen Tieren eignete, hatte die Evolution die Stimmritzen und komplexen Resonanzkörper im Kehlkopf noch nicht selektiert, die für artikulierte Sprache notwendig sind. Auch wenn der Neandertaler »smarter« war, als wir lange Zeit dachten[40]: Ein Kommunikationskünstler dürfte er kaum gewesen sein. Als die großen Tiere der borealen Tundra, die Riesenbären und Mammuts, im nächsten Klimawandel ausstarben (oder durch Überjagen ausgerottet wurden), hatten die Neandertaler schlechte Karten.

Das Erfinden erfinden

Homo sapiens hingegen, der als Cro-Magnon-Mensch den letzten und entscheidenden Welteroberungsversuch aus den afrikanischen Savannen heraus machte, konnte sprechen.[41] Während vom Neandertaler keinerlei Ackerbau- und Viehzuchttätigkeit bekannt war, entwickelten die Cro-Magnon-Menschen jene Techniken und Kunstfertigkeiten, welche die Grundlage für die sesshafte Lebensweise bilden sollten. Aus Stein, Knochen und Geweihen produzierten sie Nadeln und genähte Kleidung, aus Fasern Taue und Netze, aus Häuten Lampen, Musikinstrumente, mit Haken versehene Waffen, Pfeile und Bogen, Wurfspeere, sie konstruierten solide Behausungen mit Feuerstellen und entwickelten den Pfahlbau.[42] Das Ergebnis sind jene eleganten Artefakte der Jäger und Hirten, welche die Nahtstelle zwischen der nomadischen und der bäuerlichen Kultur bildeten.

Am Beispiel der Kelten in Europa, deren Kultur von etwa 500 vor bis zu Christi Geburt den zentraleuropäischen Kontinent dominierte, kann man das Entstehen einer dauerhaften »Innovationskultur« nachvollziehen. Die Kelten lebten in unabhängigen Groß-Clans in einem Siedlungsgebiet, das von Irland bis zu den Karpaten reichte. Sie betrieben Ackerbau und Viehzucht und verschmolzen die neolithischen Handwerkskünste zu immer komplexeren »Meta-Technologien«. Sie beherrschten neben vielen differenzierten Handwerkstechniken (Stoffweben, Färben, Schmuckproduktion, Körbeflechten) eine breite Palette von Metallverarbeitung, die ihre Werkzeugpalette immer weiter erweiterte. Und sie kannten die Schrift.

Die Kelten verfügten über zwei innovationsfördernde Kulturmerkmale: *Mobilität und Diversität.* Die Kelten-Clans lebten in völlig unterschiedlichen Topografien und Landschaften. Die Bewohner eines Rundhüttendorfes wie das von Castell Henllys in Wales, einer regenreichen, grünen Region,[43] mussten völlig andere Agrartechniken entwickeln als die Clans in der pannonischen Tiefebene, wo im Sommer lange Trocken- und Hitzeperioden herrschen und in den kalten Wintern harte Winde wehen. Die

Keltenstämme der Hallstattkultur in den Alpen erzielten ihren erstaunlichen Wohlstand durch den kontinentalen Export von Salz. Entsprechend variierten auch die sozialen Strukturen: Sie reichten vom kollektivistischen Vielehen-Prinzip bis zum »Big-Boss«-Stamm. (Kein Wunder, dass sich die esoterische Hippiekultur bei den Kelten reichhaltig mit »role models« bedienen konnte und nach wie vor kann.)

Genetisch waren die einzelnen Keltengruppen nicht miteinander verwandt; es handelte sich um eine echt »Multikultur«. Obwohl die Clans eher sesshaft blieben, trieben sie großräumig Handel. Eine nomadische Priesterkaste, die Druiden, transportierte Informationen und Wissen über weite Strecken. Die gemeinsame Sprache, die sich in viele Dialekte und Färbungen aufsplitterte, trug ebenso wie die gemeinsame Schrift zum Techniktransfer bei. (Kelten konnten sich untereinander verständigen wie heute Dänen und Schweden oder Russen und Serben.) Die Kelten *importierten und exportierten* nicht nur Gegenstände, sondern auch handwerkliche Fähigkeiten.[44]

Kopie, Adaption, Variation, Kommunikation: Nach diesen evolutionären Gesetzen entwickelt sich auch Technologie. Kopieren ist bis heute noch ein probates Mittel der technologischen Evolution geblieben – und ein überaus erfolgreiches zudem. Der verächtliche Vorwurf an »die Kopier-Chinesen« lässt vergessen, dass auch westliche Technologien Ergebnisse eines Kopiertransfers sind: Die Griechen adaptierten Technologien von den Persern, die Römer nutzten das Wissen der attischen Kultur, die christliche Renaissance kopierte und verbesserte die Errungenschaften der muslimischen Blütezeit. Technologie ist, wie die biologische Evolution, ein Produkt von *Sampling*-Prozessen. Sie blüht und gedeiht dort, wo Kulturen aufeinandertreffen, wo Austausch entsteht, wo Vielfalt und Konkurrenz um den besten Weg existieren.[45]

Technos und Gaios:
Über Anwendungen und Abstraktionen

In ihrem Buch *Werkzeuge und Wissen* schildern James McClellan und Harold Dorn den Wandel der Wissenschaften in ihrem Verhältnis zur angewandten Technik.[46] Bis zum europäischen Mittelalter blieben »Theoretiker« und »Techniker« in zwei verschiedenen Universen gefangen. Die Erforschung der Naturgesetze, die »Naturphilosophie«, wurde seit dem antiken Griechenland von Gelehrten betrieben, die sich mit kosmischen Prinzipien beschäftigten, vor allem der Astronomie und der Naturkunde. Dieses Gelehrtentum begriff sich jedoch in Abgrenzung, ja Ablehnung technischer Anwendungen. So machte sich noch Platon in seiner *Politeia* (dt.: *Der Staat*) um 390 v. Chr. über die Vorstellung lustig, man könne Geometrie oder Astronomie *praktisch* nutzen.[47] Technik entstand immer nur aus dem Handwerk heraus, aus mündlich überliefertem Wissen und aus schlichter Erfahrung – *copy, copy, paste*.

Erst im 17. Jahrhundert, als nach Newtons und Galileis ketzerischen Befreiungsschlägen das *Experiment* den Erkenntnisprozess transformierte, kam es zu einer Annähung der Theorie an die Praxis. Und erst in der industriellen Revolution tauchte jener Begriff des Fortschritts auf, in dem Erfindungen und Anwendungen, Theorien und Apparate, Forschung und Entwicklung sich zu einem einheitlichen Prozess vereinen konnten.

Einer der ersten Forscher, der sich systematisch mit der Anwendung und Vermarktung seiner Erfindungen beschäftigte, war Thomas Alva Edison. Sein 1876 eingerichtetes Labor in Menlo Park, New Jersey, entwickelte Patente im weiten Bereich der Kommunikationstechnologien, und obwohl Edison oft irrte und seine Anwendungsvermutungen oft nicht mit der späteren Realität übereinstimmten (siehe den Abschnitt über Exaptation), systematisierte er doch die »Technik der Technologieentwicklung« erheblich. Nach seinem Vorbild wurde in Zukunft nun der Prozess der Innovation vorangetrieben. Das Chemieunternehmen Bayer stellte 1874 den ersten promovierten Chemiker als industriellen Forscher ein, 1896 war die Zahl der wissenschaftlichen Angestellten dort schon bei 104 angelangt, man kooperierte nun intensiv mit den Universitäten. General Electric gründete 1901 ein entsprechendes Labor, DuPont 1902, Bell 1911, Kodak 1913 und General Motors 1919. Diese Labore waren zwar in der Regel nicht für die großen Durchbrüche oder die Ersteinführung innovativer, zukunftsweisender Technologien verantwortlich. Sie entwickelten jedoch die vorhandenen Technologien konsequent weiter, verfeinerten sie und passten sie an die Bedürfnisse der industriellen Produktion an.[48]

Von Fanatikern und Schlampern:
Technik-Mentalitäten

Einen Teil dieses Buches schrieb ich in einem Ferienhaus in Pembroke-
shire, im westlichen Teil von Wales. Hier bricht die angelsächsische He-
cken- und Felderlandschaft mit ihren idyllischen Winnie-the-Pooh-Häus-
chen abrupt in die Irische See ab. Schroffe, schwarze Schieferklippen ragen
aus dem gischtigen Meer – ein Ort der Fernsicht und der Melancholie. Aus
den kleinen Fischer- und Bauerndörfern der Umgebung emigrierten ihre
armen Bewohner in alle Welt, und ihre Nachfahren verkaufen heute die
halb verfallenen Häuser für Millionenbeträge an reiche Londoner.

Die Technik unseres Ferienhauses – einer renovierten Fischerkate aus
dem 18. Jahrhundert – würde meinen Vater, den utopischen Ingenieur,
in tiefe Verzweiflung versetzen. Die elektrischen Kabel führen in einem
verdrehten Wirrwarr von draußen mitten durch das Dach ins Haus und
verteilen sich dann laokoonisch an den Wänden. In jeder Ecke findet sich
eine Elektroheizung – Stromfresser, wohin das Auge reicht (die Besitzer
des Ferienhauses sind überzeugte Grüne, der Strom ist »environmentally
friendly«, aber Windräder gibt es auf den nächsten 100 Kilometern keine;
aus Landschaftsschutzgründen). Alle Lampen haben Wackelkontakte. Die
klobigen Steckdosen sind zwar sicher, aber an den unpassendsten Orten
angebracht. Immer verbrennt man sich die Finger oder andere Körper-
teile an zu heißem Wasser. Wenn es regnet, ist es in den Räumen zu kalt.
Oder wie im Backofen ...

Das Verhältnis der Engländer zur Technik kann man als »abgeklärte
Ironie« beschreiben. Die britische Elektroindustrie ist auf dem Stand der
mosambikanischen. Zwar gibt es in jedem Laden billige Haushaltsgeräte
mit Knöpfen, Schaltern und irgendeiner Funktion zu kaufen. Aber das Design ist grauenhaft, die Leistung bescheiden, und das meiste stammt aus
Frankreich, Deutschland oder China. Nur die komplizierten Teemaschi-
nen können eine gewisse bizarr-technologische Grazie aufweisen.

Bei meiner inzwischen langjährigen Recherche, warum in vielen englischen Badezimmern und Küchen immer noch *zwei* getrennte Wasser-
hähne statt der komfortablen Mischbatterie angebracht sind, bin ich
nicht wirklich weitergekommen. Mischbatterie? Wozu denn? Meistens
hielt man in England diese Frage für völlig absurd. Was denn? Es gibt kal-

tes Wasser, und es gibt heißes Wasser, und in einem Waschbecken mischt man eben beides ... *so what?*

Trotz aller Witze über englische Autos und Flugzeugträger liegen die Gründe nicht im technischen Unverstand der Briten. Die englische Alltagskultur ist, wie mein Freund Jerry, der Besitzer des Ferienhauses, immer sagt, »a fiddle culture« – eine Fummel-, eine Tüftel-Kultur. Das gilt nicht nur für Technik, sondern auch für Liebesbeziehungen, Politik und das Wimbledon-Match, das seit Äonen wegen Regen unterbrochen werden muss. In der Zwischenzeit trinkt man Tee, statt sich aufzuregen, dass etwas nicht funktioniert.

Die Briten sind seit vielen Hundert Jahren ein Seefahrervolk. Sie erfanden wesentliche nautische Technologien und stellen etwa die Hälfte aller Mathematiknobelpreisträger. Ihre ökonomischen Probleme lösten sie stets durch eine erhöhte Mobilität. Die Briten waren die ersten, die die Alpengipfel erklommen – zum bassen Erstaunen der einheimischen Schweizer, die so etwas für schlichten Blödsinn hielten. Dort, wo sie ihre Abenteuer erlebten, funktionierte Technik meist sowieso nicht.

Andererseits war und ist der zentrale Ort des britischen Lebens das *Manor House*, jener unsterbliche Ort hochgradiger sozialer Kohäsion bei gleichzeitiger Differenzierung, wie er in unzähligen Romanen, Filmen und *murder mysteries* beschrieben wurde. Die sozialen Strukturen der englischen Gesellschaft gehen auf eine frühe Säkularisierung zurück, die die gesellschaftlichen Umstürze der europäischen Revolutionszeit verhinderte. Die Besitzer der *Manor Houses* wurden niemals guillotiniert oder enteignet oder gerieten sonst wie in Ungnade. Stattdessen gingen sie in Würde pleite.[49]

In der ersten Phase der Industrialisierung, um 1800, verfügte England über einen komfortablen technologischen Vorsprung von vielen Jahrzehnten. Die Tüftler der Dampfmaschinentechnik waren Weltspitze, und die englische Industrie schlug die deutsche, französische und österreichische um Längen. Englische Webstühle, Eisenbahnen und Schiffsbautechniken verbreiteten sich in die ganze Welt. In der zweiten Industrialisierungsphase jedoch, als Dampf durch Elektrizität und Kohle durch Chemie ersetzt wurde, gerieten die Briten ins Hintertreffen. Die Söhne der Manchester-Bourgeoisie hatten sich nach dem Erfolg ihrer Väter – und den dadurch üppigen Erbschaften – schnell wieder dem entspannenden Landleben zugewandt. *Country Life* blieb immer das Lebensideal, war aber gleichzeitig ruinös teuer und immer schon personalintensiv.[50]

Die englischen Flugzeuge, welche die Luftschlacht um England entschieden, die Hawker Hurricanes, waren einfache Konstruktionen aus Metall, Holz und Stoff. Den technisch perfekteren Messerschmitts der Deutschen konnten sie nichts entgegensetzen. Allerdings konnten die Messerschmitts ihnen auch wenig anhaben, denn die Bordkanonen feuerten einfach durch das Segeltuch hindurch. Wenn eine Messerschmitt abstürzte, war das ein herber Verlust, der daheim im Reich mit gewaltigen Ressourcen-Inputs ausgeglichen werden musste. Hurricanes konnte man in jedem Hinterhof und jeder Scheune zusammenschrauben.[51]

Der Ingenieur, der in Deutschland eine Lichtgestalt war – und, wie mein Vater, meistens Akademiker, nämlich Dipl.-Ing. –, spielt im englischen Sozialgefüge bis heute eine eher marginale Rolle (»civil engineers« sind ausgebildete Handwerker). Wohlstand blieb in England immer eine Frage von Grund, Boden und Kultur. Harte Konkurrenz, unbedingter Verbesserungswille, Perfektionsstreben, jene *heroischen* Eigenschaften der Technik, die in den USA und in Deutschland zur Aura des Technischen gehören, widersprechen dem Code der »relaxedness«. Die Regel lautet sportlich: Man muss nicht unbedingt gewinnen, Hauptsache es ist fair![52]

Kulturen des Fortschritts – und der Stagnation

Unter den ägyptischen Pharaonen blühte der Sinn für Kunst, Kultur, Schönheit und Überlieferung. Die technologischen Wunder dieser Zivilisation sind bis heute atemberaubend: Die Pyramidenbaukunst, die Stelen- und Schriftkunst, die Einbalsamierkunst – hier handelt es sich zweifellos um ergreifende Zeugnisse menschlichen Schöpfergeistes.

Gemessen daran, wie lange das Ägyptische Reich jedoch existierte – über 3 000 Jahre –, blieb die Innovationsrate der Ägypter eher bescheiden. Die Eisenzeitalter-Kulturen in Europa veränderten ihre Werkzeuge und Agrarmethoden weitaus schneller. 31 Dynastien hindurch gab es in Sachen Technologie immer mehr vom Gleichen. Außer den Pyramiden der frühesten Dynastie, der prädynastischen Zeit, unterscheiden sich die gewaltigen Bauwerke so gut wie gar nicht. Für die Ägyptologen war es deshalb stets schwierig, die einzelnen Epochen und Dynastien zeitlich einzuordnen.

Diese seltsame Innovationsstarre manifestiert sich besonders deutlich in der ägyptischen Kunst. Die ägyptische Darstellungsweise baute Abbilder von Menschen auf einem feststehenden Raster auf. Dabei wurden die Köpfe im rechten Winkel abgebogen, ebenso die Füße, sodass der Körper nicht realistisch, sondern *idealtypisch* zur Darstellung kam. Man sieht oft beide Handflächen dem Betrachter zugewandt, ebenso wie die Fußinnenseiten. Anordnung wie Haltung der Figuren wirken starr, formal, bewegungslos, die Größe der Figuren variiert nach ihrer sozialen Stellung. Eine Figürlichkeit, die etwas Tieferes über die ägyptische Soziokultur offenbart: Es ging nicht um »wirkliche« Menschen in diesen Darstellungen. Sondern um »typisierte« Menschen. Es ging um die Darstellung von Hierarchien, von Würdenträgern und Beamten. Die ägyptische Kultur kannte keine »Subjekte«; und keine Subjektivität.

Die ägyptische Kultur war das Produkt eines rabiaten zivilisatorischen Übergangs – eines erzwungenen Wandels von der nomadischen zur sesshaften Kultur. Im Klimawandel, der im 5. und 4. Jahrtausend vor Christus die Sahara von einer teilfruchtbaren Savanne zur Wüste umformte, ließen sich die nomadischen Stämme an den fruchtbaren Ufern des Nils nieder. Sie gründeten eine Kultur der »dynamischen Bewässerung«, eine »hydraulische Gesellschaft«, deren Erfolgsrezept auf agrarischer »Systemtechnik« beruhte: Dämme, Deiche, Kanäle. Schleusen, Leitungsrohre, Terrassenfelder wurden gebaut, um die fruchtbaren Schwemmsedimente des Nils zu nutzen. Für Errichtung und Betrieb dieser Anlagen benötigte man große, dirigierbare Menschenmassen und mächtige Institutionen. Streitigkeiten um die Wassernutzung mussten von einer zentralen, »hohen« Instanz entschieden werden. Es galt nun, die Ernte zu planen, zu lagern und zu verteilen, Saatzeiten festzulegen, um damit jährliche Nahrungsmittelschwankungen auszugleichen, Transportwege zu organisieren und vieles mehr. So entstand eine Pyramidengesellschaft.[53]

Die Ägypter entwickelten eine Kultur, die auf der Idee des *Nicht*-Wandels aufgebaut war. Sie wollten *fixieren*. Alle ihre Architektur strebte zur Ewigkeit. Grausamkeit und Schönheit waren eng ineinander verwoben:

Abbildung 2.2: Ägyptische Menschenabbildung:
der statische Mensch.

Die blutjungen Pharaonen, die man mit ungeheurer Liebe und gewalti-
gem Aufwand auf die ewige Reise schickte, sprechen heute noch die Sprache eines verzweifelten Versuches, der Zeitlichkeit zu entkommen. Veränderungen im Diesseits waren in diesem Konzept völlig unakzeptabel.

Die griechisch-römische Kultur brachte der Welt zum ersten Mal in der
Geschichte eine technische Infrastruktur, die über eine begrenzte Region
hinausreichte: das erste globale und multikulturelle Weltreich der Geschichte. Anders als die Chinesen adaptierten die Römer auch Techniken
aus anderen Kulturen: Sie übernahmen die Grundlagen der Wissenschaft
von den Griechen, die ihre Kultur vom *Logos* her begründeten. Die Griechen bildeten zum ersten Mal in der Kulturgeschichte den Köper *lebensecht* ab.[54] Sie entwickelten ein Ideal von Wahrheit, in dessen Zentrum das
Individuum stand. Ein wichtiger Meilenstein auf dem Weg zu einer Kultur des Wandels und des Fortschritts.

Wer heute über die Straßen Pompejis wandelt, der wird 2 000 Jahre nach der Blüte dieser Stadt Zeuge einer Ära, in der die Technik auch für den *Alltag* eine wichtige Rolle spielte. In Pompeji findet man allen Komfort einer modernen Stadt: komfortable Toiletten, Klimaanlagen (durch Wasserverdunstung), einen Fast-Food-Stand an jeder Straßenecke, zwölf Sorten Wein in den Tavernen, und im Bordell gibt es über jeder Beischlafkammer ein gemaltes Bild der möglichen Sexstellungen – ein »Handbuch«! Jedes der 2 500 Häuser Pompejis ist in aufwendiger Farbgestaltung ausgemalt. »Wellness« war ein römischer Megatrend: Die Bäder Pompejis übertreffen jedes heutige Design-Spa, und der Pro-Kopf-Wasserverbrauch der 10 000-Einwohner-Stadt war höher als in den heutigen USA.

In einer römischen Villa in Trier findet sich die gleiche Art von Fußbodenheizung, das gleiche Sanitärsystem wie in dem Haus einer aristokratischen Familie in Syrakus, und die örtliche Garnison wies die gleiche Architektur auf. Das römische Imperium war eine militärisch geprägte Verwaltungskultur, die technische Innovationen zentralstaatlich verbreitete und deren Produktivität auf einer Landwirtschaft basierte, die das Kleinbauerntum durch großflächiges »Farming« ersetzte. Andererseits nutzten Griechen wie Römer kaum mechanische Kraft, obwohl im antiken Griechenland bereits der Flaschenzug erfunden worden war. Zum Heben schwerer Lasten und als Antriebskraft für Mühlen wurden selten Ochsen, meistens Menschen eingesetzt.[55]

Ägypter, Römer und Griechen hatten *ein* gemeinsames Handikap, das die Innovationsgeschwindigkeit bremste: die Sklavenwirtschaft. Die tendenzielle technische Stagnation, die das Römische Reich nach Augustus durchlief, lässt sich womöglich *gerade* auf die äußerst effektive Weise zurückführen, mit der das Imperium immer wieder Millionen von Menschen als kostenlose Arbeitskräfte unterjochte – und damit seiner Oberschicht automatisch ein Leben in Komfort und Reichtum verschaffte. »Arbeit« blieb gleichbedeutend mit Fremdbestimmtheit:

Die Arbeit gilt in keiner Weise als Kulturtätigkeit, weil Kultur mit dem Geistigen, mit der Anschauung des Ewigen verbunden ist, die Arbeit hingegen auf das Stoffliche, Vergängliche gerichtet bleibt … Und wo die Arbeit verachtet wird, gilt auch die Technik wenig. Der technische Mensch, der mechanopoios, als listenreicher Betrüger der Natur gefesselt an seinen arbeitenden Körper, wird zur Verkörperung des Materiellen, Unfreien, im Gegensatz zur freien, Wahrheit suchenden Seele.[56]

Technischer Fortschritt entsteht immer auch aus dem *Ersatz* menschlicher Arbeitskraft durch artifizielle Produktivität. In den Feudalkulturen der Antike galt der »Architekt« oder der »Techniker« jedoch als niederer Handlanger. Erst als im 14. Jahrhundert die Pest ein Drittel der europäischen Bevölkerung ausrottete, wurde Technologie plötzlich bei den Herrschern der italienischen Stadtstaaten *en vogue*. In Italien herrschte damals immer noch eine ausgedehnte Sklavenwirtschaft, die nun plötzlich unter prekärem Personalmangel litt. Die Renaissance mit ihrer Liebe zur Kunst, ihrem ausgedehnten Mäzenatentum, ihrem verspielten universalistischen Ingenieurswesen war unter anderem eine soziokulturelle Anpassungsreaktion auf den Mangel an billigen Arbeitskräften.[57]

Die Blütezeiten der Innovation

Um 1450 repräsentierte Venedig eine kosmopolitische Kultur im Schnittpunkt der frühen Globalisierung, deren Radius von den Reisen Marco Polos bis weit nach Asien ausgedehnt worden war. Handel und Wandel brachten Reichtum in die Stadt, zu dessen Sicherung und Mehrung die Dogen nicht nur militärische Aufrüstung, sondern gezielte »Innovationstechnik« betrieben. Venedig unterhielt ganze Heere von Diplomaten von Brügge bis Kairo, von Paris bis Addis Abeba, deren Hauptaufgabe in nichts anderem als Wirtschafts- und Industriespionage bestand. Die Venezianer erfanden gleichzeitig die erste effektive Massenproduktion für technische Großgeräte. Im »Arsenal«, dem riesigen Schiffsbau-Areal der Lagune, konnte eine Galeere in weniger als 100 Tagen hergestellt werden. Die Produktion ging hochgradig »tayloristisch« vonstatten: In streng getrennten arbeitsteiligen Prozessen wurde der Rumpf an den Lagerstätten für Maste, Segel, Ruder, Waffen vorbeigeführt und dabei nach einem strikten Baukastenprinzip zusammengesetzt. Eine venezianische Galeere konnte innerhalb weniger Stunden neu bemannt werden, weil alle Funktionen auf dem Schiff »zertifiziert« waren. Auf Patentverrat stand die Todestrafe.[58]

Die Beschleunigung, welche die Innovationsrate zu Beginn der industriellen Revolution erfuhr, lässt sich ebenfalls mit Knappheitsphänomenen erklären. Durch die Säkularisation und den Fortfall der Feudalrechte

Ende des 18. Jahrhunderts entstand ein chronischer Mangel an billigen oder kostenlosen Arbeitskräften. Die Fürsten, die lange Zeit gegen den technischen Fortschritt gekämpft hatten, mussten sich nun etwas einfallen lassen – Grund, Boden und Jagdrechte alleine genügten nicht mehr, um ihren Lebenswandel zu finanzieren. So entstand eine sich selbst verstärkende Eskalationsspirale technischer Produktivität, die schließlich zwangläufig in die Innovationskaskaden des Industrialismus münden musste.

Kanonen, Burgen, Helme, Gewehre – Denk- und Staatssysteme

China war im 12. Jahrhundert ohne jeden Zweifel *das* technologisch führende Land der Welt. Die Chinesen hatten das Schießpulver erfunden und mit einem ausgeklügelten Reisanbau- und Saatenzucht-System eine frühe »Grüne Revolution« bewerkstelligt. Sie verfügten über Papierherstellung, Druckkunst, Porzellanmanufakturen, Regenschirme, Hängebrücken, Bergbau und ein enorm effektives staatliches Handwerks-Produktionssystem, in dem im 14. Jahrhundert 260 000 ausgebildete Handwerker beschäftigt waren. Wassergetriebene Maschinen produzierten gewaltige Mengen von Stoffen und Seiden in Textilmanufakturen. Schon im Jahr 1078 betrug der jährliche Eisenausstoß in den chinesischen Gießereien 125 000 Tonnen (im Vergleich zu 68 000 Tonnen im England des Jahres 1788, also zu Beginn der industriellen Revolution). Ein 1760 Kilometer langer Kanal verband die Zentren im Norden und im Süden, auf den Wasserstraßen des Landes verkehrten zur Ming-Zeit 11 770 Binnenschiffe mit insgesamt 120 000 Schiffsleuten Besatzung und transportierten Güter. 40 000 Stau-Becken wurden angelegt, mehr als eine Milliarde Bäume zur Holzproduktion gepflanzt.[59]

Auch in Sachen Welteroberung standen die Chinesen, bevor Kolumbus die »Neue Welt« entdeckte, in der *Pole Position*. Die Flotte der Ming-Dynastie umfasste im Jahr 1420 die stolze Zahl von 3 800 Schiffen, alle ausgerüstet mit einem Kompass, wasserdichten Schotten, bis zu vier Decks, vier bis sechs Masten und einem massiven Achterruder, das die Manövrierfähigkeit erhöhte. Das Flaggschiff war fast 100 Meter lang, 1500 Tonnen schwer und mit 1000 Matrosen und Hunderten von Kanonen ausgestattet.

Mit dieser Flotte hätte man die Welt ungleich leichter erobern können als mit den fragilen spanischen und portugiesischen Galeonen, mit denen nach der Entdeckung Amerikas der Atlantik zwischen Europa und der Neuen Welt befahren wurde. Zheng He, der chinesische General, der die Flotte befehligte, führte sie denn auch um die halbe Welt – von Sumatra bis Djidda und wahrscheinlich hinunter bis ins heutige Mozambique. Ab 1435 wurde der chinesische Schiffsbau dann eingestellt, die chinesischen Überseeexpeditionen einfach beendet. Warum?

Ein Grund liegt in der schieren Größe – bei gleichzeitiger Homogenität – des chinesischen Reiches. Hervorgegangen aus einer »hydraulischen Kultur« (im Delta des Gelben Flusses) umfasste es ein Landvolumen von der siebenfachen Größe Frankreichs und war das bevölkerungsreichste Land der Welt – im Jahr 1200 lebten 115 Millionen Chinesen, davon 20 Prozent bereits in Millionenstädten, eine Bevölkerungszahl, die in Europa erst im 18. Jahrhundert erreicht wurde.[60]

Ein solches Riesenreich *konnte* expandieren – musste aber nicht. Es war so mächtig, dass es kaum Feinde fürchten musste. Das Imperium war auf keinerlei Rohstoffe von außen angewiesen. Die politische Ordnung war geprägt von einer meritokratischen Beamtenkaste, in deren Zentrum die absolute Macht des Kaisers stand. China war kulturell, sozial, ethnisch und »mental« vollkommen *einheitlich*.

Dynamisch wird die »Technolution« immer an jenem Punkt, an dem die Triebkräfte des Technologischen zu neuen sozialen Mustern führen. Und genau diesen Punkt vermied das chinesische Bonzensystem um jeden Preis – indem es Technologien, durch die es seine Herrschaft bedroht sah, verbot!

Im europäischen Mittelalter hingegen waren die Grundlagen für den technologischen Evolutionsprozess völlig andere. Aufgrund der kleinräumigen Topografie des Kontinents kam es zu unzähligen Konflikten zwischen verschiedenen Ethnien, Gesellschaftsformen, Königreichen, Stadtstaaten. Anders als die monolithischen Großreiche des Fernen Ostens war die europäische Kultur geprägt vom Spannungsverhältnis von Herrschaft und Autonomie, Freiheit und Autorität. Ein »Krieg der Kulturen« begann, der sich über viele Jahrhunderte hinzog. Damit entwickelte sich seit dem

11. Jahrhundert ein Rüstungs- und Technikwettlauf, der in vielerlei Hinsicht dem gleicht, was wir in der Natur als »eskalierende Ko-Evolution« kennen. Der Löwe optimiert seine Sprungfähigkeit im selben Maße, wie die Gazelle ihre Geschwindigkeit erhöht. Die Schildkröte verdickt ihre Panzerstärke, je mehr Feinde ihr ans Fleisch wollen. Und die Finken verbessern (auf dem Wege der natürlichen Selektion) ihre Schnäbel, um die harten Nüsse und Samen besser knacken zu können.

Es kam zur Eskalation der Geschosse gegen die Rüstungen. Während die Bogentechniken seit dem ausgehenden 12. Jahrhundert immer präziser und durchschlagender wurden, verstärkten sich die Rüstungen, bis die Ritter kaum noch laufen oder sich aufs Pferd schwingen konnten. Gewehre und Pistolen machten seit dem 16. Jahrhundert die Metallrüstungen zunehmend und dann endgültig obsolet. Auch das Verschanzen hinter dicken Mauern war nicht dauerhaft erfolgreich: Mit dem Aufkommen der Kanonen im 14. Jahrhundert wurden diese durchlöchert – die zahlreichen Burgruinen in ganz Europa zeugen davon. Also baute man ausgedehnte Befestigungsanlagen, *traces italiennes,* mit Gräben und vorgelagerten Verteidigungspositionen, die sich allerdings nur noch reiche Herrscher oder Stadtstaaten leisten konnten. (Heute findet man an dieser Stelle die Stadtparks der Großstädte.)

Mit dem Aufkommen der Muskete und der systematischen Artillerie verwandelten sich die Ritterheere endgültig in geführte Armeen; Bögen, Armbrüste, Schwerter verschwanden nun von den Schlachtfeldern. All diese Entwicklungen verlagerten die Macht von den lokalen Feudalherren hin zu Königreichen oder Nationalstaaten – aber eben nicht in »totaler Reichsform«, wie in China, das über Jahrhunderte ein einziges, stehendes Großheer mit über einer Million Soldaten unterhielt, die im Sold eines einzigen Kaisers standen. Sondern in der Form der »Balanced Powers«, welche die turbulente Geschichte Europas bis ins 20. Jahrhundert prägten.[61]

Kanon und Kanonen: Die Wurzeln des Fortschritts

So wurden die furchtbaren Eskalationen und Metzeleien der europäischen Kriegsgeschichte zum »Turbolader« der technologischen und wis-

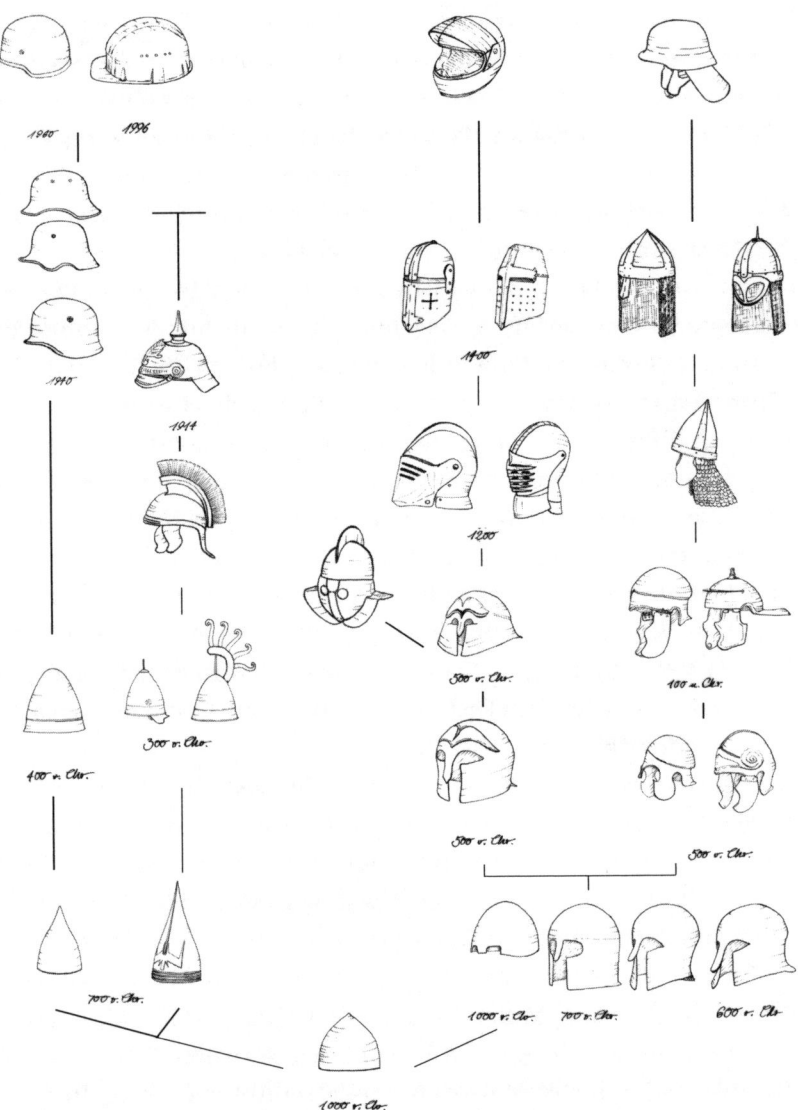

Abbildung 2.3: Die »Helmolution« im Verlauf von eineinhalb Jahrtausenden. Die Urform des Metallhelms stammt aus der phönizischen und assyrischen Zeit. Im Verlauf seiner technischen Verfeinerung entwickelt der Helm einen Seitenstrang als »Zier-Helm«, der bei Paraden oder zum Zeichen militärischer Repräsentanz getragen wurde – über den Helm der Römer bis zur Pickelhaube. Eine Sackgasse der Evolution war der geschlossene Ritterhelm, der die Sicht behinderte und den Träger unbeweglich machte. Die Hauptentwicklung des militärischen Kopfschutzes geht über mehrere Kaskaden bis zum perfekt sitzenden Stahlhelm der Wehrmacht, von dem sich der heutige Nato-Kampfhelm in seiner Form kaum unterscheidet.

senschaftlichen Entwicklung. Aus dem »Krieg der Waffen« entsprang ein »Krieg der Ideen und Erkenntnisse«, in dem divergierende Interessengruppen aus Kirche, Staat und Gesellschaft aktive Rollen übernahmen – nicht nur, aber *auch* aus militärischen Gründen. Im 14. Jahrhundert begannen europäische Fürstenhäuser und Stadtstaaten, sich verstärkt als Mäzene der Wissenschaft und der Künste zu engagieren. Im 18. Jahrhundert entwickelte sich die Ära des Rokoko aus demselben Grund, aus dem die Evolution die Pfauenschleppe formte – die prachtvolle Repräsentanz des Herrscherhauses musste gegenüber den Konkurrenten, aber auch gegenüber den Untertanen demonstriert werden. In China hingegen blieb die imperiale Pracht stets nach *innen* gerichtet (die »verbotene Stadt« der Kaiser hatte nur geringe äußere Repräsentanzfunktion; der Normalbevölkerung war der Zutritt nicht erlaubt, daher auch der Name); das, was in Europa die egozentrischen oder aufmüpfigen Fürsten waren, waren hier langweilige kaiserliche Beamte.

Es war nicht zuletzt das Christentum, das jene Symbiose aus Leistungswille und Fortschrittshoffnung formte, die Europa in die Ära des technischen Fortschritts führte. In den mittelalterlichen Klöstern begann jene Kaskade aus wissenschaftlicher Erkenntnis, Detailverbesserung und arbeitender Askese, welche die Grundlage für die technologischen Schübe bis zur Neuzeit bilden sollte.[62] Die chinesische Philosophie hingegen ist und war von einer starken Betonung »ewiger Ordnung« geprägt. Konfuzianismus und Taoismus sind Philosophien der ewigen Kontinuität – schriftliche Überlieferung dient nicht der Veränderung, der Kritik, sondern einzig und allein der (kopierenden) Verbreitung ewiger Wahrheiten. Wissenschaftliche Denkweisen werden in diesem Sinnkontext als »künstliche Handlungen« gesehen, kritisch-analytisches Betrachten ist »unharmonisch«. Im chinesischen Weltbild wird die Welt als ein Organismus wahrgenommen, dessen ewige Balance und Harmonie nur gestört, niemals aber entwickelt werden kann. Ordnung und Disziplin dienen immer und ausschließlich der Tradition, der ewigen Wiederherstellung des Gewesenen.

Innovation, so sollten wir uns vergegenwärtigen, ist weder in der Natur noch in der Menschheitskultur eine Konstante. In der Natur können Jahrmillionen vergehen, in denen »Nachhaltigkeit« regiert. Doch dann bricht plötzlich ein »galoppierender Wandel« los, der in einer unglaublichen

Artenvielfalt gipfelt. Immer in der Geschichte kam es zu Phasen mit beschleunigter Technologieentwicklung, gefolgt von Episoden der Stagnation, des Rückschritts, der Regression. Technologischer Wandel basiert auf steigender gesellschaftlicher Komplexität. Sie ist ebenso wie die Entstehung der Menschen eine Art »Unfall«. Technologie entsteht, wenn die Dinge aus dem Gleichgewicht geraten – und dabei zu neuen Ordnungen tendieren.

Die Attraktoren: Was Technologie vorantreibt

Die Andamaner, die !Kung und die vielen anderen bis heute existierenden »primitiven« Stämme unseres Planeten haben, jeweils auf ihre Weise, Technologien entwickelt, die ihnen bei den fundamentalen Aufgaben des Überlebens helfen. Nahrung, Kleidung, Schutz – damit beginnt die »Karriere« der Technologie. Doch die soziokulturelle Evolution hat die menschliche Kultur weitergetrieben, neue Nöte und Begehrlichkeiten erzeugt. Technologie musste immer komplexere Aufgaben erfüllen – und wurde gleichzeitig von diesen Aufgaben vorangetrieben. Welche humanen Motive können wir als die fundamentalen Triebkräfte des Technologischen definieren?

Macht

Der Krieg ist ein Technologietreiber par excellence. Die ersten komplexen mechanischen Technologien entwickelten sich in der Antike entlang militärischer Konflikte (etwa die griechischen Torsionsfederkatapulte, die 30-Pfund-Steine fast einen Kilometer weit schleudern konnten).[63] Angriff und Schutz, Zerstörung und Verteidigung gingen in der Kriegstechnik stets eine »evolutionäre Eskalationssymbiose« ein. (In der Evolutionsbiologie finden wir ebenfalls viele solcher Beispiele, man denke nur an den ewigen Kampf des Immunsystems gegen Viren und Bakterien.)

Wie in den eskalierenden Ko-Evolutionen der Natur wird auch »an der Front« früher oder später Materie durch Information – anders ausgedrückt: Muskel/Panzer durch Hirn – ersetzt. Einer der ersten leistungsfähigen Computer, dessen Informatikgrundlagen unter anderem von John von Neumann in Princeton gelegt wurden, diente der Berechnung von Wettervorhersagen – und der Konstruktion der Wasserstoffbombe. Seine Konstruktion verdanken wir über weite Strecken jener »Codierungsschlacht«, die den Zweiten Weltkrieg entschieden hat. Ohne die Entschlüsselung der deutschen U-Boot-Codes in der »Egghead City« in Bletchley Park – jenem Gelände im Norden von London, in dem die klügsten Mathematiker, Statistiker, Physiker (darunter viele jüdische Wissenschaftler) der westlichen Welt zusammengezogen wurden (siehe den Film *Enigma* von Michael Apted aus dem Jahr 2001) – hätte Hitlers Terror zumindest Jahrzehnte länger gedauert. Neil Armstrong wäre niemals 1969 auf dem Mond gelandet, wenn der Kalte Krieg nicht die Vision (oder Paranoia) einer kommenden kriegerischen Auseinandersetzung zwischen den Supermächten im Weltall erzeugt hätte.

Das Verhältnis zwischen Technologie und Macht beinhaltet jedoch immer auch einen Umkehrschluss: Technologie *sabotiert* Macht. Gutenbergs Buchdruck verbreitete das Alphabetentum. Was ursprünglich die Macht der Kirche stärken sollte, weil nun *alle* die Bibel lesen konnten, zeugte jedoch langfristige emanzipatorische Nebenwirkungen. Die Schnelldruckpresse schuf während der Französischen Revolution das, was man »Öffentlichkeit« nannte – eine gemeinsame Weltwahrnehmung »von unten«, die vom Feudalstaat nicht mehr zu unterdrücken war. Der Vietnamkrieg wurde durch den Fernseher entschieden, der die Bilder von My Lai ebenso in alle Welt übertrug wie die Demonstrationen wütender amerikanischer Soldatenmütter. Die elektronischen Medien transformierten unsere Weltwahrnehmungen und Kommunikationstechniken. Auch das hat mit Macht – im Sinne von Gegen-Macht – zu tun.

Viele Herrschenden verstanden diesen Gegenmacht-Aspekt der Technologie sehr genau.[64] Vom österreichischen Kaiser Franz Joseph ist seine tiefe Abneigung gegen die Elektrifizierung und Industrialisierung seines österreichisch-ungarischen Imperiums bekannt – manche Historiker sehen darin den Grund für den Untergang des Reiches am Anfang des 20. Jahrhunderts.[65] Gandhi war ein strenger Opponent der Industrialisierung Indiens, er protegierte die dörfliche *Heim*produktion, in der Spindel und Nähmaschine die zentrale Rolle spielen sollten.[66] Bis heute finden sich in Indien soziokulturelle Spuren dieser Historie – das Land »überspringt« die industrielle Phase und beamt sich derzeit direkt in die Informationsgesellschaft.

Mobilität

Am Anfang waren wir alle Nomaden. Das Leben blieb eine Folge von Aufbrüchen und Ankünften im Ungewissen. Nur so konnte der frühe Mensch überleben und seine Populationszahl stabilisieren. Jagdgründe und Sammelgut erschöpften sich schnell, also packte man seine Siebensachen und bewegte sich über die nächste Hügelkette, zum nächsten Flussbett oder in ein schattigeres Tal, in dem noch frische Nüsse und jagbare Tiere zu finden waren.

Die bäuerliche Lebensweise führte zigtausend Jahre später zu einer sesshaften Lebensweise, in der die Mehrzahl der Menschen ihr Leben an *einem* Ort verbrachte – Produktions- und Reproduktionsort zugleich. Mobilität geriet zum Privileg der Aristokratie, ein Attribut für fahrende Handwerksleute, oder sogar Zeichen von sozialer Deklassierung. (»Zigeunertum« und »fahrendes Volk« galten in den sesshaften Gesellschaften, ebenso wie die kosmopolitische Kultur des Judentums, als suspekt.)

Viele Jahrhunderte konkurrierten nun sesshaft-bäuerliche und nomadische Kulturen. Die Hunnen und Mongolen, die zeitweise die Tiefen des eurasischen Kontinents von Polen bis Wladiwostok beherrschten, machten ihre Mobilität zum Eroberungsprinzip. Die mongolischen Reiterheere fielen immer wieder in die Sesshaftigkeitskulturen ein, raubten und mordeten und brannten die Städte nieder, die sie für unsinnige Platzverschwendung hielten. Auch in Nordamerika gab es einen Dauerkonflikt zwischen den sesshaften und den nomadischen Indianerstämmen, der zumeist zugunsten der »Mobilen« ausging.

Vor rund 150 Jahren ging die bäuerliche Sesshaftigkeit in die industrielle Kultur über. Innerhalb weniger Jahrzehnte zogen Millionen und Abermillionen in die industriellen Ballungsgebiete – und darüber hinaus, nach Amerika, in die weite Welt, wohin immer sie Dampfross und Steamliner trugen. Eine gewaltige Entwurzelung begann, gleichzeitig der Aufbruch in die Moderne. Die Mobilen – die Hungrigen, Verzweifelten, die Fleißigen, Genialen, Cleveren, die Verbrecher, Halbseidenen und Hasardeure – hielt es nicht an einem Ort. Der große Treck über den Atlantik läutete ein zweites nomadisches Zeitalter ein, das heute keineswegs zu Ende ist.

Wir lieben Mobilität nicht (nur), weil sie uns von A nach B bringt, sondern weil sie uns verändert und verwandelt. Mithilfe fahrender, schwimmender, fliegender Artefakte brechen wir symbolisch die Bindungen von Klasse und Herkunft, Genealogie und Gewohnheit. Der Planwagen der amerikanischen Siedler, die ungestüme Kraft der Eisenbahn, das erste Moped, mit dem man das Dorf in Richtung Großstadt verließ, die erste »Ente« oder der »Käfer«, mit der man den spießigen Eltern in Richtung erleuchtete Mittelmeerstrände entkam – Artefakte der Mobilität spielen das Lied vom »Fort-Schritt«. Dies erklärt die fast religiöse Inbrunst, mit der manche Menschen (natürlich besonders Männer) Flugzeuge, Fahrzeuge, Schiffe oder Eisenbahnen verehren. Und die gewaltigen Gelder, die trotz Staus, Energiekrisen, Lärm und Stress in das stetige *engineering* jener Dinge fließen, die fliegen, fahren, tuten oder sich sonst wie bewegen.

Körperliche Mobilität repräsentiert natürlich nur *eine* Achse von Mobilität. Mit dem Handy können wir unsere Mobilität steigern, indem es uns von der körperlichen Nähe »entbindet«. Mit dem vernetzten Computer können wir uns *einloggen* – und dennoch unterwegs sein. An diesem Punkt überschneidet sich das Motiv der Macht mit dem der Mobilität: Jede Technologie, jedes Artefakt, das die Schnittmenge dieser Motive ausfüllt, verfügt mit Sicherheit über enorme evolutionäre Vorteile in der technosozialen Evolution.

Rationalisierung

In seinem Buch *Why Most Things Fail* beschreibt Paul Ormerod die Entwicklung des Brückenbaus als Weg zwischen *trial* und *desaster*. Diese zweite Königskunst des Ingenieurswesens (nach dem Raketenbau, der nichts anderes ist als eine Weiterentwicklung der Geschosstechnik der Antike) hat eine lange Tradition, und sie erzählt vom Versuch, die Umwelt *effektiver* zu gestalten. Immer weiter, immer höher, immer riskanter – zu immer geringeren Kosten. Aber auch immer eleganter werden die Brückenkonstruktionen, die der Schwerkraft trotzen und *Verbindungen* herstellen, wo vorher keine waren.[67]

Das ist die dritte große Triebkraft der Technologie: das Streben nach immer effektiveren Prozessen. Der Publizist Gerhard Schulze nennt dies das »Große Steigerungsspiel«.[68] Alles muss mehr werden. Alles muss schneller werden. Alles muss effektiver werden.

Effektivität ist allerdings keinesfalls in *allen* Kulturen ein Wert, für den man Menschen und Material mobilisiert. Die von Max Weber definierte »protestantische Ethik« bildet den geistesgeschichtlichen Hintergrund für jene Wirtschaftsform, die wir heute »Kapitalismus« nennen. Ohne das kapitalistische Motiv ist die Idee der Rationalisierung kein wirklich schlagendes Argument.

Der Siegeszug des Computers fand nicht, oder nicht nur, in den stillen Kämmerlein der Mathematiker oder den Garagen der *Freaks* und *Nerds* statt. Microsoft wurde nicht groß und mächtig, weil die Firma kreative Software für kreative Individuen lieferte, sondern weil sie einen *Standard* beherrscht, der im Zentrum von informellen Rationalisierungsprozessen steht. Unsere multimedialen Computer für die »kreative Klasse«, mit denen man Bilder bearbeiten, Musik hören und tolle Spiele spielen kann, sind ein *Abfall*produkt – eine mutierte Variation – des Bürocomputers. Dessen Leistung erhöhte sich nur aus einem einzigen Grund: weil er den Firmen Kosten sparte.

Die Erfolgsgeschichte des Computers beginnt mit den Papierkarten, die man in den ersten automatisierten Webstühlen zur Erzeugung gleicher Muster nutzte, ging über die Hollerith-Lochkarten der dreißiger und vierziger Jahre und endete vorläufig in der »Vergoogelung« der Welt. Sind die darwinistischen Motivkräfte des Kapitalismus erst einmal etabliert, ist ein verlässlicher Treibsatz des technischen Fortschrittes gezündet: Was Kosten spart, siegt über den Konkurrenten. Ganze Romane könnte man über den Rationalisierungsfortschritt erzählen, mit denen zum Beispiel Zigarettenproduktionsmaschinen in den letzten 50 Jahren ungeheuerliche Leistungszuwächse verzeichneten – und dabei eine mörderische

Branche am Leben hielten, die unter immer stärkerem Beschuss von Öffentlichkeit und Politik steht. Oder über die Techno-Evolution der Mähdrescher, diese stillen Garanten unserer Ernährung, deren Leistung heute das Hundertfache der ersten Maschinen beträgt! Oder über die langsame, aber stete Verbesserung der Rührmixgeräte, dieser unscheinbaren Nagetiere unserer Küchenökologie, die sich zu wahren Monstern und Mutanten entwickeln können!

Kontrolle

Der Normbürger des Jahres 2000 erwacht aus einem traumlosen, medikamentengesteuerten Schlaf. Er schluckt seine 2000-Kalorien-Frühstückspille und schlüpft in einen frischen Wegwerfanzug. Mit seinem Elektro-Auto flitzt er über unterirdische Autobahnen zur Arbeit.

Diese Zukunftsfantasie des Hudson-Instituts aus dem Jahr 1968, formuliert vom großen Zukunftsguru der damaligen Zeit, Herman Kahn, erzählt im Grunde alles über den großen Kontrolltraum, der seit jeher die Entwicklung der Technologie begleitet. Menschen sind in diesem Kontext Objekte, Partikel, die nach bestimmten Gesetzmäßigkeiten zu funktionieren haben.

Technologie ist, wie Stanislaw Lem richtig analysierte, ein verzweifelter Kontroll- und Überlebensversuch:

Im Grunde ist jede Technologie eine künstliche Verlängerung des natürlichen Bestrebens des Menschen, seine Umwelt zu kontrollieren und damit nicht im Kampf ums Dasein zu unterliegen.[69]

Viele Technologien entpuppen sich beim genaueren Hinschauen als gigantische Kontrollversuche. Die Pyramiden des Pharaonenreichs sind nichts anderes als der rasende Versuch, den Tod durch Technologie zu beherrschen. Um herauszufinden, wie das Wetter wird, oder wie man es beeinflussen kann, wurden erst Schamanen und gewaltige Priesterkasten »erfunden«, dann Menschenopfer erbracht, dann unzählige Bauernweisheiten ausprobiert, ehe man in 18. Jahrhundert herausfand, dass man mit Isobaren und atmosphärischer Druckanalyse das Wetter voraussagen konnte. Seitdem beschäftigen wir uns immer fanatischer mit der Frage des Wetters. Die »Klimakatastrophe« ist nichts anderes als der soziokulturelle Reflex der Urangst vor Flut, Dürre, Hitze, Tod. Kein Wunder, dass die Klimafrage inzwischen zu einer gewaltigen »Industrie der Angst« geführt hat, mit gigantischen Investitionen in Forschungs- und Vermeidungsprogramme und gigantischen spesen- und kohlendioxidproduzierenden Weltrettungskonferenzen.

Die Idee, die Geschwindigkeit eines Autos mittels eines Tachometers verbindlich zu messen, benötigte volle 20 Jahre, um in Serienautos umgesetzt zu werden, hatte dann aber große Konsequenzen für den Evolutionspfad des Automobils. Mindestens die halbe medizinische Technologie dient heute dem Sichtbarmachen organischer Prozesse, dem diagnostischen Fahnden nach Fehlern im organischen System. Röntgen, Laser, Ultraschall, MRT, CRT – nun können Risiken früher geortet, Abweichungen symbolisch dargestellt, vielleicht sogar Katastrophen vermieden werden. Demselben Zweck dienen auch Satelliten, und Kameras können aus dem Orbit selbst einen Schuhkarton ausfindig machen. Hochkomplexe Navigationssysteme navigieren uns an den Ort unserer Wahl. Wir können Räume auf gleicher Temperatur halten – gleichgültig, welche Klimabedingungen draußen herrschen. Und neuerdings gestalten wir gleich ganz virtuelle Räume, in denen wir die Naturkräfte komplett simulieren – die höchste Form der Kontrolle ist die Schaffung einer kontrollierten Realität.

Status

Schließlich wohnt manchen technischen Artefakten ein symbolisches Element inne, das sich nicht allein mit ihren Funktionen erklären lässt, sondern nur in ihren sozialen Funktionen zum Tragen kommt.[70]

Fetische existieren in allen menschlichen Kulturen, weil Menschen die einzigartige Fähigkeit besitzen, ihre Emotionen an Dinge zu binden. Das Heilige, das im Technologischen wohnt, bezieht seine primären Komponenten aus den oben beschriebenen Motiven – Macht, Kontrolle, Rationalisierung, Mobilität. Manchmal jedoch steigert sich der Symbolwert ins Archaische. Der Journalist Nils Minkmar drückte es anlässlich des iPhone-Launches im Jahr 2007 so aus:

Ich kann in einer merkwürdigen Vorahnung bereits das Gewicht und die Kontur des iPhones in meiner Manteltasche spüren. So wird man bald aus dem Haus gehen können, völlig ohne Tasche, nur mit diesem flachen Gegenstand im Mantel. Es ist in Wahrheit eine sehr alte Form: Wenn die ersten Menschen einen Hau- oder Ritzstein benutzten, wird er so ausgesehen haben, handtellergroß und flach, vom Wasser geglätteter Granit ... Wie alle guten Erfindungen ist das iPhone in Wahrheit eine Erinnerung: an die Kindheit der Menschheit, an Zeiten, in denen nur ein einziges Instrument nötig oder verfügbar war ... Das iPhone ist auch der Colt des Westernhelden, die Lupe von Sherlock Holmes, das Versprechen von Freiheit und Abenteuer wie der beste Schutz gegen die dort lauernden Gefahren. Und es bewahrt Blätter vor dem Verwehen, am Meer.[71]

Ein solcher Text lässt sich leicht auf evolutionspsychologische Motive rückkoppeln. Gesang, Sprache, Kunst sind letzten Endes komplexe Ableitungen des Reproduktionswunsches – wer gut malen, singen, tanzen kann, demonstriert damit seine genetische Fitness. Technische Gegenstände sind deshalb sexy, weil sie den Besitzer »potent machen«. Dabei wäre es allerdings zu simpel, in jedem Auto einen Phallus zu sehen (oder in jedem Handy einen Uterus). Doch nicht nur Stanley Kubrick wusste, dass in Technik immer der alte Affe steckt, als er den Urzeit-Knochen in *2001 – Odyssee im Weltraum* zum Raumschiff werden ließ. Technik ist »geil«, wie es in der Jugendsprache drastisch heißt. Sie ist eben nicht nur Funktion, sondern im Kontext einer globalen Konsumwelt auch Signal und Symbol.

Die Distraktoren des technologischen Pfades

Die in den letzten Abschnitten geschilderten Motive treiben Technologie voran, in immer neuen Erfindungs- und Innovationskaskaden. Aber um die Konturen eines technologischen Pfades zu erkennen, müssen wir auch die *Gegenkräfte* verstehen. Also jene Einflussfaktoren, die Technologien bremsen, ablenken oder *verändern* können.

Soziale Gewohnheiten

> Einkaufen im Supermarkt ist unglaublich langweilig, und deshalb wollen wir es so wenig wie möglich tun. Wenn man eine gute Methode finden könnte, Einkaufen über das Internet zu erledigen, würden die Leute mit Sicherheit diese Möglichkeit nutzen.

Diese Worte stammen von Ian Pearson, einem englischen Futuristen, der sich auf seiner Website mit einer Glaskugel in der Hand zeigt und lange Jahre bei der British Telecom in Lohn und Brot stand. »Einkaufen im Supermarkt ist unglaublich langweilig ...« Schon dieser Anfangssatz verrät eine Menge über die soziale Prägung des Sprechenden. Englische Männer, zukunftsforschende zumal, hassen wahrscheinlich in der Tat Supermärkte. Aber haben sie vom Leben eine Ahnung?

Weshalb gehen auch im 21. Jahrhundert immer noch viele Menschen gerne in einen wohlsortierten Supermarkt? Warum sind die vielen Versuche, lückendeckende Online-Lebensmitteldienste aufzubauen, in Nischen geendet?[72]

Für den von chronischen Mangelängsten geplagten Urmenschen in uns ist ein wohlsortierter Supermarkt ein paradiesischer Ort. Welche Fülle von Nahrung! Welche Vielfalt an Auswahl! Für genusssüchtige Multivoren wie Menschen ist Essen mehr als »Futter«. Wir lieben es, zu fühlen, zu riechen, zu tasten, zu kosten. Dazu gesellt sich der »Avocado-Effekt«: Der Reifezustand von Avocados ist nur sinnlich zu erfahren. Deshalb wollen wir sie *drücken* können! Wir werden *nicht* auf »kaufen« klicken, wenn neben einem Pixelfoto steht »tastweiche Avocados«!!![73] Selbst dann nicht, wenn wir einen Datengummihandschuh anziehen könnten!

Der Ort des Marktes, auf dem Güter gehandelt oder getauscht werden, hat eine jahrtausendealte Sozialgeschichte. Waren sind Medien der Begegnung und Kommunikation – und das gilt keineswegs nur für die Alten, Einsamen. Supermärkte, Kaufhäuser, Malls dienen unglaublich vielfältigen sozialen Funktionen – hier vergewissert man sich des eigenen Status, der eigenen Vorlieben, gerne auch in Abgrenzung und Vergleich mit Zeitgenossen. *Schau mal, was dieser Proll da drüben sich in den Einkaufswagen getan hat! Ist ja widerlich!*

Natürlich kann man Elemente dieser sozialen Funktionen im Internet simulieren. Aber eben nur simulieren. Menschen sind unglaublich erfinderisch, wenn es um das Entwickeln und Verbessern von Technologie geht. Menschen sind aber auch sagenhaft hartnäckig, wenn es um das *Verteidigen existenzieller Gewohnheiten* geht.

Everett M. Rogers beschreibt in seinem Buch *Diffusion of Innovations*[74] einen lehrreichen Fall von kultureller Innovationsresistenz. Seit Beginn der interkontinentalen Handelsschifffahrt im 16. Jahrhundert starben Tausende von Seeleuten an der Mangelkrankheit Skorbut. Die damaligen Schiffe waren nicht groß genug, um genug Nahrungsmittel mitzunehmen, die Konservierungsmethoden blieben ungenügend, vieles verdarb auf den jahrelangen Reisen. In Experimenten und Demonstrationen bewiesen Mediziner schon im 17. und 18. Jahrhundert die Wirksamkeit von Zitrusfrüchten gegen Skorbut. Doch Seefahrer sind ein stolzes Volk. Zitronen und Orangen waren für sie ein Symbol »weibischer Essmoden«. Obwohl erste Forschungsergebnisse seit 1601 vorlagen und es seit dieser Zeit durchaus ärztliche Empfehlungen gab, mithilfe von Zitrusfrüchten der Krankheit vorzubeugen, führten die britische Navy und das British Board of Trade erst 1865, also zweieinhalb Jahrhunderte später, die durchgängige Vitaminkur bei Seeleuten ein. (Wer dies mit den Erfahrungen mit Männern vergleicht, die sich falsch ernähren oder kaum bewegen, oder mit Kindern, die alles hassen, was an das Schreckenswort *Gemüse* erinnert, der ahnt, dass der »Nahrungsstolzfaktor« auch in der modernen Welt eine Rolle spielt.)

Die QWERTZ-Buchstaben-Folge (im angelsächsischen Raum QWERTY), die wir heute auf jeder lateinischen Tastatur der Welt finden, wurde von Christopher Latham Sholes im Jahr 1868 erfunden. Damals diente sie nicht der Optimierung, sondern der *Verlangsamung* des Tippvorgangs. Weil die frühen mechanischen Schreibmaschinen Hebel besaßen, die sich ineinander verhakten, musste man die häufig betätigten Typenhebel so weit wie möglich voneinander entfernen. Und es für den Tippenden *so schwer wie möglich machen*, Hebel in kurzen Zeitabständen zu betätigen.

Im Jahr 1932, als längst Mechaniken entwickelt waren, bei denen die Hebel nicht mehr verhakten, entwickelte August Dvorak an der Universität von Washington eine optimierte Tastatur, in der die Tasten entlang der Nutzungsfrequenz geordnet waren – die häufigsten in der Mitte. Obwohl alle Tests die Überlegenheit von Dvoraks Tastatur bewiesen und sogar Patentämter und einige Schreibmaschinenfirmen das neue System einführten, konnte es sich nie durchsetzen. Die Macht der Gewohnheit hatte die technologischen Weichen gestellt. Millionen von auf QWERTZ programmierten Hirnen und Fingern summierten sich zu einem Zuviel an Beharrungskraft für eine echte Innovation.[75]

Systemische Beharrungskraft

Ein weiterer Schlüssel für Nicht-Innovation liegt in den Redundanzen, die technische Systeme im Lauf der Zeit entwickeln. Hier einige Beispiele:

- Das **Druckluftauto** des französischen Ingenieurs Guy Nègre fährt kohlendioxidfrei: Eine Pressluftfüllung bringt das 25 PS starke Gefährt 200 Kilometer weit. Ladezeit zu Hause: vier Stunden. An einer Presslufttankstelle: 20 Sekunden. Pressluft ist billig, lässt sich extrem energieeffizient herstellen, und man könnte sie leicht in jeder Tankstelle anbieten. Bei Unfällen entweicht die Luft mit einem Zischen – das wars.
- Die **Eistechnologie** des amerikanischen Erfinders Ted Taylor hätte schon in den siebziger Jahren Ölvorräte schonen können. Taylor erfand eine Eiskonservierungstechnik, die in jedem Gebäude gigantische Mengen an Primärenergie gespart hätte. Im Winter, wenn die Temperatur unter null sinkt, wird dazu ein großer Tank automatisch mit aus Düsen gesprühtem Schnee gefüllt. Durch eine Spezialplane geschützt liefert der Tank bis in den Herbst Kühlungswasser, das in die Heizungen eingespeist werden kann.[76]
- Der **SmartFish** des Schweizer Erfinders Koni Schafroth basiert auf einem völlig neuen aerodynamischen Konzept, das der Aquadynamik von Thunfischen und der Ästhetik von Rochen abgeschaut ist. Das Flugzeug, von dem ein pilotenfähiger Prototyp im Jahr 2010 fertiggestellt sein soll, ist wesentlich flugstabiler, einfacher zu fliegen und energie-effizienter als die heutigen Wing-Body-Flugzeuge. Das Gerät »liegt förmlich in der Luft« – ein biomorpher Flugkörper mit erheblicher Eleganz.

Warum setzten sich diese vernünftigen, einfachen, praktischen oder eleganten Erfindungen nicht durch? Den Grund dafür versteht man besser, wenn man die technologische Entwicklung als einen langfristigen Markt

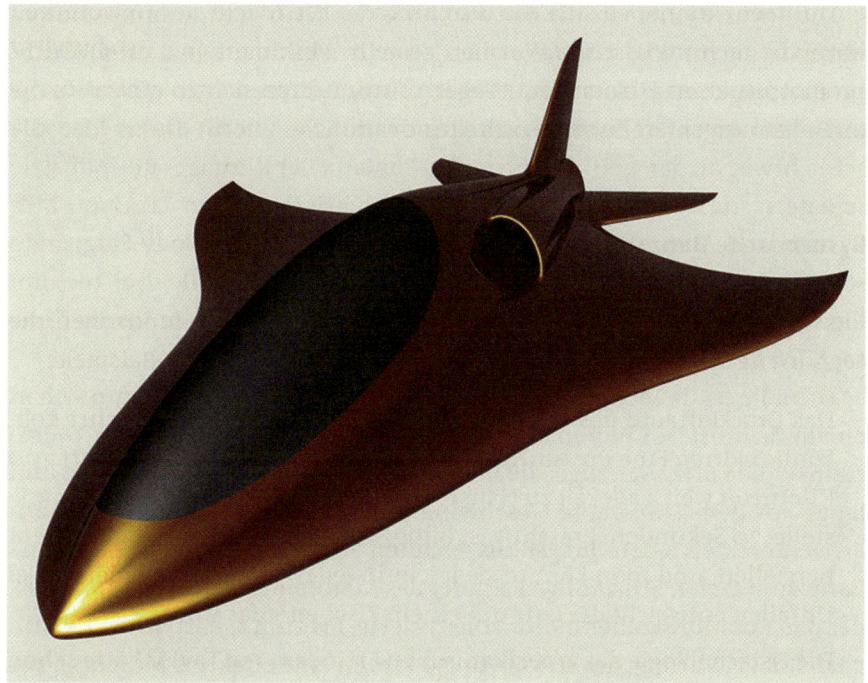

Abbildung 2.4: Der SmartFish.

begreift, in dem es nicht zuletzt um die Amortisation von vergangenen Investitionen geht.

Als Ende des 19. Jahrhunderts viele europäische Großstädte von Gaslicht erhellt wurden, war der Rohstoff Gas extrem billig, während die Verlegung von Gasrohren eine teure und heikle Angelegenheit blieb. Nur wenige Jahrzehnte später kam mit der Elektrizität ein neuer Energieträger auf den Markt. Kein Wunder, dass die »Gasbarone« alles taten, um das elektrische Zeitalter wenigstens zu verzögern. Sie hatten gewaltige Summen in die Gas-Infrastruktur investiert, die sie nun kaum amortisieren konnten.

Der Ausbau des europäischen Schienennetzes wurde in den neunziger Jahren beschleunigt – und Milliardensummen in teure Verbindungen für Hochgeschwindigkeitsnetze gesteckt. Damit fehlte einer anderen, neueren Technologie, der Magnetschwebebahn-Technik, das Investitionsgeld. So wurde der Transrapid ein Milliardengrab für die beteiligten Firmen, und so wandert diese Technik nach China.

Die Investitionen in die Entwicklung des Otto-Verbrennungsmotors waren so gigantisch, dass das arme kleine Druckluftauto in diesem »Techno-Biotop« keinen Platz findet (eher entwickelt man Otto-Motoren, die mit alternativen Treibstoffen arbeiten). Ähnliches gilt für die Eis-Idee, die schlichtweg an der wohlorganisierten Phalanx der Klimageräte-Industrie scheitern muss. Und erst recht für den Flugfisch, dessen Triumph Milliarden und Abermilliarden von Investitionen in Wing-Body-Fluggeräte schlichtweg zu toten Abschreibungen machen würde. Alle drei Technologien haben einen gigantischen, dicken Igel als Gegner, der immer nur sagt: *Ich bin schon da!*

Grundlegende Technologiewechsel finden nur selten statt, wenn sich in einem technischen Biotop ein »Dominator« durchgesetzt hat. Die »Aerotrains«, die Luftkissenzüge, die in Frankreich bis 1977 erprobt wurden und lange vor dem Transrapid Geschwindigkeiten von über 400 Kilometern erreichten, fielen dem längst ausgebauten Schienennetz der »normalen« Bahn zum Opfer.[77] Unzählige Erfinder des Motorenbaus, von Felix Wankel, der den Rotationskolbenmotor konstruierte, bis zum schottischen Geistlichen Robert Stirling, der schon vor 150 Jahren eine effektive Maschine zur Strom-Wärme-Koppelung entwickelte, mussten erleben, wie der Otto-Motor alle Effektivitätsargumente, die gegen ihn sprachen, nahezu mühelos schluckte – die riesige Industrie, sie sich um die ständige Fortentwicklung des Hubkolbenmotors entwickelt hatte, blieb einfach stärker.

Die niederländische Architektengruppe MVRDV entwarf im Jahr 2001 ein in sich geschlossenes Öko-System, mit dem sich die täglichen Katastrophen der niederländischen Landwirtschaft – Maul- und Klauenseuche, Grundwasserverschmutzung, Gülle-Überschuss – komplett vermeiden ließen. In einer 15 Stockwerke hohen Agrarfabrik werden jährlich 20 000 Schweine gezüchtet. Auf dem Dach wächst Getreide, das direkt an die Schweine verfüttert wird, Regenwasserzisternen sorgen für genug Bewässerung der Pflanzen. Der Schweinekot wird ein Stockwerk tiefer in Plantagen zur Gemüsedüngung verwendet. Die Pflanzenreste werden zu Biogas vergärt oder an die Hasen und Kühen verfüttert, die auf einer weiteren Etage weiden. 40 solcher Recycling-Agrarfabriken, jede nur 1700 Quadratmeter groß, errichtet in alten Industriegebieten, könnten die gesamte holländische Landwirtschaft substituieren und die holländische Landschaft komplett renaturieren.

Doch eine gewachsene Industrie wie die Landwirtschaft (natürlich ist das längst eine *Industrie*!) lässt sich nicht einfach abschaffen. Sie wird sich mit Zähnen und Klauen verteidigen – über Verbände, Lobbys, Parteien, öffentlichen Meinungsdruck, stille Meinungsmache. Das ist der Grund dafür, dass wir keine vollautomatische Landwirtschaft haben, die ungleich effektiver und umweltschonender arbeiten könnte als die heutige Agrarbürokratie.

Proprietäre, aber auch *fehlende* Standards sind ein weiteres Bremsmoment technologischer Innovationen. Bei der RFID-Technik (auf jedem Produkt ein Funkchip) hat man sich bislang nicht auf internationale Frequenzen geeinigt, auf denen die Milliarden Chips der neuen Warenwirtschaft funken können.[78] Die Radio-Übertragungstechniken stagnieren, weil niemand in sie investieren will – die ökonomischen Strukturen der Radio-Vermarktung sprechen dagegen, und deshalb bleibt alles beim rauschenden und knarzenden UKW/FM[79]. Auch der Faktor »Arbeitskraft« wirkt massiv gegen neue Technologien. Bergarbeitergewerkschaften lassen keinen automatischen Bergbau zu. Taxifahrer verhindern automatische Cab-Systeme. Lokführer werden noch lange vorne im Zug sitzen, auch wenn ihr Job schon heute fast ausschließlich im Drücken eines sogenannten Totmannknopfes alle fünf Minuten besteht.

Fundamentale Technologiewechsel finden, so der traurige Schluss, leichter statt, wenn zunächst *Tabula rasa* gemacht wird. Wenn eine Ära am Ende, eine Infrastruktur ausgeblutet, eine Technologie völlig marode geworden ist. So traurig und zynisch es auch klingt: Wir erleben echte Innovationsschübe oft nach Kriegen oder Zusammenbrüchen ganzer Ökonomien. Es ist kein Zufall, dass die technologisch führenden Nationen der letzten 50 Jahre (neben Amerika) die »Kriegsopfer« Deutschland und Japan sind.

Kontrollverlust-Angst

Vor einigen Monaten war ich mit einem Chauffeur unterwegs zu einem Vortrag in Norddeutschland. Meine Veranstaltung sollte in einer Bank im Zentrum einer jener gemütlich-gesichtslosen Backstein-Kleinstädte stattfinden, mit denen die norddeutsche Tiefebene so reich gesegnet ist. »Kein Problem«, sagte der Fahrer, ein gemütlicher, übergewichtiger Mann, der mich vom Flughafen abholte, »Lisa wird's schon richten.«

Wie sich herausstellte, war »Lisa« der Name seines Navigationssystems. Lisa schien vor allem ein Ziel zu verfolgen – unseren S-Klasse-Mercedes mit sibyllinischer Stimme von der Autobahn *herunter*zulocken. Obwohl genau diese Autobahn in gerader Strecke zu unser Zielstadt verlief. Meine zaghaften Warnungen von den hinteren Sitzen führten zu nichts. Nach Umleitungen auf immer kleinere Straßen und Straßenverengungen steckten wir plötzlich auf einem Feldweg bis zu den Achsen im Matsch. Auch die 350 PS konnten uns nicht mehr in Bewegung setzen.

Was dann folgte, wird mir für immer im Gedächtnis bleiben. Der Fahrer wurde erst weiß, dann rot im Gesicht, ruinierte erst seine Schuhe im Schlamm, dann den Ruf seiner Firma durch unflätige Flüche. Er trat gegen den Kotflügel seines teuren Autos, bis der Lack sprang. Eine Zeit lang hatte ich das Gefühl, er bekäme einen Herzanfall oder würde sogleich mit einem Schraubenschlüssel auf mich losgehen.

Später stellte sich heraus, dass er statt »schnellster Weg« »direktester Weg« einprogrammiert hatte. Was Lisa in eine *Femme fatale* verwandelte. Aber das war gar nicht entscheidend, sondern seine psychologische Reaktion. Was ich erlebte, war ein typischer Anfall von *Kontrollverlust-Panik*. Der Mann erlebte eine Art Kastration seiner Fähigkeiten auf den Punkt null. Nicht mehr *er*, als Herr der Maschine, gab die Kommandos, sondern umgekehrt. Er hatte weder eine Karte im Auto noch eine Ahnung, wo er war. Und längst *verlernt, wie man Karten liest*!

Auf diese Weise demütigt uns Technologie. Jeder, der mit »High Tech« alltäglich umgeht, kann ein Lied davon singen. Und jeder Technologie-Entwickler sollte sich mit dieser Gefühlslage schleunigst auseinandersetzen.

Ethische Krisen

Im 19. Jahrhundert plagten sich die Menschen mit Albträumen des »mechanischen Wahnsinns«, die in zahlreichen Romanen der damaligen Zeit, von Mary Shelleys *Frankenstein* bis Bram Stokers *Dracula* verarbeitet wurden. Die Technikphobien des 20. Jahrhunderts waren von den traumatischen Erfahrungen der Weltkriege, des Faschismus und des Kommunismus geprägt. Nicht nur die Atombombe, auch der Computer machte deshalb den Menschen Angst. Die gesamte Idee des Fortschritts geriet in den Blutbädern des vergangenen Jahrhunderts in eine tiefe Legitimationskrise.

Zukunftsangst ist keineswegs auf die sensationellen Zukunftstechnologien wie Gen-, Nano- oder Nukleartechnologie beschränkt. Und Menschen haben durchaus Grund, Technologien zu fürchten. Technologie ist *immer* eine Provokation, welche die zerbrechlichen Pakte, die der Mensch mit sich und seiner Umwelt eingeht, infrage stellt. Praktisch alle Science-Fiction-Filme handeln von diesem »Clash of Cultures«, den die Zukunftstechniken im Kosmos des Humanen inszenieren: Technik gerät außer Kontrolle, »dreht durch«, »läuft Amok«, wird missbraucht und pervertiert. Technik ist eine gigantische Projektionsfläche für innere Ängste. Wer sich ohnmächtig fühlt, unterstellt ihr genuine Herrschaftsabsichten. Wer das Leben als brüchig und fragil ansieht, glaubt, dass das Wesen der Technologie der Unfall, der GAU sein muss.

»Die Welt hat eine Dichte erlangt, in der die Tat unmittelbar zum Täter zurückkommt«, formulierte der Philosoph Peter Sloterdijk. Alle wahren Freunde der Technologie sollten sich diesem Dilemma stellen: Die Technik der Zukunft wird ethische und moralische Fragen beantworten müssen. Oder sie wird nicht sein.

Der Prothesen-Effekt der Technologie

In der organischen Welt gilt ein ehernes Gesetz: »Use it or lose it.« Muskeln, Bewegungen, Hirnleistungen falten und entfalten sich in Reaktion auf vielfältigen Gebrauch. Technik hingegen hat fast immer einen »Prothesen-Effekt«: Wenn wir sie nutzen, *entlernen* wir auf Dauer eigene Fähigkeiten. Wir vertrauen irgendwann darauf, mit der Krücke zu gehen – und unser Gleichgewichtsorgan verkümmert.

Technik kann uns zu Krüppeln machen, wenn wir nicht aufpassen. Unsere technologische Umwelt bietet uns eine Fülle von Prothesen-Effekten, deren Konsequenzen wir allmählich wahrnehmen und problematisieren. In der Substitution der körperlichen Bewegung durch Fahrzeuge wird dies besonders deutlich: Statt zu Fuß um die Ecke zum Bäcker zu gehen, nehmen wir das Auto – und tragen schon wieder einen kleinen Teil zum großen Zivilisationsproblem Fettlebigkeit bei. Die vernetzte Technologie, die sich derzeit entwickelt, bildet weitere Risiken des Kontrollverlustes. Weil »im Netz« nun alles mit allem zusammenhängt, kann auch alles sehr schnell schiefgehen. Die Dichte des Technischen, die uns umgibt, erweist sich als fatale Abhängigkeit. Jeder weiß das, in dessen Ferienhaus bei Hochwasser und Sturm schon einmal zwei Tage der Strom ausgefallen ist. Er wird sich schnell »Retro-Techniken« besorgen: Kerzen, Fackeln, Taschenlampen, die man per Kurbel aufladen kann, vielleicht sogar einen Generator ...

Das Exaptationsprinzip:
Wie Technik »abgelenkt« wird

Als Thomas Alva Edison im Jahr 1877 das Grammophon erfand, war er überzeugt, eine ungeheuer wichtige Erfindung für Geschäftsleute gemacht zu haben. Das Telefon, ein Jahr zuvor von Alexander Graham Bell patentiert und bereits kurz darauf in Serie produziert, setzte sich schnell in der amerikanischen Geschäftswelt durch und führte zu enormen Verständigungsproblemen: Was verbal am Telefon vereinbart worden war, unterlag oft verschiedenen Interpretationen und führte zu juristischen Streitereien, Zerwürfnissen, ja sogar körperlichen Auseinandersetzungen zwischen Geschäftskontrahenten.

Auf Vorführungen in ganz Amerika pries der populäre Erfinder sein Trichter-Grammophon als »Recorder«, mit dem Telefonate auf Wachswalzen aufgezeichnet werden konnten.[80] Doch Edisons Walzen erwiesen sich als zu wärmeempfindlich und zu weich für ein dauerhaftes Aufzeichnen. Seine Wachszylinder waren den Schellackplatten der späteren Zeit weit unterlegen. Trotzdem war Edisons Erfindung kein »Flop« im eigentlichen Sinne. Die Entwicklung ging nur in eine völlig andere Richtung als geplant. Um 1900 war das Grammophon in jedem bürgerlichen Haushalt ein Muss. Aus dem Business-Gerät war ein Unterhaltungs-Tool geworden – mit gewaltigen Erfolgsraten.

Dieser Prozess ähnelt evolutionären Vorgängen, in denen »biologische Technologie« sich in Adaptions- und Selektionssprüngen umformt. So waren die Stacheln des Stachelschweins ursprünglich Haare, die als Wärmeschutz dienten, die Lungen der Säugetiere entwickelten sich aus Schwimmblasen, die Wale waren früher schweineähnliche Landsäugetiere.[81] Ein erheblicher Teil unserer heutigen Alltagstechnik ist ein fruchtbares Ergebnis eines solchen »Verbiegungsprozesses«, den man auch »Exaptation«[82] nennt.

– Die drahtlose Übertragung wurde von ihrem Erfinder Marconi, der 1901 das erste Radiosignal über den Atlantik schickte, als Basistechnik für mobile Telegrafen oder Telefone gesehen. Dass sie eine eigenständige Technologie werden könnte, ahnte Marconi nicht.

– Unsere heutigen Uhren entstanden aus der Zweckentfremdung klösterlicher »Schaltuhren«, die für die pünktliche Einhaltung der Stundengebete vonnöten waren. Um den Mönchen die Einhaltung der genauen Gebetszeiten zu ermöglichen, konstruierten italienische Meister wie Giovanni de' Dondi Schaltuhren.[83]

– Das Schießpulver wurde im 8. Jahrhundert als Medizin zur Erzeugung von Unsterblichkeit erfunden – von taoistischen chinesischen Mönchen.[84]

– Viagra wurde bereits Ende der achtziger Jahre als Gefäßerweiterungsmittel für Herzkranzgefäß-Patienten genutzt.

– Internet und GPS etwa waren früher rein militärischen Zwecken vorbehalten – und sind heute zu einem kommunikativen »Massenmedium« geworden.[85]

Wie in der Evolution spielen auch in der technischen Exaptation Zufälle eine große Rolle. »Erfolgreiche Technologien«, so schreibt Freeman Dyson in *Imagined Worlds*, »beginnen oft als Hobbys. Jacques Cousteau erfand Presslufttauchen, weil er es liebte, Höhlen zu erforschen. Die Brüder Wright erfanden das Fliegen als Abwechslung zu ihrer normalen Tätigkeit als Fahrradverkäufer. Auto und Fahrrad hatten ursprünglich als reine Freizeitvehikel begonnen ... Bei all diesen Erfindungen riskierten die Pioniere ihr Geld für nichts substanzielleres als – Spaß!«[86]

Abbildung 2.5: Der Exaptationspfad: Ein technologischer Pfad wird durch viele Faktoren – ethische Krisen, Gewohnheits-Resistenzen, Umweltprobleme – in eine andere als die ursprünglich geplante Richtung abgelenkt.

Exaptation entsteht immer dann, wenn Erfinder ihre »Kinder«, die Erfindungen, in das evolutionäre Umfeld der Wünsche, Märkte, menschlichen Bedürfnisse und Widerstände – analog: in die *Umwelt* – entlassen. So entsteht ein mehrfach gebogener Technologiepfad.

Der Beschleunigungsirrtum – Warum technologische Entwicklungen keineswegs »immer schneller« werden

Geht es nach Ray Kurzweil, dem amerikanischen Futuristen, wird noch in diesem Jahrhundert die menschliche Entwicklung zu einem radikalen Finale ansetzen. Wir gelangen zu jenem Punkt der *Singularität*, in dem die geistigen Kapazitäten des Menschen mit den ins gigantische gesteigerten Möglichkeiten der Technologie verschmelzen:

> Vor uns liegt eine Zukunft, in der die Geschwindigkeit des technologischen Wandels derart zunimmt, seine Auswirkungen derart tief werden, dass das menschliche Leben irreversibel transformiert wird. Diese Epoche wird die Konzepte transformie-

ren, mit denen wir unserem Leben Sinn geben, von den Geschäftsmodellen bis zur menschlichen Lebensspanne, inklusive des Todes ... Genau wie ein Schwarzes Loch im Weltraum dramatisch die Muster von Materie und Energie verändert und sie bis zum Ereignishorizont beschleunigt, verändert die Singularität jeden Aspekt des menschlichen Lebens, von der Sexualität bis zur Spiritualität ...[87]

Hinter dieser hypertechnologischen *slash poetry* steht eine Prämisse, die längst eine Art kollektives Mantra geworden ist. Kaum eine Talkshow, kein Radiokommentar oder Feuilletonartikel, in dem nicht vom *sich rasend beschleunigenden technologischen Fortschritt* die Rede ist. Ein Gegenwartsmythos, der so stark ist, dass selbst leiser Zweifel einer Blasphemie gleichkommt. Folgende Formeln bilden sein ehernes Gerüst:

- »Das Wissen der Menschheit verdoppelt sich alle fünf Jahre.«[88]
- »Im Internetzeitalter zählt jeder Monat wie ein Jahr!«
- »Die junge Generation ist ja viel technikaffiner als die Alten!«
- »Mein Handy kann *sooo* viele Dinge mehr als noch vor zwei Jahren.«

Dieser *Futurespeak* hat eine lange historische Geschichte – seine Wurzeln reichen bis tief ins 19. Jahrhundert zurück. Wir erzählen uns hier immer wieder aufs Neue die Erfolgsgeschichte des Fortschritts – die moderne Gesellschaft klopft sich gewissermaßen immerzu selbst auf die Schultern:

Zur Reduktion von sozialer Komplexität und Erhöhung von Kommunikationschancen entwickelte die Bürgerliche Gesellschaft des 19. Jahrhunderts eine Redeweise, die insbesondere auf die Gestaltung der Zukunft ausgerichtet war. In ihr lieferten die Begriffe »Modernität« und »Fortschritt« einen Ersatz für die verloren gegangene teleologische bzw. eschatologische Zukunftsperspektive und traten an die Stelle, wo früher Natur, Normen oder Werte als Sicherheitsspender fungiert hatten.[89]

Und wo möchte man leben, wenn nicht in der aufregendsten, riskantesten und *beschleunigsten* Phase der Geschichte? So haben auch unsere Vorfahren schon gedacht. Im Jahr 1809 heißt es in einer Flugschrift in Magdeburg:

Man sucht in der Geschichte vergeblich nach einem Gegenstück zu den Begebenheiten unserer Tage, in denen die Ereigniße so viele, von so eigener Art und in so kurzen Zwischenzeiträumen einander folgen, daß sie die Welt in Erstaunen setzen. So verschlang, wenn ich mich so ausdrücken darf, ein Heute das Gestrige.[90]

Der Hamburger Publizist Heinrich Würzer jubilierte in ähnlichem Tonfall zu Anfang des 19. Jahrhunderts, angesichts der rasanten Entwicklungen im Transport- und Kommunikationsbereich:

»Noch nie ereigneten sich so viele und wichtige Veränderungen zu gleicher Zeit als zu unseren Tagen. Nie war die Gärung in den menschlichen Gemütern so allgemein; und nie ging die Gegenwart mit so außerordentlichen Begebenheiten für die Zukunft schwanger.«[91]

Technikeuphorien: Die Ausrufung neuer Zeitalter

Als die Verlegung des ersten Transatlantikkabels im Jahr 1858 gelang, feierte man dies in New York mit Pauken und Trompeten, dem Läuten der Glocken und einem riesigen Volksfest. Die *New York Times* schrieb vom »ununterdrückbaren Ausbruch enthusiastischer Freude in allen Teilen des Landes. ... Gewehre wurden abgefeuert, die Kirchenglocken läuteten. Am Abend gab es eine Kerzen-Prozession Tausender zu Ehren des neuen Zeitalters!«[92] Als das Radio seinen Siegeszug antrat, vermuteten Kommentatoren in aller Welt den Beginn einer »Ätherzeit für die gesamte Menschheit«. Der spätere US-Präsident Herbert Hoover sprach vom »öffentlichen Interesse, verbunden mit öffentlichem Vertrauen, das das neue Medium verdient«.[93]

Besonders die »Alle-Menschen-Verbindungseuphorie«, die sich heute im Kontext des Internets erneut zu ungeahnten Höhen aufschwingt, ist in Wahrheit ein Dauerbrenner – oder auch ein alter Hut. Henry Ford schrieb 1920 in *My Philosophy of Industry*:

> Technik vollbringt in der Welt, was Menschen nicht durch Predigt, Propaganda oder das geschriebene Wort erreichen konnten. Das Flugzeug und das Radio kennen keine Grenzen. Sie verbinden die Welt, wie kein anderes System dies vermag. Der Film mit seiner Geschwindigkeit, das Radio mit seinen kommenden internationalen Programmen werden der Welt bald das gegenseitige Verständnis bringen. Auf diese Weise können wir uns die VEREINIGTEN STAATEN DER WELT vorstellen![94]

1944 kommentierte George Orwell bereits etwas lapidar die »Verbindungsmode« als eine Marotte:

Ich habe neulich eine Reihe recht oberflächlicher optimistischer und »progressiver«
Bücher gelesen, und ich war erstaunt darüber, wie automatisch die Leute gewisse
Phrasen wiederholten, die vor dem Jahr 1914 in Mode waren. Besonders beliebt sind
die »Abschaffung der Distanz« und das »Verschwinden von Grenzen«. Ich kann schon
gar nicht mehr zählen, wie oft ich der Behauptung begegnet bin, dass »das Flugzeug
und das Radio die Entfernung abgeschafft haben« und »alle Teile der Welt jetzt miteinander verbunden und voneinander abhängig sind«. [95]

Sogar »Low Tech« kann die Menschen in bestimmten historischen Situationen in technologische Verzückung bringen. Nahezu vergessen ist der
»Fahrrad-Rausch«, der den amerikanischen Kontinent in den 1860ern
und 1870ern heimsuchte.

Erhaben auf seinem 52-Inch-Rad, mit dem Wind summend in den Speichen, den
vorüberfliegenden Meilensteinen entrückt, erfährt der Fahrradfahrer die wirkliche
Bedeutung des Wortes »geflügelte Räder«, mit dem die alten Griechen den Götter-
botschafter kennzeichneten.

So schrieb der *Boston Advertiser* im Jahr 1878.[96] Für eine Gesellschaft, die
das Tempo von Fußgängern und Ochsenkarren gewohnt war, bedeuteten
Fahrräder einen regelrechten Geschwindigkeitsrausch. Auf den Hochrä-
dern der damaligen Zeit die Balance zu halten war aber alles andere als
göttlich einfach. So entstanden im Jahr 1869 in New York große Fahrrad-
schulen, die von morgens bis abends geöffnet waren:

Die Räume von Monod, Wood, Pearsall Brothers und Hanlon sind vom frühen Morgen bis spät in die Nacht, wenn die Anfänger üben, geöffnet, aber die Nachfrage
kann nicht befriedigt werden. Mr. Sommerville baut derzeit seine Kunstgalerie in der
Fifth Avenue in eine Fahrradschule um, und ein anderer Enthusiast wird demnächst
eine große Halle am Broadway eröffnen. Das große Problem ist es, genügend Fahrräder zu bekommen, denn es gibt nur vier Hersteller in dieser Stadt, die alle vollkommen überwältigt von der Nachfrage sind ...[97]

1895 wurden zwischen Brooklyn, Prospect Park und Coney Island zwei-
spurige »Fahrrad-Autobahnen« eröffnet. 1899 betrug die amerikanische
Fahrradproduktion eine Million Exemplare im Jahr – erst das Aufkommen des Automobils ließ diese Zahl innerhalb eines Jahres auf ein Fünftel
schrumpfen.

Der Schock des Alten

Der Techniksoziologe David Edgerton weist in seinem Buch *The Shock of the Old* nach, dass Technologien sich in weiträumigen Kaskaden entwickeln, in denen a) oft alte Techniken viel länger Bestand haben als gedacht, b) alte Techniken wiederkehren und c) manche Techniken, die man für langsam hält, sich viel schneller entwickeln als andere, von denen das ständig behauptet wird.

Die »schnellste Technologie« war nicht das Internet, sondern das Radio, das praktisch nur ein gutes Jahrzehnt, von 1920 bis in die vierziger Jahre brauchte, um in Amerika und dann etwas zeitversetzt in Europa nahezu 100 Prozent der Haushalte zu erobern. Auch das Fernsehen hatte es eilig – sobald die staatlichen Programme in den frühen sechziger Jahren den Sendebetrieb aufnahmen, dauerte es nicht einmal zwei Jahrzehnte, bis 90 Prozent aller Haushalte einen Fernseher besaßen – weitaus mehr, als 20 Jahre nach Einführung des PCs einen Computer ihr Eigen nennen.[98]

Für die »Penetrations-Geschwindigkeit«, mit der Technik sich in Märkten und für den Privatgebrauch durchsetzt, sind drei Faktoren bestimmend.

Erstens der Preis: Westinghouse brachte das erste Radio-Massenmodell, das Ariola, im Jahr 1921 für 25 Dollar auf den Markt. Damit war ein Massenmarkt geschaffen für ein Gerät, das noch kurz vorher nahezu 1000 Dollar gekostet hatte.

Zweitens ist die »technische Autonomie« eines Geräts von Bedeutung. Das Radiogerät hatte keine teure und mühselig zu errichtende Infrastruktur wie das Automobil (Straßen) oder das Telefon (Leitungen) zur Voraussetzung. (Die meisten Modelle der Pionierzeit liefen mit Batterien, da Wechselstrom vor allem in ländlichen Gegenden noch eine Seltenheit war.). Fernseh- und Radiosender konnte man relativ schnell flächendeckend aufstellen. Und das Radio war, anders als Autos oder Computer, einfach zu bedienen! In der Broschüre, die mit dem Ariola geliefert wurde, hieß es:

Diejenigen, die nach extremer Einfachheit suchen, werden das Ariola ideal finden. Nur zwei Einstellungen sind vorzunehmen: Die Einstellung eines Zeigers über einer eingeteilten Skala und die gelegentliche Anpassung des Kristalldetektors. Kein zusätzliches Gerät ist erforderlich, das Set beinhaltet alles Nötige: einen variablen Tuner, einen Transformator, einen Kopfhörer, eine Antenne. Alles zusammen wiegt nur fünf Pfund ...[99]

Drittens ist für das Tempo, mit dem eine Technologie den Alltag »penetrieren« kann, noch der »Humanfaktor« entscheidend. Zu jeder Technologie gehört, wie ich später genauer ausführen werde, eine »Soziotechnik des Umgangs«. Zum Radiohören und Fernsehen ist relativ wenig »Soziotechnik« nötig, und es gibt dazu einen einfachen, passiven kognitiven Zugang. Autofahren erfordert hingegen eine Menge Fähigkeiten, und das Internet ist, wie wir sehen werden, eigentlich keine »Technologie«. Sondern eine *Kulturtechnik*.

Abbildung 2.6 zeigt wichtige Schlüsseltechnologien in ihrer Durchsetzungszeit in die Haushalte. Man sieht deutlich den Unterschied zwischen stark »infrastrukturabhängigen« Technologien wie Telefon und Automobil und den »Turbo-Technologien« wie Radio und Fernsehen. Beim Automobil, bei der Elektrizität, beim (Festnetz-)Telefon mussten jahrzehntelang teure Infrastrukturen aufgebaut werden; besonders Automobile waren mehr als ein Jahrhundert unerschwinglich teuer, bevor die Massenproduktion den Weltmarkt eroberte. Telefon und Auto erfordern zudem eine Menge »Soziotechnik«. Einige der »Knicke« in der Entwicklung wurden zwar durch Wirtschaftskrisen und Weltkriege verursacht, deutlich wird aber sichtbar, dass die vollständige Durchsetzung einer Technik in den Alltag gut und gern ein Jahrhundert dauern kann – wobei es erst in der zweiten Hälfte zu einer Vermassung kommt. Beim Luftverkehr kam es erst durch die Billigflieger zu einem Ausbruch aus einer elitären Nische: Erst heute können in den Wohlstandsgesellschaften mehr als 60 Prozent der Bevölkerung das Verkehrsmittel Flugzeug nutzen.

Disruption oder Addition?

Ein weiteres klassisches Klischee unserer Technikbegeisterung besteht in der Annahme, dass jede Technik die vorausgehende vollständig auslöscht:

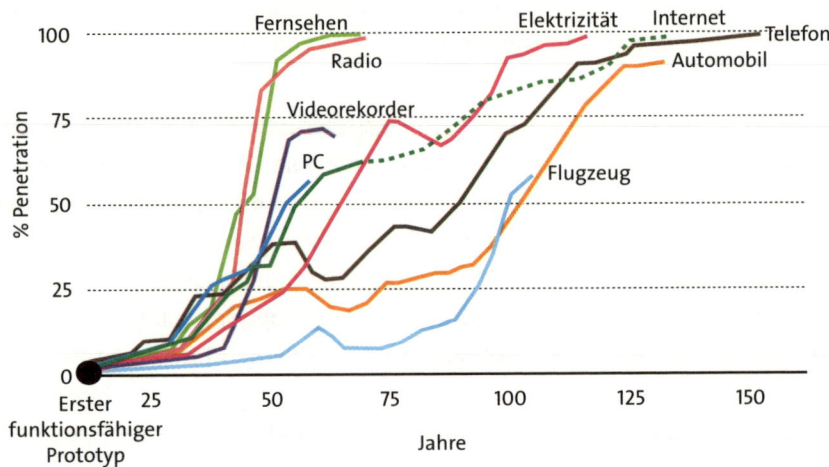

Abbildung 2.6: Einige Technologien und ihre »Durchsetzungszeit« in die Haushalte, in den Alltag.

> In der Tat glauben wir, dass der magnetische Telegraf zu einem viel größeren Wandel in unseren sozialen Institutionen führen wird, als wir heute ahnen. Wir glauben, dass der Phonograph vollkommen die Postbeförderung ersetzen wird.[100]

So der *New York Herald* am 24. Oktober 1845. Als in den späten sechziger Jahren das Farbfernsehen die Haushalte eroberte, war allen Kommentatoren klar: *Das Kino stirbt!* Wim Wenders' Kultfilm *Im Lauf der Zeit* thematisierte nostalgisch das Sterben der kleinen Kinos in der Provinz – und alle, alle glaubten es. Heute haben wir zwei, drei Fernseher in unseren Wohnungen – und die Anzahl der Kinobesucher hat sich seit den siebziger Jahren verdreifacht (nur in den letzten Jahren ging sie leicht zurück). Erinnert uns das nicht an den französischen Maler Paul Delaroche, der – als er die erste Daguerreotypie sah – in den Verzweiflungsschrei ausgebrochen sein soll: »Von nun an ist die Malerei tot!«[101]

Ebenso, wie die Malerei sich mit dem Aufkommen der Fotografie aus der puren Darstellung der Wirklichkeit zurückzog, aber dafür das Neuland der abstrakten Kunst eroberte, wandeln sich auch Technologien in neue Nutzungsformen, statt »auszusterben«. Oft löst dies sogar die zweite Blüte einer Technik aus. Das Radio erlebt derzeit eine Renaissance – Podcasting führt zu einer echten Individualisierung. Das Fahrrad erfreut sich eines kräftigen zweiten Lebens im Kontext der Fitness- und Energiesparwelle. Ein Jahrhundert fristeten Segelschiffe ein techno-evolutionäres Dornröschen-Dasein. Heute sind sie in den verschiedensten Formen, vom Nostalgie-Clipper bis zum Rennkatamaran, wieder da – als Sport- und Freizeithobby-Geräte. Auch die Personenschifffahrt erlebt ein Comeback: Mächtige Kreuzfahrtschiffe befördern jährlich wieder Millionen Menschen über die Meere.[102]

Allein in der Stadt New York gab es im Jahr 1900 150 000 Pferde, von denen jedes täglich bis zu 50 Kilogramm Dung erzeugte, alle zusammen also die saftige Menge von bis zu 7 500 Tonnen pro Tag – zu viel zur Düngung des Central Park.[103] Bis ungefähr 1915, in Europa bis in die zwanziger Jahre hinein, änderte sich an der Anzahl der Pferde in den Städten dennoch relativ wenig. Danach verschwand das Pferd zwar aus den Städten, erlebte aber in vielen anderen Bereichen eine Renaissance. In der US-Landwirtschaft diente es noch bis in die vierziger Jahre als massenhaftes Arbeitsmittel in der großflächigen Landwirtschaft. In Finnland erreichte die Arbeitspferde-Population erst in den fünfziger Jahren ihren Höhepunkt. In Großbritannien um 1920, weil die Eisenbahn nun viele Landesteile erreichte, mussten viele Güter auf der Nahdistanz an ihr Ziel gebracht werden, was zunächst nur mit Pferden gelang. Die Armee des Dritten Reiches nutzte allein 590 000 Pferde, die im Zweiten Weltkrieg weitaus mehr Truppentransportleistung erbrachten als die Eisenbahnen oder Autos.[104]

Wir tun also gut daran, in die Modelle der Technologieentwicklung das Muster der *Turbulenz* einzuführen. Als Prinzip gilt eher »sowohl als auch« als »entweder oder«. Das Bild, das wir von der Entwicklung des technischen Fortschritts zeichnen, müsste eher einer Schleifenbewegung entsprechen als einer linearen oder gar exponentiellen Kurve:

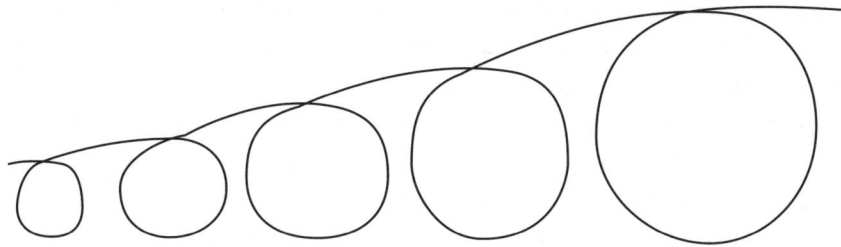

Abbildung 2.7: Die »integrierte Turbulenzkurve« des technischen Fortschritts.

Die Verlangsamung der Wissenschaft

Im Jahr 1996 erschien fast unbemerkt ein bescheidenes Buch mit dem Titel *The End of Science* (dt.: *An den Grenzen des Wissens*).[105] Der Autor John Horgan stellte darin eine gewagte These auf: Alle wichtigen Erkenntnisse der Wissenschaften sind im Grunde schon gemacht. Weitere Durchbrüche sind nicht zu erwarten. Das, was wir heute über das Universum wissen, markiert bereits die »Grenze der Erkennbaren«.

Natürlich hagelte es von den Koryphäen aller Disziplinen abfällige Kommentare. Die Zeichen der Zeit schienen in die gegenteilige Richtung zu weisen. Nach Horgans Invektive ging der Science-Hype erst richtig los. Stephen Hawking, der behinderte Pop-Astronom, versetzte das Publikum auf allen Bühnen der Welt in Begeisterung für Wurmlöcher und 11-String-Universen. Medienprofis wie Craig Venter inszenieren das Rennen um die Gen-Entschlüsselung wie ein globales Sportereignis. In allen Fernsehprogrammen finden wir heute rund um die Uhr Wissenschaftsmagazine, in denen unermüdlich demnächst bevorstehende *bahnbrechende* Durchbrüche verkündet werden!

Aber gerade dieses Getöse verdeckt nur mühsam, dass Horgan womöglich gar nicht so falsch liegt. Zieht man den Entertainment-Effekt ab, bleiben die Ausbeuten an der Wissenschaftsfront in den letzten Jahrzehnten eher gering. Vieles, wenn nicht alles, erweist sich als Detailverbesserung. Vieles Sensationelle stellte sich als Forschungsbetrug heraus – Supraleitung, Heilung von Krebs, Genforschung, hier gibt es seit Jahren große Skandale, in denen Werte gefälscht und Experimente getürkt wurden. Ein Phänomen, das womöglich etwas über die Verzweiflung aussagt, mit der die Forscher sich an den »last frontiers« der Wissenschaft die Zähne ausbeißen.

Wir können heute zumindest konstatieren, dass die Wissenschaften wichtige Fragen immer weniger beantworten. Wir wissen zwar immer mehr, aber wir werden nicht klüger.

Was wahrhaft schmerzt, ist der weitgehende Wegfall jener Heils- und Zukunftserwartung, die zutiefst mit dem technischen Fortschritt verbunden ist. So, wie es aussieht, wird man keine Antigravitation entdecken, weder Tachyonenenergie noch Telepathieapparate verhelfen uns zu übermenschlichen Leistungen, es wird keinen Warp-Antrieb geben, und ob die vielgepriesene und ersehnte Fusionsenergie jemals die »Energieprobleme für immer lösen« wird, steht noch nicht einmal in den Sternen.

Ähnlich wie Horgan argumentieren auch Jonathan Huebner und Ted Modis. Beide haben sich mit der Geschwindigkeit des technischen Fortschritts auseinandergesetzt und versucht, dafür Algorithmen zu entwickeln. Huebner, ein US-amerikanischer Physiker, maß die Durchbruchsinnovationen seit dem Mittelalter und kommt zu dem Ergebnis, dass die Rate der Patente und durchschlagenden Innovationen seit etwa 1920 *ab- statt zunimmt.* Und der Wissenschaftler und Zukunftsforscher Modis behauptet: Die Entwicklung der »Welt-Komplexität« ist heute auf ihrem Höhepunkt angelangt. Wir leben im *Zenit* des Fortschritts, nicht in seiner Beschleunigungsphase![106]

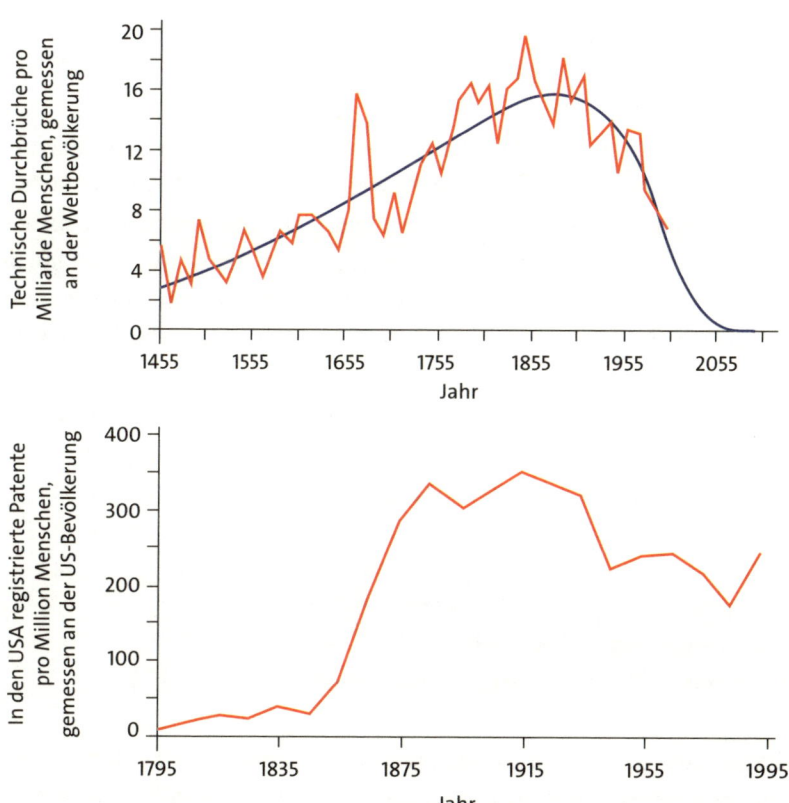

Abbildung 2.8: Technische Durchbrüche in Relation zur Weltbevölkerung, nach Jonathan Huebner.

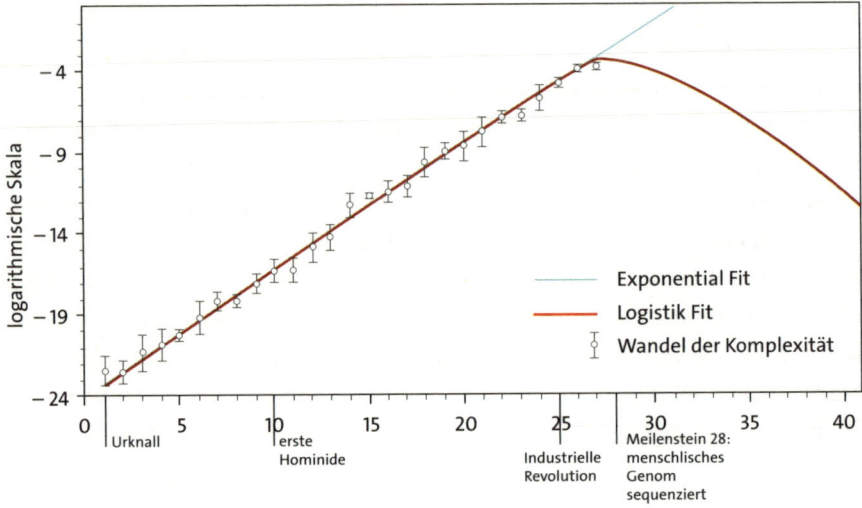

Abbildung 2.9: Komplexitätsentwicklung des Universums, nach Ted Modis.

Vielleicht entstehen neue Erkenntnisse heute nicht mehr in den Zentren, sondern in den Schnittmengen der Wissenschaften, in den unscharfen Feldern *zwischen* den Disziplinen. Wo Physik auf Neurowissenschaften trifft, Psychologie auf Biologie, Anthropologie auf Ökonomie, *dort* sprühen die Funken der Erkenntnis. Wissenschaft in Zukunft wird immer mehr das, was der Wissenschaftspublizist John Brockman »die Dritte Kultur« nennt: »Syn-Sciences«; Geistes-, Natur- und Humanwissenschaften fusionieren. Der Fortschritt nimmt im 21. Jahrhundert einfach eine andere Gestalt an. Er wird mentaler, systemischer, *geistiger* als der naturwissenschaftliche Fortschritt des mechanischen Zeitalters.

Technik versus Soziotechnik –
Wie Menschen Technik annehmen (oder eben nicht)

Im Alltagsleben der australischen Aborigines vom Stamm der Yir Yoront spielen Steinäxte seit Jahrtausenden eine wichtige Rolle. Sie dienen zum Holz schlagen, Tiere töten und zum Anfertigen kleiner Kunstgegenstände.

Im Jahr 1952 widmete der Anthropologe Lauriston Sharp eine Studie dem Versuch von Missionaren, die Nahrungsgrundlage der Yir Yoront zu verbessern. Diese hatten Stahläxte, die den Steinäxten durch ihre ungleich schärferen Klingen haushoch überlegen waren, an alle Stammesmitglieder verteilt. Nun konnten auch Frauen Tätigkeiten verrichten, die sonst den Männern vorbehalten waren, und auch die Jüngeren hatten Zugang zu Produktionsmitteln. Die Aborigines hatten mehr Zeit für Bildung, sie mussten sich nicht mehr um die allernotwendigsten Grundlagen des Lebens kümmern.

Zur Überraschung verbesserte sich die Lebenssituation der Aborigines nach dem Austeilen der Stahläxte keineswegs. Im Gegenteil. Der Stamm machte einen sozialen Niedergang durch. Die Yir Yoront nutzten die gewonnene Zeit nicht, sondern schliefen einfach mehr. Alkoholismus setzte ein, Streits häuften sich, bis hin zur schweren Körperverletzung. Sogar von zunehmenden Vergewaltigungen und Kindesmissbrauch war die Rede. Gesundheitszustand, ökonomische und soziale Aktivitäten des Stammes erlitten erhebliche Einbußen. »Zum Schrecken der Missionare«, so schreibt Everett Rogers in seinem Buch *The Diffusion of Innovations*, »begannen die Männer, ihre Töchter und Frauen zu prostituieren, um in den Gebrauch von Stahläxten von anderen Stammesmitgliedern zu kommen.«[107]

Durch das wahllose Austeilen der Stahläxte, so erkannte Sharp, erlebten die Älteren einen rapiden Autoritätsverlust. Die originalen Steinäxte waren kunstvoll gefertigte Einzelstücke, die von Generation zu Generation vererbt wurden. In der Hand von wenigen »weisen Männern« blieben sie ordnende Symbole von Macht und Einfluss.

Das Beispiel wirft Fragen auf, die bis in die moderne, technische Zivilisation reichen. Kann ein 100-Dollar-Computer, wie er von Nicholas Negroponte, dem umtriebigen Propagandisten des »Being Digital«, auf den Weltmarkt gebracht wurde, tatsächlich die Situation der Armen und Entrechteten verändern? Ist Technologie die *Ursache* oder die *Wirkung* sozialer Wandlungsprozesse? Wie existenziell ist ihr Gebrauch, ihre Wirkung und Funktion, mit den »Soziotechniken« einer Gesellschaft verbunden?

Männer mit Hut, Frauen in Schürze:
Die Soziotechnik der Küche

In den Zukunftsbildern der fünfziger Jahre spiegeln sich die Rollenbilder der Nachkriegsära. Wir sehen Männer mit Hut, die fröhlich winkend ins futuristische Atomauto steigen, um ins Büro zu fahren, das sich in raumschiffartigen Riesengebäuden befindet. In der Tür des Bungalows winkt ebenso fröhlich eine wespentaillengeformte Hausfrau. An ihrer Seite Robbi, der fröhliche Hausroboter, der in seiner Körperform und mit vorgebundener Schürze an wen erinnert? Natürlich an »die gute Emma«, die Haushälterin früherer Tage. Oder an die Großmutter, die in vielen Kulturen haushälterische und auch erzieherische Funktionen übernahm.

Als »Soziotechnik« propagiert wird hier die neue, im Wortsinn »nukleare« Kleinfamilie, in der die haushaltlichen Dienstleistungen durch Technologie ersetzt werden. In dieser Welt waren die Männer frei, sich voll und ganz der Erwerbswelt zu widmen. So konnten sie reibungslos in die Kaste der »Organisation Men« aufsteigen, in jene Schicht der aufsteigenden Angestellten in Großunternehmen, welche die Gesellschaft der Industriegesellschaften bis heute dominieren.

Freeman Dyson beschreibt in seinem Buch *Die Sonne, das Genom und das Internet* die Haushaltswelt *vor* der technisierten Hyperwelt folgendermaßen:

> In meiner Kindheit in England in den zwanziger Jahren beschäftigte meine Mutter in ihrem Haushalt vier Hilfskräfte; eine Köchin, ein Hausmädchen, ein Kindermädchen und einen Gärtner. Wir hielten uns nicht für reich. Mein Vater war Lehrer. Wir waren eine durchschnittliche Mittelschichtsfamilie. Damals brauchte eine durchschnittliche Mittelschichtsfamilie vier Hilfskräfte, denen sie die schwere Arbeit des Kochens und Putzens, die Beaufsichtigung der Kinder und der Gartenarbeit übertragen konnte ... Dank ihres Hauspersonals hatte meine Mutter Zeit, sozial nützliche Projekte wie eine Beratungsstelle für Geburtenkontrolle zu organisieren.[108]

In der Dienstbotengesellschaft konnten bürgerliche Frauen sich bilden und eine Vielzahl von teilberuflichen und gesellschaftlichen Engagements eingehen, ohne ihrer Familienrolle zu vernachlässigen.

In den »nuklearen« Haushaltsstrukturen der Nachkriegszeit wurden diese Optionen jedoch zerstört. Die steigende Berufsmobilität veränderte auch die Generationsbindungen; Eltern oder Großeltern wohnten nun immer häufiger Hunderte von Kilometern entfernt. Am Rande der Städte wucherten, als utopische Zielorte des Mittelschichtslifestyle, die »Suburbias« mit ihren Reihenhäusern, Bungalows und Villen, mit ihren Straßennamen wie »Lindenweg« oder »Paradiessteig«.

Suburbia, das war auch das Reich der weiblichen Depression, die in den sechziger Jahren zu einer stummen Epidemie anwuchs. In den Bungalows saßen die Frauen nun den ganzen Tag alleine zu Hause, umgeben von einer Armada von immer fantastischeren Haushaltsgeräten, die leider nie an die Qualität der alten »Minna« anschließen konnten. Die Männer kamen immer später nach Hause, denn der industrielle Aufschwung forderte das Opfer (männlicher) Arbeitskraft.

Gerade die Technisierung des Haushalts bedeutete für die Frauen eine doppelte Demütigung. Einerseits *entwertete* Technologie Hausarbeit; die Botschaft lautete: *Das ist so einfach, das können Maschinen auch!* Andererseits wollen Maschinen, wie wir alle (in nüchternem Zustand) wissen, bedient, gewartet, verstanden, repariert werden. So wurden die Frauen zu Bedienpersonal degradiert – über- und unterfordert zugleich.

In der utopischen Überhöhung des Techno-Haushalts durfte Unzufriedenheit gar nicht erst aufkommen – schon *morgen* wird ja alles viel, viel besser und automatischer werden! (»*Sie soll es leichter haben!*«, wie es eine Siemens-Reklame Ende der fünfziger Jahre formulierte). In den späten Sechzigern wird der utopische Haushalt dann als automatische, robotronische Kommandozentrale dargestellt, in der Servierwägelchen hin- und herfahren und Roboterhände den Kuchen in den Ofen schieben – gesteuert von der stets fröhlichen Hausdame, deren Gatte Pfeife raucht. *Der Herr des Hauses hat ja alles bezahlt – nun kann er sich entspannen!*

Das Beispiel der utopischen Haushaltstechnologien zeigt, wie eng Techno-Visionen mit sozialen Rollen verzahnt sind. Technologie kann unterdrückerisch sein, gerade wenn sie blitzblank, fröhlich und visionär einherkommt! Umgekehrt stammen die wichtigsten Errungenschaften des Fortschritts *eben nicht* aus dem Reiche Technotopia, sondern aus *sozialen* Veränderungsprozessen. Dass die Antibabypille einen dermaßen schnellen Markterfolg verzeichnete, lag nicht zuletzt an der emanzipatorischen Stimmung, die in den sechziger Jahren die westliche Kultur erfasst hatte. Dass Eltern heute ihre Kinder weniger schlagen, dass Frauen bestimmen, wen sie heiraten, und sich auch leichter trennen können, all das hat mit

Technik nur am Rande zu tun. Können wir wirklich die Probleme der alternden Gesellschaft mit »Ambient Assistance Living« lösen, wie es uns schon seit Jahrzehnten prophezeit wird? »Eine Matratze, die Atmung und Herzfrequenz misst und an den Hausarzt übermittelt, ein in den Fernseher integrierter virtueller Butler, der Korrespondenz und Bankgeschäfte erledigt und auf Zuruf eine Videoverbindung zu Pflegepersonal oder Verwandten herstellt, eine Toilette, die Blutzucker misst und drahtlos eine implantierte Insulinpumpe steuert, ein Teppich, der Alarm auslöst, wenn ein Mensch auf ihm nicht steht, sondern liegt – an Ideen mangelt es nicht.«[109]

Technik versus Verhalten: das Beispiel Nahrungsmittel

In den Forschungslabors der Nahrungsmittelindustrie wird heute mit enormer Euphorie nach den »Novel Foods« geforscht, die Krankheiten wie Krebs, Herzinfarkt, Schlaganfall, Diabetes, Alzheimer verhindern oder zumindest bremsen können. In den Supermärkten türmen sich die Paletten mit angereicherter oder abgereicherter Nahrung (»Weniger Fett, mehr Vitamine, Spurenelemente, Ballaststoffe!«). Gleichzeitig häufen sich alarmierende Zahlen aus dem Reich der Volksgesundheit: Adipositas, die Fettleibigkeit, ist ebenso auf dem Vormarsch wie Diabetes.

Wie passt das zusammen? Warum ist das Ergebnis von hunderttausend Ernährungsratgebern, Legionen von »Superdiäten mit Erfolgsgarantie« und tausend Innovationen der Lebensmittelindustrie nicht ein Plus, sondern eher ein *Minus*? Die Antwort liegt in unseren genetisch verankerten Essmustern. Diese sind von der archaischen Neigung des Körpers geprägt, in Überflusssituationen mit Reservebildung zu reagieren. Wenn Kalorien an jeder Ecke vorhanden sind, bleibt der alte Jäger, die alte Sammlerin in unserem Stammhirn misstrauisch: *Es könnte bald knapp werden!*

Techniken, die uns *eigentlich* zu mehr Gesundheit via Ernährung verhelfen sollen, werden an diesem Punkt kontraproduktiv. Die Diät-Cola ist zuckersüß, aber hat keinen Zucker und keine Kalorien mehr. Sie lässt uns »hungern« und stimuliert gleichzeitig unsere Geschmacksnerven. Die fette Schokolade ohne Fett suggeriert das kalorische Paradies, ist aber eine Sinnestäuschung. So wird die Belohnungsspirale immer weiter-getrieben. Untersuchungen mit adipösen Kids in den USA wiesen nach, dass nach dem »Verzicht« eines fettreduzierten Produkts immer gleich eine »Belohnung« hinterhergeschoben wird. Erst ein fades Cornflakes-Produkt für die »Gesundheit« – dann sofort ein ordentliches Sahneeis als Kompensation!

Nur dauerhafte Verhaltensänderung im Sinne einer balancierten Energiebilanz, eines genussvollen *relaxed eating* – also eine *soziale* Technik – kann an der Ernährungsfront etwas verändern. 70 Prozent aller chronischen Krankheiten, an vorderster Stelle die kardiovaskulären Er-krankungen, sind ernährungs- und verhaltensbedingt. Neben der »Tech-nik« des balancierten Essens geht es auch um eine nachhaltige Zunahme der körperlichen Bewegung. So können wir die derzeitige Joggingwelle als Versuch definieren, die Immobilität, zu der die technische Umwelt uns verleitet, zu kompensieren. Wir bekämpfen mit Soziotechnik die Folge-schäden von Technologien. Auch, wenn wir Hightech-Turnschuhe tragen, wissen wir, dass wir »die Beine in die Hand« nehmen müssen, wenn wir nicht verfetten, verdummen und frühzeitig vergreisen wollen.

Der technologische Grenznutzen

Der Grundkonflikt zwischen Technik und Soziotechnik wird sich im 21. Jahrhundert an einer Vielzahl von Fronten abspielen. Am Beispiel der Medizin kann man dies weiter verdeutlichen. Heutige Generationen sind prinzipiell gesünder, leben länger, haben bessere Zähne, Haut und Haare als vorangegangene. Die Lebenserwartung wird auch in diesem Jahrhun-dert weiter steigen. Allerdings weisen viele Anzeichen darauf hin, dass die Zuwächse geringer ausfallen. Und dass die Kosten-Nutzen-Relationen zwischen dem technischen Fortschritt der Medizin und dem Gesund-heitsstatus der Menschen neu berechnet werden müssen.

Wenn die Lunge – dieses höchst komplexe und empfindliche Organ – durch Rauchen oder chronische Infektionen geschädigt wird, kann keine Technologie der Welt die Schäden wieder reparieren. Wer ein-mal gesehen hat, wie sich Patienten einer Lungen-Transplantations-Klinik drei Tage nach der Operation die nächste Zigarette anzünden, weiß, wie Soziotechnik die Medizintechnik schlägt! Selbst, wenn die Wissenschaft rapide gentechnische Fortschritte macht, wenn wir »Zweitorgane« züchten (in Schweinen oder im Reagenzglas aus Stammzellen), wird dies kaum Leiden vermindern. Vielleicht sogar das Gegenteil: Menschen würden noch sorgloser mit ihrer Gesundheit umgehen.

Gesundheit kann durch Technologie nur sehr begrenzt wiederhergestellt werden. Sie geht vor allem durch Verhaltensweisen und simple Zeit verloren, und wie wir neuerdings wissen, durch geringe Bildung. Doch könnte man nicht einfach die »systemischen« Potenzen der Technologie nutzen, um Verhaltenweisen zu verändern? Die Toilette, die die Urinwerte misst, elektronisches Monitoring, das die Herzwerte direkt zum Arzt überträgt, implantierte Chips, die Cholesterinwerte übertragen. All das ist technisch machbar – und soziotechnisch Unsinn! Man versuche, einen fresssüchtigen, übergewichtigen, herzinfaktgefährdeten Diabetiker davon zu überzeugen, seine Herzwerte »monitoren« zu lassen: Entweder er ändert seine Ernährungs- und Lebensweise aus eigenem Antrieb. Oder er will überhaupt nicht wissen, wie es um ihn steht.

Die Turbulenzen, die unsere öffentlichen Gesundheitssysteme befallen haben, weisen auf diesen sinkenden Grenznutzen der Hightech-Medizin hin. Der zunehmende Hang zur »magischen« Medizin – zu allen möglichen spirituellen und esoterischen Heilmethoden – bedeutet nichts anderes als einen kollektiven Exodus aus technisch-rationalen Medizinsystemen.

Noch ist keine Pille gegen Suchtneigung und Lebensunglück, gegen Unachtsamkeit gegenüber dem eigenen Körper und den Hang zur Selbstzerstörung erfunden, keine Operation hilft gegen bescheuerten Umgang mit dem eigenen Körper und der eigenen Seele. Und meine These ist: Das wird auch niemals der Fall sein. *Dieses* Problem müssen wir anders lösen.

Haben Postkarten eine Zukunft?

Auf einem Business-Kongress traf ich unlängst einen Postkartenverleger. Er war 35 Jahre jung und hatte kürzlich ein Unternehmen von seinem

Vater geerbt, das jährlich 20 Millionen Postkarten vertrieb. Landschaften. Buchten. Gebäude. Nackte Hintern. Sonnenuntergänge. Putzige Tiere. In 28 Sprachen in 34 Ländern. Die Umsätze gingen seit Jahren zurück. Er war in Doomsday-Stimmung, was die Zukunft seines Gewerbes betraf: *Ich denke manchmal, ich sollte den Laden zumachen. Die Kids schicken doch in zehn Jahren nur noch Mail-Postkarten. Oder nur noch SMS mit dem Handy.*

Beschäftigen wir uns, bevor wir ein Urteil fällen oder einen Ratschlag geben, ein wenig mit der sozialen Grammatik der Postkarte. Eigentlich dürfte es sie schon seit Erfindung des Telegrafen nicht mehr geben. Sie kommt immer zu spät, und zwar oft um Wochen. Sie zeigt: Buchten, Strände, öffentliche Gebäude, die man schon tausendmal gesehen hat. Wir wissen nie, was wir auf ihrer Rückseite schreiben sollen. Und dennoch schicken wir nach wie vor Abermillionen Postkarten. Warum tun wir das? Natürlich aus sozialen Gewohnheiten. Diese haben erkennbare Wurzeln in einer Zeit, als Reisen noch ein seltenes Privileg war. Die Postkarte erlebte ihren ersten Boom im Bädertourismus um 1900, als das Bürgertum wochenlang in Davos, Wiesbaden, Bad Gastein, den römischen Thermalquellen »zur Kur fuhr«. Die Langeweile vertrieb man sich mit dem Schreiben von Grüßen an die ausgedehnte Verwandtschaft.

Heute haben sich die Motive etwas verändert. Wie Uta Brandes in *Der digitale Wahn* schreibt:

> Die Urlaubspostkarte hält die Verbindung zum Da-Sein bei Abwesenheit aufrecht, manifestiert das Recht, zurückkehren zu können: das Anrecht auf den Arbeitsplatz. Der Platz wird durch die unsichtbare, da abwesende Person sichtbar gehalten. Das Bild auf der Rückseite der handschriftlichen Grüße verifiziert und beweist den Tatort, an dem sich die von der Arbeit temporär befreite Arbeitsperson legitimiert aufhält.[110]

Könnte man all dies nicht auch mit moderneren Mitteln bewerkstelligen? Digitalkameras und Breitband-Mail ermöglichen uns *Simultanität* und *Personalisierung*. Wir könnten also *uns selbst* vor der schönen Bucht inszenieren. Kleine witzige Filme schicken. Und die Botschaft kann *sofort* bei unseren Lieben oder Kollegen ankommen!

Aber genau damit würden wir die Soziotechnik der Postkarte zerstören. Deren Grammatik besteht ja gerade darin, dass sie eine gewisse Anonymität, eine soziale Distanz, eine kommunikative Reduktion ermöglicht. Die

Worte *und* Bilder sind unverbindlich, die Botschaft zeitversetzt, die Fotos allgemein – das hat seinen Sinn. Postkartenschreiben ist ein Beispiel für die vielfältigen sozialen Distanztechniken, mit denen wir uns Menschen »on hold« halten. Postkarten sind Nischenbewohner eines Kommunikationskosmos, in dem *zu viele zu intime* Botschaften *simultan* unterwegs sind. Postkarten werden schon deshalb überleben, weil man sich im Urlaub nicht nur langweilt, sondern auch *langweilen will.* Ihr Auswählen und Schreiben ist ein Ritual der Entschleunigung, eine wunderbar entspannte Blödsinnigkeit. Etwas zutiefst Menschliches.

Der soziotechnische GAU: Die E-Mail

Ohne Zweifel besetzt die E-Mail im Konzert moderner Kommunikationsformen eine besondere Stellung. Die E-Mail ist *sowohl* zeit-asynchron (ersetzt also den Anrufbeantworter) *als auch* ein Just-in-time-Medium. Sie ist hochgradig interaktiv, aber eben auch flexibel, was die Zeit des Antwortens betrifft. Sie überträgt sowohl Schrift wie auch Bild und Dokumente, an Einzelne oder viele, was für Business- oder Administrationsanwendungen wichtig ist. »Schick mir mal eine E-Mail« ist deshalb der kommunikative Zauberspruch der Neuzeit.

Aber gerade weil die E-Mail so flexibel ist, benötigt ihr Gebrauch eine hohe soziale Kompetenz. Die E-Mail tendiert, driftet, drängt zur schlampigen, unverbindlichen Kommunikation; man tippt mal eben so was hin, *und kümmert sch nicht besnoders um die Rchtscheibung* ... Die E-Mail tendiert zu emotionaler Eskalation (schnell hat man einen beleidigenden Tonfall drauf; das unmittelbare Kontrollinstrument der menschlichen Stimme fehlt, es »rutscht« einem etwas in die Tastatur). Und die E-Mail scheint sich auf geheimnisvolle Weise zum ökonomischen Missbrauch zu eignen. Sie zieht unerwünschte Informationen über Riesenpenisse, Glücksspiele, gefälschte Uhren, illegale Medikamente, nigerianische Geldtransfers magisch an.

So wie es aussieht, wird das Medium E-Mail auf seinem Siegeszug als neues Universalmedium auf halber Strecke stecken bleiben. Der Grund liegt auch hier nicht in der Technik, sondern in der *Soziotechnik.* Dabei wäre alles ganz einfach, wenn sich die fünf Regeln der »Netiquette« auf breiter Front allgemeinverbindlich durchsetzen ließen:

- Schicke niemandem eine Mail, wenn er dies wahrscheinlich nicht wünscht. (Spamregel)
- Schicke nur dann eine Mail, wenn Du wirklich etwas mitzuteilen hast. (Müllregel)
- Antworte auf Mails *immer* spätestens innerhalb 24 Stunden, und zwar persönlich, auch wenn es nur eine knappe Aussage oder ein Verweis auf spätere Reaktion ist. (Verbindlichkeitsregel)
- Achte auf die Rechtschreibung. Vermeide Smileys und große Verteilerkreise. (Aufmerksamkeitsregel)
- Für hochemotionale, sehr wichtige Mitteilungen und komplexe Abstimmungen verzichte auf die Mail und wechsele zum Medium Telefon. (Emotionsregel)

Wir alle wissen, dass keine dieser fünf Grundregeln tatsächlich »trägt«. Die E-Mail ist heute Werkzeug für subtile Machtspiele, um Leute zappeln zu lassen oder im Ungewissen zu halten. Ebenso dient sie als Waffe im Informationsoverkill: Mit »attachments« kann man ganze Feldzüge führen, in denen der Gegner nur kapitulieren kann. All das führt zu einer Krise des Mediums. Immer mehr Firmen gehen dazu über, »E-Mail-freie Freitage« einzuführen. Die Kaffeemaschine auf dem Flur hat sich als weitaus kommunikativer und produktiver erwiesen als das Verwalten der diversen spamverseuchten elektronischen Postkästen.

Die »soziotechnische Drift«

Am Beispiel Handys lässt sich ein weiterer, interessanter Effekt studieren, den wir als »soziotechnischen Drift« bezeichnen:

> Mobiltelefone sollen mit daran schuld sein, dass immer mehr Menschen im Zuspätkommen kein Problem mehr sehen. Solange man den Wartenden per Handy Bescheid geben kann, sei es nicht schlimm, wenn die vereinbarte Zeit überschritten werde, gaben fast 40 Prozent der Teilnehmer einer Umfrage in England an. Dabei seien durchschnittliche »Wartezeiten« für Freunde oder Bekannte von 47,2 Minuten

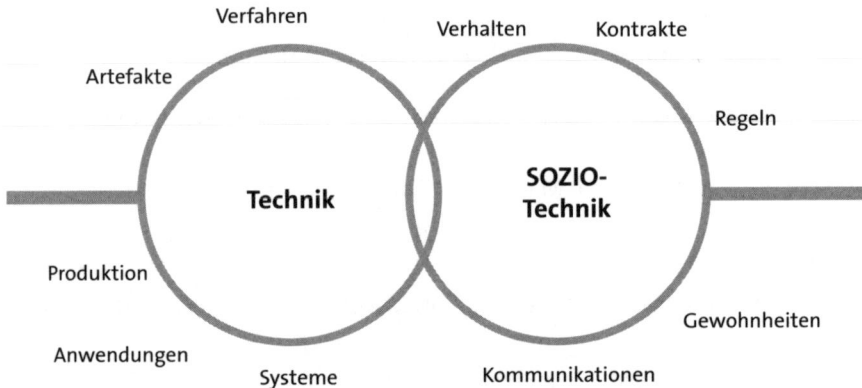

Abbildung 2.10: Technik und Soziotechnik bedingen und überschneiden sich.

ermittelt worden. Auch im Berufsleben sei ein Trend zum Hinnehmen von Verspätungen zu beobachten. London erwies sich als Hauptstadt der »Zuspätkommer«: 41 Prozent der befragten Londoner gaben zu, nie ganz pünktlich zu sein – im Vergleich zu 28 Prozent im Landesdurchschnitt.[111]

»Zuspätkommen« ist nichts anderes als die Zelebrierung sozialer Macht. Wer zu spät kommt, zeigt, dass er am längeren Hebel sitzt. Hier wird also nicht eigentlich kommuniziert, sondern »hierarchisiert«. Die angeblich so demokratischen Netzwerk-Kommunikationstechniken werden in den alten Kontext unserer Sozialhierarchien eingemeindet.

An der Geschichte des Telefons kann man den Kulturschock, den neue Technologien mit sich bringen, aber auch die Hartnäckigkeit kommunikativer Strukturen idealtypisch studieren. Marcel Proust wurde von Telefonstimmen an Stimmen aus der Unterwelt erinnert, Freud verglich die Situation des Telefonierens mit der der Psychoanalyse.[112] Plötzlich sind wir mit Menschen konfrontiert, die in überfüllten Bussen ihre Intimitäten preisgeben. Auf jeder Versammlung klingelten bis vor kurzem mindestens drei Handys, allen Beschwörungen des Moderators zum Trotz. Und *wie* sie klingelten! Mit Schweinegrunzen, dem Plappern der zweijährigen Tochter oder dem Abspielen des heimatlichen Harmoniums.

Das Handy zeigt, wie unterschiedlich Kulturen Kommunikationstechniken adaptieren. In Italien kann man heute keine normale Konversation mehr führen, weil das Handy das primäre Referenzsystem darstellt; dort gilt es als *unhöflich*, einen Anruf nicht entgegenzunehmen, und sein

Handy abzuschalten kommt einem Affront gleich. Eine Reminiszenz der alten, großfamiliären Sozialstrukturen, die den *physischen* Gesprächspartner wie einen dummen August aussehen lässt. In den asiatischen Großstädten ist das Handy ein »Identity Device« – nahtlos mit seinem Träger verschmolzen, gibt es Auskunft über dessen Status, Geschmack und Kultur. In Afrika leistet es hilfreiche Dienste beim Herstellen von Marktverhältnissen: Statt drei Tage in die nächste Stadt zu reisen, können die afrikanischen Bauern nun über das Handy die aktuellen Preise erfahren. In den Bürgerkriegen Kenias half es, hysterische *Riots* zu organisieren, bei denen es zu Mord und Totschlag kam.[113]

Das »Social Teasing« der Jugendlichen, die mit SMS, E-Mail und anderen Distanzmedien ihre soziale Umwelt gestalten, macht die Adoleszenz zu einem neuen sozialen Raum. Jugendliche steuern heute komplexe soziale Netzwerke. Verliebtheiten, Leidenschaften, harmlose Flirts werden in einem ständigen »Ranking« und »Scanning« ausgetauscht. Viele unsere Kinder pflegen Handy-Flirts, Mail-Affären, SMS-Leidenschaften, in denen es überhaupt nicht mehr zur physischen Begegnung kommt. Diese Welt der distanzierten Leidenschaften spiegelt sich im »Freischaltprinzip« der Internet-Partnerschaftsagenturen: Man »nähert« sich über die E-Mail, später telefoniert man, erst *dann* wird das Bild auf der Website freigeschaltet. Manche halten das für »entfremdet«, In Wirklichkeit liegt darin ein konservatives Prinzip. Die Annäherung erfolgt nicht mehr über die anstrengende Körperlichkeit und erotische Präsenz. Die elektronischen Medien »vergeistigen« in gewissem Sinne die Liebe wieder. »Digitale Minne« könnte man jene Kulturtechnik nennen, in der unsere Kinder sehr lange virtuell üben, bevor sie sich entscheiden.

Kaum hat die Handy-Abdeckung ihren sagenhaften Zenit erreicht (in den Wohlstandsländern heute bei annähernd 100 Prozent), »kippen« die Gewohnheiten schon wieder. Eine Studie des User Adoption Lab der Swisscom im Jahr 2007 kam zu folgenden Ergebnissen:

- Wider Erwarten verschwindet der Telefonanschluss nicht, sondern rekonfiguriert sich als »öffentliches Familientelefon«. Zunehmend wird von der Freisprechtaste Gebrauch gemacht, sodass *mehrere* Familienmitglieder mithören können.

- IM (Instant Messaging) und Voice-Over-IP mutieren zu privaten All-
  tagsorganisationskanälen; sie laufen im Hintergrund, während man
  etwas anderes macht.
- Die Vision vom »Reisenden Wissensarbeiter« ist eher eine Illusion.
  Reisende Business-Menschen kommunizieren zwar ständig von
  unterwegs, arbeiten aber selten konzentriert mit dem Laptop, den sie
  stattdessen in seiner Funktion als Kommunikations-Tool benutzen.
  Konzentrierte Arbeit benötigt eben immer noch ein ruhiges, von Um-
  weltreizen abgeschottetes *setting*.
- Die intensivsten Nutzer von Bild-Breitband-Kommunikation sind Mi-
  granten. Menschen, die von ihren Verwandten über Kontinente getrennt sind, installieren in ihren Wohnungen nicht selten aufwendige
  Video-Bildübertragungssysteme, auch wenn ihr Einkommen eher
  gering ist. Die Studie fand sogar Beispiele, wie Migrantenkinder über
  eine freie Skype-Video-Verbindung Hausaufgaben mit ihrer Tante in
  Spanien oder in Oman machten.

Am Ende des Quasselzeitalters, das die Handys eingeleitet haben, scheinen wir wieder zu verstummen. Es gibt einen massiven Trend zum Tex-
ten »Die Benutzer zeigen eine wachsende Präferenz für halbsynchrones
Schreiben – und das schlägt deutlich die synchrone Sprachkommunika-
tion«, sagt die Leiterin der Studie, Stefana Broadbent.[114]

Die langen techno-sozialen Zyklen

Mitte der sechziger Jahre kaufte mein Vater einen kleinen amerikanischen Traum. Unser Ford 17M, mit wunderschönen Stromlinienflügeln
und gezackten Chromlinien an den Seiten, wurde zum Stolz der Familie.
Im Sommer fuhren wir jedes Wochenende und in den Schulferien von
unserem Wohnort Kiel nach Hohwacht, ein kleines Feriendorf. Ich
erinnere mich noch genau an die Körperhaltung meines Vaters. Den
Rücken energisch durchgestreckt, saß er mit einem *Hut* auf dem Kopf
am Bakelit-Steuer. Und fuhr auf eine beeindruckende Weise *geradeaus*.

Geradeaus fahren – das war der automobile Zeitgeist der frühen Massenmobilisierung. Die knapp 50 Kilometer an die Ostsee legten wir auf der B 202 zurück, die damals, wie viele alte Landstraßen, gerade »modernisiert« worden war, man hatte alle Alleebäume entfernt, Ortsdurchfahrten eliminiert und die Strecke begradigt. Gerade deshalb wurde die Strecke zur Todesstrecke. Die stolzen Besitzer der Wirtschaftswunder-PS neigten zum Überholen vor unüberschaubaren Kuppen. Es verging kein Wochenende, an dem wir nicht an zwei, drei Wracks vorbeikamen, die meist lichterloh brannten.

Geradeaus fahren. Unser schnittiger 17M kannte keine Sicherheitsgurte, geschweige denn Airbags. Das Lenkrad aus grauem Bakelit: beim Aufprall eine tödliche Waffe, die Sitze: gerade und flach, die Karosserie: aus hartem Stahl. Im Jahr 1970 hatte der Blutzoll auf den (west)deutschen Straßen mit unfassbaren 21 332 Unfalltoten seinen absoluten Höhepunkt erreicht. Heute kommen in Gesamtdeutschland etwa 5 000 Menschen jährlich auf den Straßen ums Leben, bei einer Fahrleistung, die sich inzwischen nahezu *verzwanzigfacht* hat! 1953 kamen auf 100 000 Kraftfahrzeuge noch 265 Getötete, im vergangenen Jahr 2006 zwölf. Nach den Verkehrstotenraten des Jahres 1970 müssten heute auf deutschen Straßen hochgerechnet jährlich etwa 160 000 Menschen sterben!

Die sechziger Jahren waren die Ära des Triumphs der Automobilität. Zum ersten Mal konnten sich Arbeiter und einfache Angestellte ein Auto leisten – nicht einmal die entfesselte Produktionsmaschine der Nazis hatte dieses Versprechen erfüllen können. Automobilität blieb aber immer noch archaisch, roh und gefährlich. So, wie es der französische Regisseur Jean-Luc Godard in seinem Filmklassiker *Weekend* (1967) darstellte. Dort verdichtet sich das Autofahren zu einer apokalyptischen Demonstration der Rohheit des Menschen, der sich auf den Autobahnen und Landstraßen gegenseitig umbringt.

Am Beispiel des Automobils lässt sich hervorragend studieren, welche Phasen eine Technologie durchläuft. Und wie bei diesem Prozess langsam eine human-technologische *Symbiose* entsteht.

– **Vor-Erfindung oder Prätechnologie:** Jede Technologie entspringt einer Fantasie, einer Vision. Ohne diese »Fantasiearbeit« würde die reale Technologie wahrscheinlich nie das Licht der Welt erblicken.

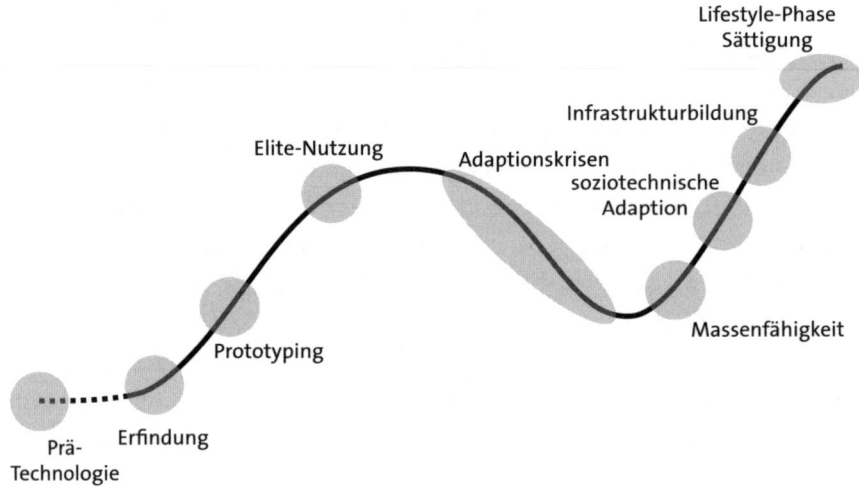

Abbildung 2.11: Der lange techno-soziale Zyklus.

- **Erfindung:** Durchbruchserfindungen werden in jenen historischen Momenten gemacht, in denen alle Faktoren konvergieren: technische Grundlagenentwicklung, aber auch der »Zeitgeist«, die Bereitschaft der Kultur, sich auf etwas Neues einzulassen.

- **Proto-Typing:** In der Frühphase der Technologie »morpht« die Technik schnell – wie bei bestimmten Phasen erhöhter Artenvielfalt in der Natur werden in schnellen Abständen neue Prototypen »auf den Markt geworfen«, um danach sofort wieder zu verschwinden.

- **Elite-Nutzung:** Zunächst stehen Technologien nur einer kleinen Elite zur Verfügung. Deren Gewohnheiten und soziale Interessen formen meist die Art und Weise, in der sich die Nutzung weiterentwickelt.

- **Adaptionskrisen:** Bei praktisch jedem technologischen Großzyklus kommt es früher oder später zu einer Art »Immunreaktion«, in der sich Unmut und Rebellion breitmachen. Solche Adaptionskrisen können – siehe die Kernenergie in Deutschland – zu kompletten *Ausstiegen* führen. Sie können aber auch zur »Wiedergeburt« einer bestimmten Technik mit dem Etikett *neu* führen.

- **Massenfähigkeit und soziotechnische Adaption:** Neue Fertigungstechniken machen eine Technik billig. Es beginnt ein intensiver Lernprozess, in dem sich die *kognitiven* Fähigkeiten zum massenhaften Umgang mit ihr herausbilden.

- **Infrastrukturbildung und Perfektionierung:** In einer zweiten Kaskade entstehen starke Verfeinerungen der Technologie. Nun geht es vor allem um die Entwicklung der Infrastrukturen, der Services. Eine Technik wandelt sich zu einem »Lifestyle«.

Dieser Zyklus, so meine These, lässt sich nicht beliebig verkürzen. Zwar verläuft er bei unterschiedlichen Technologien langsamer oder schneller, aber *immer* benötigen die einzelnen Phasen eine bestimmte Zeit. Bei den Schlüsseltechniken, die heute unser Leben prägen – Elektrifizierung, Motorisierung, Computerisierung, Medialisierung – dauerte der ganze Zyklus ungefähr ein Jahrhundert.

Die Erfindung vor der Erfindung: Prätechnologien

In den Tempeln der Maya und der Azteken finden sich Flugmaschinen an den Wänden, die Erich von Däniken als Beweis für den Besuch Außerirdischer deutete. Dabei handelt es sich um Ornamente – oder frühe Technologie-Fantasien. Heron von Alexandria erfand vor 2 000 Jahren das *Aeolipile*, den Heronsball, dessen Rotation durch Dampf angetrieben wurde – ein früher Prototyp der Dampfmaschine. In der Renaissance zeigte man auf Publikumsvorführungen führerlose, mit Gestängen, Kurbeln, Treträdern oder gar Raketenantrieben in Bewegung gesetzte Fahrzeuge, die »Götterwagen«.[115] Anno 1335 konstruierte der Italiener Guido da Vigevano, Leibarzt von Johanna von Frankreich, windenergiebetriebene Automobile, von denen tatsächlich einige gebaut wurden – sie sollten als Streitwagen für die Kreuzzüge dienen.[116] Leonardo da Vinci fertigte detaillierte Zeichnungen von Flugmaschinen, Helikoptern, Schreibmaschinen, Kränen. 1769 baute der Erfinder Cugnot für die französische Regierung das erste echte Automobil, das mit Dampf betrieben wurde, allerdings nur wenige Meter fuhr. Knapp hundert Jahre später ließ der belgische Mechaniker Etienne Lenoir ein »Auto« mit einem Benzin-Luft-Gemisch einige Kilometer fahren und konstruierte ein gasbetriebenes Motorboot.[117]

Abbildung 2.12: »Prätechnologien« des Automobils: Abbildungen aus der Zeit um 1900 zeigen eine frühe Variante von »Airbags«, allerdings am Körper getragen.

Im Jahr 1894 ersannen Octave Uzanne und Albert Robida einen tragbaren Grammophonspieler, der seine Musik aus einer Telefonleitung direkt auf eine Walze übertragen sollte – eine Vor-Erfindung des iPod.[118] Auf den Zukunftsbildchen der Schokoladenfirma Gartmann aus dem Jahr 1906 kann man Menschen in lustigen Ganzkörper-Airbags bewundern, die selbst den Totalschaden ihres »rasenden Gefährts« überleben können.

Wenn wir einer außerirdischen Zivilisation begegneten, würden wir deren technologische Artefakte womöglich nur als Spiegelungen oder Blätterrascheln wahrnehmen. Denn unser Hirn scannt die Umwelt immer nach *Vertrautem*. »Prätechnologien« dienen der kognitiven Vorbereitung auf die Zukunft. Diese mentale Vorbereitung ist nötig, damit wir eine Technologie überhaupt als »Nutzung« wahrnehmen können. Wir »programmieren« damit unsere Wahrnehmung in eine Erwartenshaltung um.[119]

Ein wichtiger Schlüssel zu unserem Technologieverständnis ist das Design. Autos haben »Gesichter«. Telefone erinnern irgendwie an – Brote? Knochen? Wir konstruieren unsere Artefakte nach menschlichen Maßstäben. So entsteht Technologie als Autopoiese zwischen menschlichen Ahnungen, Wünschen, Erzählungen und technischen Möglichkeiten.

Komplexe Technologien wie beispielsweise das Internet haben stets eine komplexe prätechnologische Geschichte. Schon 1893 konnte man in Wien und Budapest einen News-Service abonnieren, der den heutigen Podcasts ähnelte: Per Telefon wurden den Abonnenten des »Telefons Hírmondó«, erfunden von Tivadar Puskás in Budapest, Nachrichten, Wettervorhersagen, Einkaufstipps vorgelesen. Der Dienst wuchs bis auf 15 000 Abonnenten an, unter ihnen Kaiser Franz Joseph höchstpersönlich.[120]

Lange vor dem Fernsehen kamen bewegte Bilder in das Wohnzimmer begüterter Bürger. Das »Zoetrop«, ein inzwischen vergessenes Gerät zur Projektion eines kleinen Filmes (mithilfe zweier rotierender Zylinder), war in den viktorianischen Haushalten Englands zwischen 1870 bis 1890 weitverbreitet. In den wunderschön mit Kupferstichen gestalteten Versandkatalogen der damaligen Zeit war auch das »Stereoskop« ein großer Hit: In einem fernglasähnlichen Gerät konnte man *dreidimensionale* Bilder betrachten – Kunst, architektonische Sehenswürdigkeiten, erotische Darstellungen. Die ersten Stereoskope wurden schon seit den vierziger Jahren hergestellt und blieben bis Anfang des 20. Jahrhunderts begehrte Objekte.

Viele Techniken, die wir für rasend neu halten, sind Ergebnisse langer gradueller Verbesserungen. Auch hier zeigen sich Parallelen zur biologischen Evolution. In gewissem Sinne ist Technik also immer eine Art *Déjà-vu*, auch und gerade in ihrem Erlösungsversprechen. AT&T vermarktete das Telefon im Jahr 1909 in New York mit dem Werbespruch: »It will be a highway of communication, connecting every home, every office, every factory and every farm in the land!« Schon im Jahr 1910 kamen in New York die ersten Handys auf den Markt – allerdings hatten sie eine 7-Fuß-Antenne, schwere Batterien für Stark- und Schwachstrom und eine

Reichweite von nur 2 Meilen. Die 3 000 Nutzer des Services mussten teilweise eine halbe Stunde auf ein Freizeichen warten – kein Wunder, dass der Service bald wieder eingestellt wurde.

Durchbruchserfindung: Wenn alles zusammenkommt

Wann ein bestimmter Gegenstand tatsächlich »erfunden« wird, ist oft nicht genau auszumachen. Denn fast alle Erfindungen sind Rekombinationen. Im Auto zu Beispiel kamen Teiltechnologien und Patente aus Jahrhunderten zum Tragen. Radtechnik, Kolbentechnik, Federung – all das wurde 1886 in eine große Maschine vereint, die zunächst wie eine Kutsche aussah, weil Kutschen eben den kulturellen Standard für einen »Wagen« definierten. Der Computer wurde bereits Mitte des 19. Jahrhunderts von Charles Babbage »prototypisch« erfunden, in Form der *Difference Engine* (»Differenzmaschine«), die heute noch im Science Museum in London zu sehen ist. Computertechnik »reifte« dann lange in der mechanischen Uhrwerkswelt, in der sie ihr Embryonalstadium durchlief, bis die Halbleitertechnik die Entwicklung beschleunigte.

Industrial Prototyping: Die Wiege der Technologien

Die Bedingung für erfolgreiche Massentechnologie ist ihre Produzierbarkeit im industriellen Maßstab. Das Faxgerät ist ein Beispiel für eine Technologie, die fast 100 Jahre latent blieb, weil sie *teuer* war. Bereits 1907 wurde das erste Foto von Paris nach New York über ein Telegrafenkabel übertragen. In den zwanziger Jahren war das telegrafische Versenden von Wetterkarten zu Navigationszwecken schon recht verbreitet, ebenso die professionelle Nutzung in Redaktionen. Die US-Firma Western Union produzierte in den späten vierziger Jahren Faxmaschinen und verkaufte immerhin 50 000 Stück zu Preisen von mehreren Tausend Dollar, bevor sie den Service in den sechziger Jahren einstellte.[121]

Es war die japanische Produktionstechnik, die dem Fax schließlich zu seinem kurzen Massenerfolg verhalf. Der Preis für Faxgeräte sank, Canon und Toshiba sei Dank, von etwa 1000 Euro im Jahr 1980 auf rund 300 Euro im Jahr 1990. Das genügte, um das Fax bis in die Privathaushalte hineinzutreiben (wo es angesichts von E-Mail und Internet schon wieder sein Gnadenbrot erhält). Ein Telefon-Grundservice für ein Jahr kostete im Jahr 1885 in New York 60 bis 186 Dollar (damals ein halbes Jahresgehalt eines Arbeiters).[122] Trotzdem existierten im Jahr 1890 in einer Großstadt wie Berlin bereits 10 000 Telefonteilnehmer.[123] Die ersten Fernsehgeräte in den vierziger Jahren, meistens im 5-Zoll-Format, kamen für umgerechnet 2000 Dollar auf den Markt – ein unakzeptables Preis-Leistungsverhältnis, auch nach damaligen Maßstäben.

Während das Auto in Europa noch bis zum Zweiten Weltkrieg ein Produkt für die Reichen bleib, von Chauffeuren gefahren und mit Chrom und Lack verziert wie die Kutschen des Feudalzeitalters, produzierte der »Fordismus« in den USA längst das Massenauto. 1908 liefen 6 000 Ford-Ts (»Tin Lizzies«) vom Band, Stückpreis 825 Dollar. Im Jahr 1916 waren es bereits 565 000 Exemplare zu einem Preis von 360 Dollar. 1917, ein Jahr später, wurde die unvorstellbare Zahl von 1,5 Millionen produziert – zum sagenhaften Stückpreis von nur 260 Dollar.[124]

Elitenutzung: Technologie als Herrschafts- oder Demokratiemedium

Bis tief in die zwanziger Jahre hinein blieben die deutschen Autofabriken hingegen vom Geist eines industriefeindlichen Handwerkerethos geprägt. Daimlers und Horchs, Bugattis und Maybachs waren handwerklich meisterhaft gefertigte Einzelstücke. Autofahrer benötigten einen ganzen Schwarm Bediensteter, um sich in Bewegung zu setzen.

Viele gaben dem neuen Fortbewegungsmittel wenig Chancen. Außerhalb der Städte, so der Tenor vieler Zeitungskommentare, hatten die Automobile gegen Matsch und Schlaglöcher keine Chance. Innerhalb der Städte waren sie den Erschütterungen des Kopfsteinpflasters ausgesetzt (die ersten erschwinglichen Ballonreifen gab es erst in den zehner Jahren). Selbst das Drehen eines Lenkrades war für die vom Kutschen- und

Pferdezeitalter geprägten Menschen eine mühsame Vorstellung. Das Schalten der Gänge führte in Amerika zum berühmten »grinding«: kaum ein Autofahrer schaffte es, ohne ein hässliches, getriebezerstörendes Geräusch zu schalten.[125]

Im Jahr 1932 besaß bereits jede zweite amerikanische Familie und jeder fünfte amerikanische Bürger ein Automobil. In Deutschland hingegen betrug die Quote 1:95, in der Schweiz 1:35, in Frankreich 1:24, im konservativ-klerikalen Österreich 1:233.[126] Im Gegensatz zu den erwähnten deutschen Nobelkarossenbauern setzte die amerikanische Autobranche fast von Anbeginn auf die Parole: *Demokratisieren und Kommerzialisieren!* Es waren überwiegend spartanische Modelle, die in Fords Pionierfabriken vom Band rollten – ohne Dach, mit unzureichender Federung, aber robust, wie es zu einem Land großer Distanzen und wüstenähnlicher Landschaften passte. Die »First User« des *Massen*produkts Auto waren die Farmer. Währenddessen reflektierte der Gegenstand Auto in der europäischen Klassengesellschaft die sozialen Strukturen. Wir erinnern uns an die Bilder der Autofahrer auf den Plakaten der zwanziger Jahre: Herren mit Lederkappen, Damen im Hut, Lederhandschuhe. Es waren die Insignien des *Reitens*, die man auf das Autofahren übertrug.

Adaptionskrisen: Vom Krieg gegen die Autos zum Megastau

Am Abend des 2. März 1913 befand sich die wohlhabende Berliner Juweliersfamilie Plunz in ihrem Opel Torpedo auf der Rückfahrt von einer Sonntagsfahrt zum Wandlitzsee. Bei Hennigsdorf, auf der viel befahrenen Rheinsberger Landstraße, fuhr das Auto mit 40 Stundenkilometern plötzlich in ein fingerdickes Stahlseil, das in einem kleinen Kiefernwaldstück in Höhe von 0,50 und 1,70 Metern, also doppelt, quer über die Straße gespannt war. Das untere Drahtseil traf die Eheleute und die neunzehnjährige Tochter Else an Hals, Kopf und Gesicht. Rudolf Plunz wurde der Hals zur Hälfte zerschnitten und das Rückgrat gebrochen, während seine Frau einen Schädelbruch erlitt. Das Ehepaar war sofort tot, Else wurde schwer verletzt. Bei der nachfolgenden polizeilichen Fahndung kam es am 5. März zur Verhaftung zweier Arbeiter aus dem nahen Marwitz, die wiederholt autofeindliche Parolen geäußert hatten. Das Verfahren wurde jedoch im April 1913 vom Amtsgericht Spandau aus Mangel an Beweisen eingestellt ...[127]

An den »Krieg gegen die Autos« kann sich heute kaum noch jemand erinnern. In den Jahren 1905 bis 1914, dann in einer zweiten Welle zwischen 1921 und 1930, erschütterten Attentate den Vormarsch des Automobils aus den Städten auf das flache Land. Über 100 Fälle von Steinattentaten, Barrikadenbau, Herstellen von »Autofallen« mittels Scherben und Nägeln oder Löchern in der Fahrbahn zählten die Behörden jährlich allein im Deutschen Reich, darunter viele mit Todesfolge. Das Automobil hatte in dieser Zeit viele Gegner. Politische, die das Auto als »luxuriöses Bourgeoisievergnügen« abkanzelten. Pferdefuhrwerker, die aus Existenznot mit dem Ochsenziemer auf Lastwagenfahrer einprügelten. Rechtsradikale, die antistädtische Ressentiments der Landbevölkerung instrumentalisierten. Der antisemitische Landtagsabgeordnete Philipp Köhler schreibt im Jahr 1910 in den *Neuen Hessischen Volksblättern*:

> ... das ist mir zuwider: wenn irgendeine »vornehme« und übermütige Faulenzerbande ... todbringend die Landstraße daher saust, und nun soll alle gewerbstätige Welt, die in ehrlicher Arbeit steht ... , sich in ehrfuchtsvoller Demut ducken und fein stillestehen, bis es der moschusduftenden Schwefelbande gefallen hat, höhnisch, wie der höllische Teufel, und mit demselben Gestank ... vorbeizusausen ... ich aber möchte als zehntes Gebot allen Fuhrleuten das folgende empfehlen: »Gehe sofort aufs Kreisamt, erwirb Dir einen Waffenpaß und hernach einen tüchtigen Revolver, damit Du Dich wehren kannst, wenn das moderne Ungeziefer, das jetzt die Landstraße unsicher macht und mit Menschenleben spielt, Dich überfällt.[128]

Breit war die Anti-Auto-Allianz von Intellektuellen, Bohemiens und politischen Agitatoren. Konservative Geister wie Werner Sombart und Oswald Sprengler führten den kulturkritischen Protest gegen das »Autotempo, das der Tiefe des deutschen Wesens widerspricht«. Das Auto galt als »metropolitane Hure der Geschwindigkeit«, als »Instrument der Entfremdung«, als »Erfindung atlantischer Ingenieure und nomadisierender Juden«. Selbst Hermann Hesse schrieb in seinem Weltbestseller *Der Steppenwolf*:

> Auf den Straßen jagten Automobile ... und machten Jagd auf die Fußgänger, überfuhren sie zu Brei, drückten sie an den Mauern der Häuser zuschanden. Ich begriff sofort: es war ein Kampf zwischen Menschen und Maschinen ...[129]

In den mehr als 100 Jahren Automobilgeschichte sind diese Tonlagen nie wirklich verstummt. In den sechziger Jahren, als das Auto zu seinem finalen Siegeszug ansetzte, gerieten Umweltverschmutzung und Unfallhäufigkeit zum zentralen Motiv der Autogegner. In den studentischen Unruhen nutzte man Autos bevorzugt als Barrikadenmittel – ebenso gerne fuhr man allerdings mit rostiger Ente, Käfer oder VW-Bus in den Urlaub ans Mittelmeer. Während das Auto unbeirrt seinen Siegeszug fortsetzte, wurde seine Presse immer schlechter. Seit Mitte der siebziger Jahre verging kein Jahr, in dem nicht unzählige kritische Fernsehmagazine, Leitartikel und Bestseller vom »Wahnsinn auf den Straßen« kündeten. Im Sommer 2003 brachte der *Stern* wieder einmal die klassische Auto-Sommergeschichte: »Tatort Autobahn – Rasen, Drängeln, Pöbeln – warum es immer schlimmer wird ...«

Währenddessen sanken die Todesraten auf den Straßen kontinuierlich. Im Sinne der Technolution stellten die Wellen der Kritik nichts anderes als Verbesserungsimpulse dar: Sie zwangen das Auto zu steten technischen und systemischen Verbesserungen. Autos sind heute zehnmal umweltfreundlicher als vor vierzig Jahren, als die letzte große Krise stattfand. Der immer wieder prophezeite endgültige Stau-Stillstand ist niemals eingetreten. Allerdings hat der »Streitwagen des Fortschritts« eine entscheidende Metamorphose noch vor sich: den radikalen Wandel der Antriebstechnik nach dem Ölzeitalter.

Massenfähigkeit: Das Autofahren im Hirn

Der Triumph des Automobils ist nicht nur ein Resultat von Ingenieurleistungen, er ist vor allem auch eine kollektive *Kulturleistung*. Bei diesem Prozess spielten die Autokonstrukteure und -produzenten nur *eine* Rolle. Mindestens genauso wichtig waren Statiker und Unfallstatistiker, Ampelsystem- und Straßenbauer, Schilderspezialisten, Fahrbahnmarkierer, Ergonomen, Dummy-Spezialisten, Landschaftsplaner, Verkehrsplaner, Versicherer. Und vor allem: *Fahrlehrer*.

Das Kontrollieren einer 1,5-Tonnen-Maschine bei Geschwindigkeiten zwischen 0 und 250 Stundenkilometern in einem komplexen Raum mit

Tausenden anderen autonomen Verkehrsteilnehmern ist kein Kinderspiel. Autofahren ist *kognitive Schwerarbeit*. Bis vor etwa 30 Jahren gab es in den Fahrprüfungen zum Beispiel keine Pflicht zum Schulterblick. Man fuhr – wie mein Vater an die Ostsee – geradeaus, ohne sich allzu sehr um die Fahrzeugumgebung zu kümmern. Allenfalls der zentrale Rückspiegel wurde für einen sporadischen Rück-Blick genutzt.

Unsere Hirne haben sich auf subtile Weise an Fortbewegung auf vier Rädern angepasst. Millionen Vollbremsungen, Unfälle, Traumatisierungen haben ihren Abdruck in unserem kognitiven Gedächtnis hinterlassen. Wir – die meisten von uns – wissen heute instinktiv, wie lang ein Bremsweg ist, wie wir unser Fahrzeug mit den anderen »synchronisieren«. Wir nehmen heute mehr Rücksicht, vor allem auf Kinder und Fahrräder, Verkehrsteilnehmer, die aus dem Verkehrsgeschehen vor 30 Jahren einfach ausgeschlossen blieben.

Wer sehr Autofahren eine *Kultur*leistung ist, kann man am eigenen Leib spüren, wenn man als Fußgänger in Shanghai oder Peking unterwegs ist. Hier können wir Autoverkehr nach den Regelsystemen und Hirn-Zuständen der sechziger Jahre *live* erleben! Fortschritt, so ahnen wir (falls wir es überleben), ist eine komplexe Interaktion zwischen dem Menschen und seinen Maschinen, die sich auf diesem Weg gegenseitig domestizieren.

Infrastrukturbildung und Perfektionierung: Die automobile Umwelt

Jeder von uns kann sich an die Etappen des Komfortzuwachses erinnern, mit dem uns das Auto von Jahr zu Jahr ein klein bisschen mehr verwöhnte: Heizung, Stereoanlage, ABS, Klimaanlage (mein Gott, was haben wir geschwitzt!), komfortable Sitze (wisst ihr noch, wie wir uns auf dem Käfer-Sitz immer *winden* mussten?).

Die Magistralen der Autobahnen bilden heute ein nahtloses 24-Stunden-System, in dem man *wohnen und arbeiten* kann. In jedem winzigen Weiler findet sich eine Tankstelle oder eine Werkstatt mit fähigen Technikern. Hunderttausende, indirekt Millionen leben von einer Industrie, die längst auch ein Service- und Wissensfaktor ist. Das Auto hat nicht nur die Fortbewegung verändert, sondern auch unsere Siedlungs- und Einkaufsstrukturen, die Art und Weise, wie wir Zeit, Geschwindigkeit und Raum wahrnehmen, wie wir Beziehung, Familie, Beruf ausüben. Geformt und erdacht werden Automobile zunehmend von Marketingspezialisten, Designern, Materialspezialisten, Riech-, Duft- und Sounddesignern. *Créateurs d'automobile!*

Die sicht- und fühlbaren Innovationsschübe des Autos bieten so etwas wie den mythologischen Faden des Technikmythos: Alles wird besser! Wir entkommen dem Tod! Wir umgeben uns mit Duft, Musik, teurem Material, und sind dabei dennoch unterwegs! Wir sind im Mutterleib, ohne dass Mutter uns kontrollieren kann. Das ist er, der glühende Kern der Mensch-Technik-Symbiose. Und hier lauert auch ihr dunkler Schatten: Die Sucht, die symbolische Abhängigkeit, in die wir uns mit der Öl-Verbrennungsmaschine und ihren millionenfachen Tentakeln begeben haben.

Die vier Phasen der ökonomischen Adaption

Chris Anderson, seit einigen Jahren Chefredakteur von *Wired*, hat für den technischen Integrationsprozess vier Stufen ausgemacht. Nicht alle Technologien durchlaufen diese Stadien, aber im Bereich der technischen Massenprodukte lässt sich hier eine logische Abfolge erkennen:[130]

1. **Der kritische Preis:** An einem bestimmten Punkt einer Technologieentwicklung sinken die Fertigungskosten unter die Kosten einer vergleichbaren, älteren Technologie. Damit wird ein technisches Produkt auf dem Markt attraktiv.

2. **Die kritische Masse:** Ein sinkender Preis macht den Weg frei für eine größere Nutzeranzahl. Dieser Wert überschreitet irgendwann jenen Rubikon, an dem die Technologie echten (Massen-)Nutzen zeigt.

3. **Die Substitution einer anderen Technologie:** Mit zunehmender Verbreitung einer neuen Technik wird irgendwann ein Punkt erreicht, an dem sie häufiger auftritt als ihr Vorgänger. Im Jahr 1915 fuhren auf den Straßen von Paris erstmals mehr Autos als Pferdefuhrwerke. 1999 war

jener Punkt erreicht, an dem sich DVD-Geräte mehr verkauften als Videorekorder. Und 2007 war das Jahr, in dem mehr Flachbildschirme verkauft wurden als Röhrenbildschirme. Jenseits dieses Punktes wird die Service-Unterstützung und Produktionstechnik einer alten Technologie meist schnell verkümmern.

4. **»Fast Umsonst«:** Schließlich werden einige Technologien sogar zu »Commodities«, die für gar kein Geld oder nur sehr wenig Geld zu haben sind. Handys sind heute immer noch hochgradig subventioniert. Speicherplatz ist im Rahmen von Web-Computeranwendungen so gut wie umsonst – wer seine Bilder ins WWW hochladen will, kann dies meistens ohne Gebühr. Entweder wird Technik einfach dermaßen billig, dass sich die Berechnungssysteme nicht mehr lohnen, oder es entstehen Modelle von Querfinanzierung, in denen Kostenlosigkeit als Lockangebot dient.

Die Morphologie der Dinge

In der Natur gilt das eherne Gesetz: *Form follows Function*. Der Schnabel der Finken, der Darwin die entscheidenden Hinweise auf die Evolutionstheorie gab, ist je nach Nahrungsangebot nach oben oder unten gebogen, gekreuzt oder geschärft. Ein Haifisch besitzt einen optimierten Schwimmkörper, der von der Evolution in einer Milliarde Jahre genetisch »feingeschliffen« wurde. Ein Haifisch kann nicht stillstehen, er ist von jener Überlebensunruhe programmiert, die auch die Impala, eine optimierte Gazellen-Rennmaschine in den Savannen Afrikas, beim kleinsten Rascheln im Gras in rasende Bewegung versetzt.

Und dennoch wirken viele biologische Formen bizarr-barock – als wäre die Verschwendung oberste Prämisse der Evolution. Doch selbst das Pfauenrad folgt einer strengen Funktionalität – es ist Ergebnis einer gnadenlosen Selektion, die in diesem Falle den genetischen Fortpflanzungserfolg der Pfauenmännchen verstärkt.

Wie weit finden solche Formungsprozesse auch im Reich der Technologie statt, in der Formensprache der Artefakte?

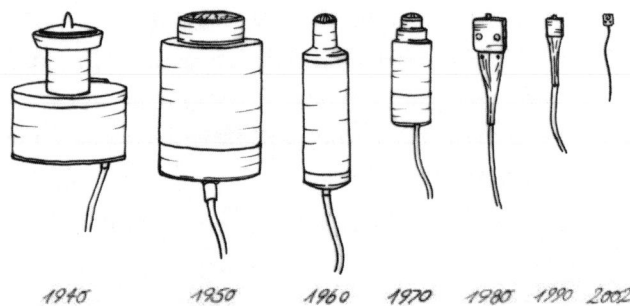

Abbildung 2.13: Die Technolution der »Wanze«.

Abbildung 2.13 zeigt die Entwicklung von *Abhörgeräten*. Die techno-evolutionäre Anpassung betrifft hier primär einen einzigen Faktor und ist deshalb leicht visualisierbar: Größe beziehungsweise Kleinheit. Logischerweise tendiert die »Wanze« zum völligen Verschwinden, sie wird im Nano-Reich enden, sobald dies technologisch möglich ist.[131]

Abbildung 2.14 zeigt die Adaption des Rasierapparates an das männliche Kinn. Zu Beginn der elektrischen Rasur wurde lediglich ein »Schneidegerät« erfunden, dass mittels rotierender Messer Barthaare maschinell zu schneiden vermochte. Aber dann, mit steigender mechanischer Varianz, passte sich das Gerät in seinen äußeren Konturen dem männlichen Kinn an.

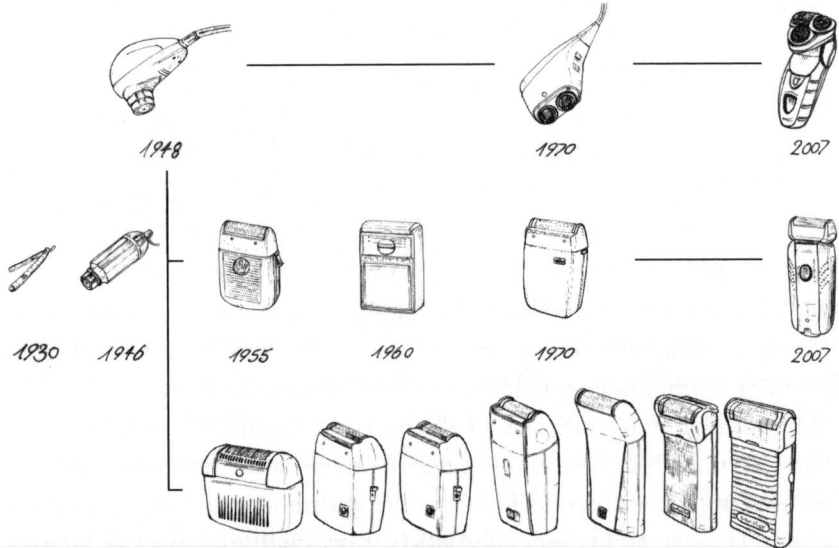

Abbildung 2.14: Die Technolution des Rasierapparates.

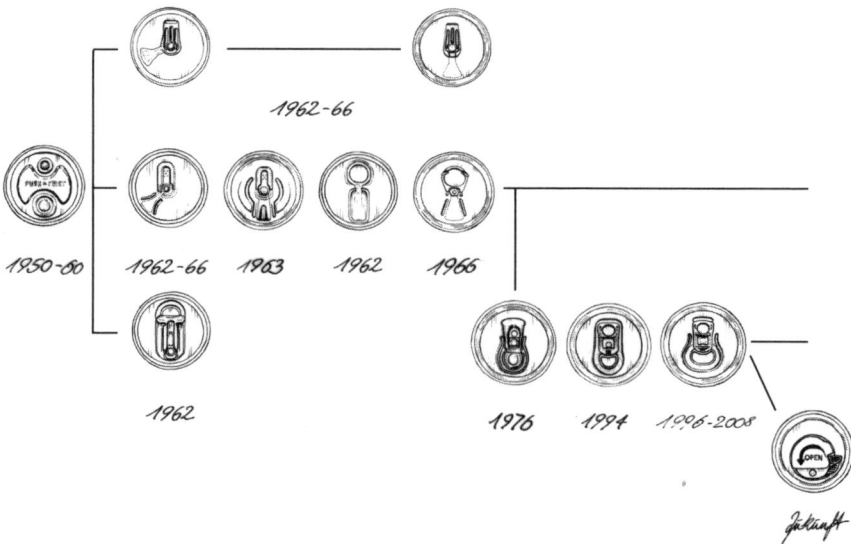

Abbildung 2.15: Die Technolution der Weißblechdosenlasche.

Abbildung 2.15 illustriert eine Techno-Evolution, die mit viel Blut und Schmerzen optimiert wurde: die Aufreißverschlüsse von Weißblechdosen. Es ist nur wenige Jahrzehnte her, dass man sich beim Öffnen einer solchen Dose noch ernsthaft an den Fingern verletzen konnte. Jede Art von Öffnung in einer Blechdose erzeugt eine Druck-Spannung-Problematik; zusammen mit dem scharfen Rand einer Blechkante eine ernsthafte Verletzungsgefahr für die menschlichen Finger. Während die Dosenlaschen bei den früheren Generationen abgerissen wurden – eine schwere Schnittgefahr für nackte Füße, etwa in Bädern –, lässt sich bei den neueren Exemplaren die Lasche nicht mehr von der Dose trennen. In der alternden Gesellschaft könnte die gesamte Blechdose allerdings ein schleichendes Aussterbeschicksal erleiden. Alte Menschen mögen diese Öffnungstechnologie überhaupt nicht – schon deshalb, weil man zum Aufreißen immer noch erhebliche Fingerkraft benötigt.

Abbildung 2.16 visualisiert die morphische Evolution von Videospiel-Controllern. Zu beachten ist hier, wie die Ergonomie der »ganzen Handfläche« eine zunehmende Rolle spielt. Während am Anfang nur ein mit den Fingern zu bedienender »Richtungsschalter« auf einer kleinen ovalen Platte angebracht wurde, gewinnen die Handballen und die Dau-

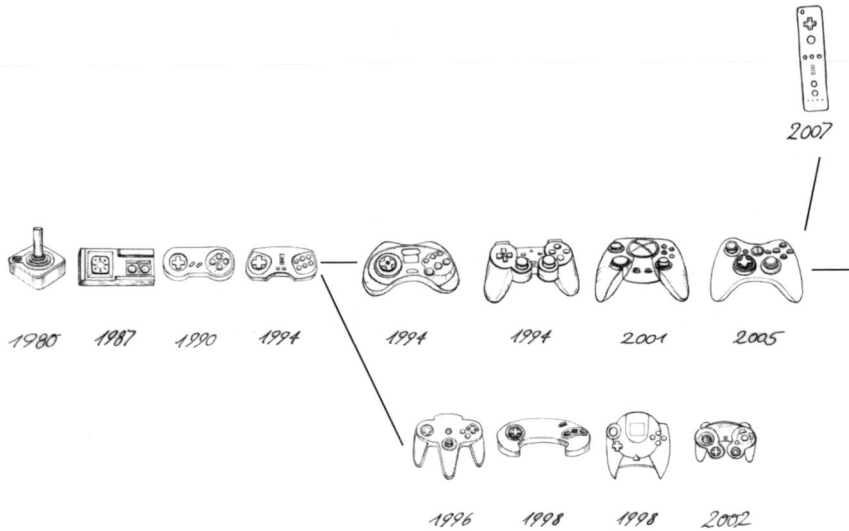

Abbildung 2.16: Die Technolution der Videospiel-Controller.

menstellung später an Bedeutung. Mit zunehmender Rasanz und Dreidi-
mensionalität von Videogames müssen diese besser in der Hand liegen,
um dem Spieler das Gefühl von Kontrolle zu vermitteln. Die Komplexität der Bedienelemente steigt. Momentan entsteht eine evolutionäre
Abzweigung zu »Controlsticks« – die bei der neuen Wii von Nintendo die
körperliche Position des Spielers orten und seine Bewegungen messen.
Irgendwann könnten sich die Joysticks in Handschuhe auflösen.[132]

Die erstaunliche Artenvielfalt des Staubsaugerbeutels zeigt die Abbildung 2.17. Im Laufe seiner Geschichte durchlief dieses »Organ« eine
erstaunliche Evolution. Die ersten Staubsauger aus den zwanziger Jahren waren mit Leinenbeuteln ausgestattet, die wenig Filterfunktion für
Feinstäube aufwiesen. In den sechziger Jahren wurden die von Metall-
manschetten gehaltenen Stoffbeutel dafür umso dichter, neigten aber
zur schnellen Verstopfung. Heute ist die Artenvielfalt des Beutels gigantisch, weil sehr viele verschiedene Geräte auf dem Markt sind und sich
keine detaillierte technische Norm durchgesetzt hat. Staubsaugerbeutel
sind wie die Engländer sagen, »a pain in the bum«; weder schön noch
eigentlich nützlich und immer schwer zu beschaffen. Jetzt, wo auch
Männer anfangen, staubzusaugen, setzen sich neue Saugtechniken
durch, wie etwa Dysons »Dual Cyclone«-Technik, die völlig ohne Staub-

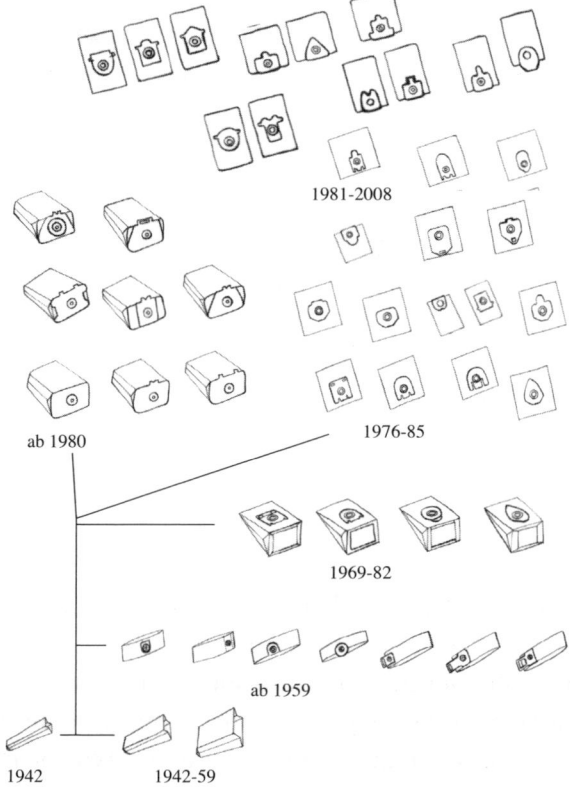

1981-2008

ab 1980   1976-85

1969-82

ab 1959

1942   1942-59

Abbildung 2.17: Die Technolution des Staubsaugerbeutels.

saugerbeutel auskommt. Dies dürfte eines nicht sehr fernen Tages den Staubsaugerbeutel ins Museum befördern, Abteilung ausgestorbene *Technorgane*.

Die nächste Grafik, Abbildung 2.18, illustriert die Technolution des Autoreifens. Die ständige Abflachung des Querschnitts ist ein Ergebnis von wachsender Bremskraft, Materialtechnik und steigender PS-Zahl. Je mehr PS, desto breitere Berührungsflächen benötigen Autos, um in einer akzeptablen Zeit zum Stillstand zu kommen. In der Wahrnehmungsselektion werden »Breitreifen« heute deshalb mit männlicher Potenz und »Geschwindigkeitsstatus« assoziiert, am stärksten in Deutschland, wo Schnellfahren auf der Autobahn noch erlaubt ist. Hier entwickeln Autoreifen eine Art eigener »Pfauenschleppe« ...

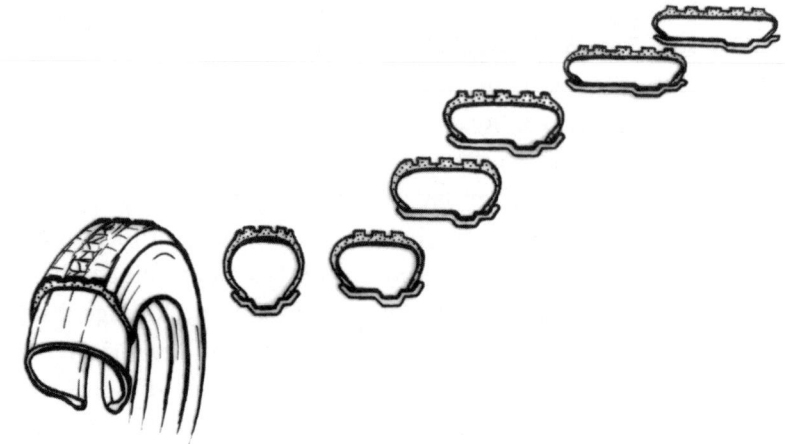

Abbildung 2.18: Die Technolution des Autoreifens.

Phasen explodierender Vielfalt: »Punctuated Equilibrium«

Vor rund 500 Millionen Jahren, im Zeitalter des Kambrium, ereignete sich auf der Erde eine bislang beispiellose Explosion der Artenvielfalt. Der Evolutionsbiologie Stephen Jay Gould beschreibt in seinem Buch *Zufall Mensch* diesen »Big Bang der Evolution«.[133] Bizarre Organismen bevölkerten damals die Gewässer; wandelnde Mollusken (Weichtiere) und skurrile Arthropoden (Gliederfüßer) mit Fühlern an den Köpfen, wasserlebende Skorpione und gepanzerte Krebse wie *Canadaspis* und *Naraoia*, die U-Booten ähnelten. Schwimmende »Zungen« wie *Odontogriphus*, der mit einer nach unter gerichteten Mundöffnung Nahrung zu sich nahm, oder ameisenförmige Würmer wie *Nectocaris*, stachelige Panzertiere wie *Habelia*, schabenähnliche Tiere wie *Leanchoilia*. Tierformen, die eher an die Fauna eines Exoplaneten erinnern statt an die irdische Formenwelt von heute.

Die kambrische Explosion begründete jenen organisch-mineralogischen Reichtum, dem die Erde ihre komplexe Biosphäre verdankt. Ihre Nachwehen können wir in den gigantischen Kalkschichten der Erde und den fossilen Energieträgern bewundern. Doch Paläontologen und Evolutionswissenschaftler rätseln immer noch, *warum* es in einer solch kurzen erdgeschichtlichen Zeit zu einem so massiven Aufblühen der biologischen Diversität kam. Aber auch, warum diese Formen so schnell wieder aussterben konnten.

Viele Jahrhunderte lang betrachtete man die biologische Evolution als eine saubere Aneinanderreihung von »Linien« und »Stämmen«, aus dem ein organischer »Lebensbaum« erwuchs – von der Urzelle bis zum Menschen.

Niles Eldredge und Stephen Jay Gould haben gegen diese (auch heute noch verbreitete Vorstellung) einer »evolutionären Kontinuität« die Theorie des *punctuated equilibrium* (»unterbrochenes/eingeschränktes Gleichgewicht«) entwickelt. Evolution, so Gould und Eldredge, findet in Kaskaden, Diversitätsexplosionen und dazwischen gewaltigen Phasen des Arten*sterbens* statt. In den stillen Zeiten zwischen diesen Turbulenzen jedoch passiert über Äonen so gut wie gar nichts. Die Organismen bleiben im Gleichgewicht, im *equilibrium,* mit ihrer natürlichen Umwelt. Dann, durch eine Veränderung des Klimas oder die zufällige Dominanz einer einzigen Spezies, die in eine Krise gerät, kommt es zu einer »Entgleisung«. Und dann entsteht gleichsam über Nacht eine gewaltige, geradezu *verschwenderische* Varianz des Lebens und der biologischen Vielfalt.[134]

Auch für die Evolution der Technik scheint dieses Modell zumindest teilweise zu passen. Generation um Generation begnügten sich unsere Vorfahren mit einfachen Stein-, Speer- und Feuertechnologien. In vielen Regionen der Erde beträgt die Mutationsrate der Technik bis heute null – ein technolutionäres Equilibrium. Viele Artefakte bleiben im Verlauf ihrer formellen Evolution relativ statisch – wie etwa das Fahrrad, das seit etwa 60 Jahren in gewisser Weise »ausevolutioniert« zu sein scheint (obwohl immer noch Detailverbesserungen stattfinden und auch neue Unterarten wie das Mountain-Bike entstehen). Andere explodieren geradezu in schillernder Farben- und Formenvielfalt, als handele es sich um Bewohner tropischer Riffe. Man denke an die Handys, deren Mutations- und Aussterberate sich exponentiellen Werten annähert ...

Carvolution – Die Morphologie des Automobils

Artenvielfalt erlebte das Automobil gleich zu seiner Geburtszeit, um 1900. Ganz am Anfang galt das von Nikolaus Otto, Gottlieb Daimler und

Carl Benz konstruierte Gefährt mit Hubkolben-Verbrennungsmotor als schmutzig und gefährlich. In London fuhren bald Elektroautos, Dampfautos tuckerten über die Straßen von Wien, in New York existierte 1897 eine ganze Flotte von »Elektrocabs«.[135] In London dominierten Elektrobusse bis in die dreißiger Jahre hinein. Sogar Holzgas- und Dampfdruckgefährte waren in den großen Städten unterwegs. Wie James Surowiecki es in *The Wisdom of Crowds* formulierte:

> Die frühen Zeiten dieser technischen Märkte sind geprägt von einer großen Vielfalt von Alternativen, viele von ihnen dramatisch voneinander unterschieden, sowohl was das Design als auch was die Grundtechnik angeht. Im Laufe der Zeit mendelt der Markt die Gewinner und Verlierer heraus und entscheidet, welche Technologien blühen und welche vergehen werden.[136]

Warum sollte am Ende dieser chaotischen Geburtszeit des Automobils die Hubkolben-Motortechnik als Sieger dastehen? Autos waren, wie gesagt, zu Beginn ihrer Karriere Spielzeuge für die Reichen. Und Reiche wollten »Ausfahrten« unternehmen – hoch in die Berge, über weite Strecken. Dazu brauchte man starke Motoren, Antriebe, die auch außerhalb der Städte funktionierten. Da das Tankstellennetz damals so gut wie gar nicht existierte, selektierte die technische Evolution den Treibstoff mit der höchsten Energiedichte. Öl war zu Beginn des 20. Jahrhunderts ein Rohstoff, der sich leicht erschließen ließ.

Bis in die vierziger Jahre hinein war die Gestaltentwicklung des Automobils von einem klar erkennbaren evolutionären Hauptstrang gekennzeichnet: Es blieb eine Kutsche auf Rädern mit steil gestellten Windschutzscheiben und einer »barocken« Formensprache, welche die Räder und *Kotflügel* betonte. (Der Name weist darauf hin, aus welcher Verkehrswelt das Automobil stammte: aus der Welt des Pferdeverkehrs und des Ochsenkarrens.) Nach dem Krieg konvergierte die Techno-Evolution des Autos, diesseits und jenseits des Atlantiks; auf beiden Kontinenten begann ein fieberhafter Ausbau der Autobahnen und »Freeways«, der das Durchschnittstempo massiv erhöhte und eine andere Reisekultur schuf. Die Fahrwerke konnten nun tiefer gelegt werden, weil kaum noch Autos auf Feldwegen unterwegs waren, die Räder schrumpften und wurden breiter. Gleichzeitig entwickelte sich eine neue, riesige Schicht der »Organisation Men«, der männlichen Angestellten in den Pyramidenorganisationen der Industriegesellschaft. Diese Schicht wollte ihren rapiden Einkommenszuwachs sichtbar zeigen, und so wurde das Auto zu einem massenhaften Statussymbol.

Die Autofirmen investierten nun immer mehr in jenen Autotypus, der ihnen den meisten Profit versprach: die *männliche Schnellfahr-Limousine*, im Windkanal aerodynamisch optimiert und konsequent auf den männlichen Fahrer zentriert. Anders als in den USA, wo Geschwindigkeitsbegrenzungen eher »Gliding-Cars«, fahrende Wohnzimmer mit enormem Gewicht hervorbrachten, waren die europäischen Autos ästhetisch und technisch der Beschleunigungsideologie verpflichtet. *Vorsprung durch Technik.*

In den neunziger Jahren geriet dieses Equilibrium, das den evolutionären Pfad des Automobils auf *einen* Typus verengte, ins Wanken. Plötzlich drängten neue Zielgruppen auf den Automarkt. Die Frauen eroberten auf breiter Front die Arbeitsmärkte, vor allem in Frankreich, Skandinavien und den angelsächsischen Ländern. Eine Mann-Frau-Rollendebatte begann, die bis zu einem subtilen Machtkampf führte. Viele kleine bunte »Frauenautos« fanden nun Platz in der automobilen Evolution, das Segment der »City-Cars«, das jahrelang von den Autoentwicklern vernachlässigt wurde, boomte plötzlich. Ebenso der Van, jenes Mehrzweck-Reisevehikel, das von den geschwindigkeitsverliebten Ingenieuren lange ignoriert wurde, bahnte sich als neues Multifunktionsfahrzeug in die Märkte. In rascher Folge kamen nun weitere »Subspezies« hinzu, und in nur einem Jahrzehnt stieg die Artenvielfalt des Automobils kaskadenhaft an: Van, Subvan. Compact Car, Multiple, Multivan. Micro-Mini-City-Car. Offroader, Semiroader ... *you name it!*

Mit der rapiden Ölpreiserhöhung seit 2004 und dem gewaltigen Boom der Schwellenländer kommt es nun endgültig zu jeder Umwelterschütterung, die die Spezies Automobil in ein »explosives Kambrium« treibt. Einige der neuen Archetypen, die in den nächsten Dekaden unsere Autowelt bevölkern werden, lassen sich heute bereits beschreiben:

– **Das Rette-die-Welt-Status-Auto:** Für status- und stilbewusste Käuferschichten wird die Demonstration einer grünen Gesinnung immer wichtiger. Hier entsteht ein Markt für große Autos, mit denen man die Welt retten kann (angeblich). Jüngstes Beispiel sind die edlen Hybridfahrzeuge von Toyota, die mäßigen technischen Vorteil, aber starke Imagegewinne verheißen.

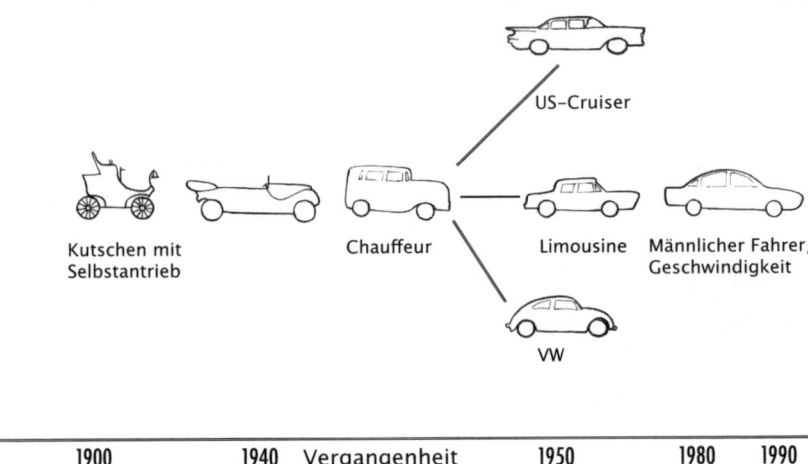

Abbildung 2.19: Die Carvolution.

- **Das Neue Weltauto:** In den Schwellenländern entsteht derzeit eine neue Generation von ultrabilligen Kleinautos, welche die Motorisierung der »Upward Poor« vorantreiben werden: Autos mit vier Rädern, aber ohne großen Komfort, für rund 2 500 Dollar, wie der indische »Nano«. Mit Sicherheit werden sich auch die planetaren Platzhirsche des Automobilmarkts an diesem Segment beteiligen, oder sich ihm zumindest annähern.

- **Ersatztreibstoff-Autos (Multifuel):** Im Übergang zu völlig neuen Antriebstechnologien entsteht ein gigantisches Innovationspotenzial im Bereich alternativer Treibstoffherstellung. Autos werden in den nächsten Jahrzehnten mit Gas, Biogas, Methan, Druckluft, Ethanol, Ethanol II, Algen-Ethanol und noch vielen anderen Generationen von synthetisch-biologischen Antriebsmitteln fahren, selbst wenn sich ihre äußere Form wenig ändert.

- **Plug-in-Hybrids und City-Pods:** Während die erste Generation der Hybridautos nur geringe komparative Vorteile zu herkömmlichen Fahrzeugen aufwies – zumindest im Vergleich zum modernen Diesel –, wird die zweite ein neues Mobilitätsverhalten hervorrufen. Die Hybriden 2.0 werden weitgehend elektrisch fahren und zunehmend von Solarkollektoren auf dem Dach oder einfach via Steckdose aufgeladen. Ein klei-

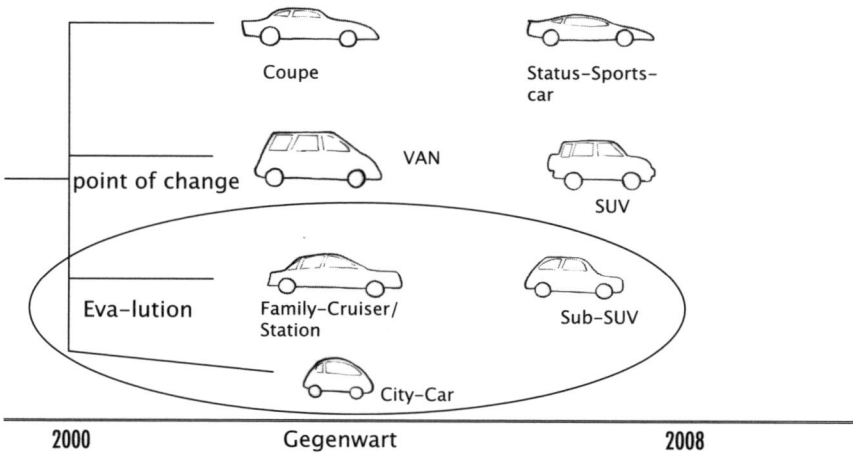

ner Verbrennungsmotor hilft bei Entladung oder steilen Bergen. Diese Technik wird das Auto-Nutzungsverhalten *generell* umkonfigurieren. Mit Plug-ins fährt man nur noch auf der Kurzstrecke, im städtischen Bereich, in einem Radius von etwa 50 Kilometern. Diese Beschränkung auf den Nahverkehr erzeugt einen starken Trend zum Zweit- oder Mietauto (für weite Distanzen werden schwerere Fahrzeuge gemietet) und wahrscheinlich eine Renaissance des Zugverkehrs. Mittelfristig führt dies alles zu einem anderen Mobilitätsmix: Das Auto »morpht« in ein *urbanes Gerät* – und die Limousine gerät unter finalen evolutionären Druck.

Drei Evolutionszweige sind in den nächsten Jahrzehnten absehbar:

1. Die neuen »Urban-Autos« für den Kurzverkehr in der Stadt, meist elektrisch oder als Plug-ins.
2. Biotreibstoffautos der zweiten Generation, betrieben mit Flüssigtreibstoffen, die nicht gegen die Nahrungsmittelversorgung konkurrieren. Diese werden sich von der äußerlichen Form kaum von den heutigen Limousinen unterscheiden.
3. »Save-the-World-Image-Cars«: Hybridautos im oberen PS-Bereich. Hier zahlt sich voll die Hybridtechnik aus, um von sehr hohen Kraftstoffverbräuchen herunterzukommen. Diese Autos entwickeln sich mehr

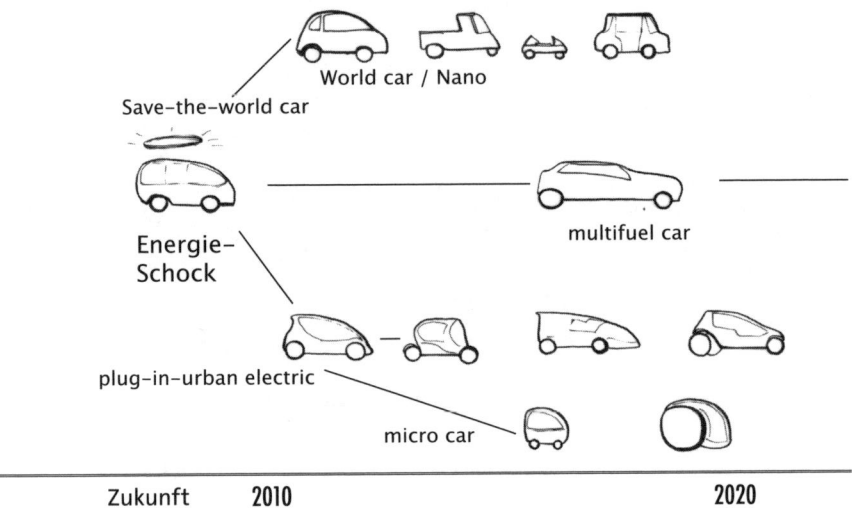

Abbildung 2.19: Die Carvolution.

und mehr in Richtung »fahrende Wohnzimmer« und verschmelzen teilweise mit Wohnmobilen.

Wie geht diese Entwicklung weiter? Der evolutionäre Pfad des Automobils wird sich erst dann wieder »begradigen« (und die Mutationsrate wieder sinken), wenn eine neue Infrastruktur für ein neues Antriebskonzept zur Verfügung steht. Durch die in den Abschnitten zu den »Attraktoren« und »Distraktoren« geschilderten Beharrungskräfte wird dies jedoch noch ein halbes Jahrhundert dauern. Zu zäh sind die automobilen Gewohnheiten, zu gigantisch die Kapitalinvestitionen, von denen unsere Verbrennungsmotorwelt geschaffen wurde. Wasserstoffantriebe und/oder Brennstoffzellenautos in großer Zahl werden wir erst am *Ende* eines langen Weges sehen, in dessen Verlauf noch eine Menge Krisen und technische Detailverbesserungen auf uns warten.

Auf lange Sicht kommt es zu einer Dreigliederung: Elektroautos für die Kurzstrecke, Brennstoffzelle (wasserstoffbetrieben) für die Mittelstrecke und reine Wasserstoffautos für die Langstrecke und die Status-Boliden. Parallel dazu könnte sich eine Individualisierung des schienengeführten Verkehrs entwickeln: Programmierbare »Pods« fahren jeden, wohin er will. (Die Taxifahrerlobby wird das noch eine Weile zu verhindern wissen!)

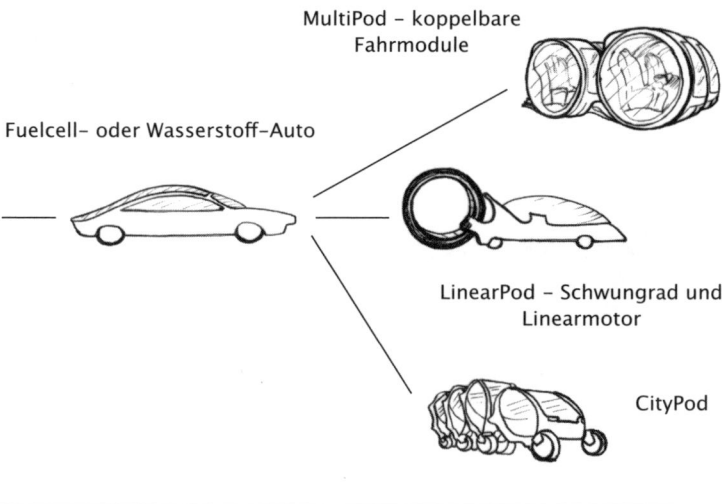

MultiPod – koppelbare
Fahrmodule

Fuelcell– oder Wasserstoff–Auto

LinearPod – Schwungrad und
Linearmotor

CityPod

2050   Zukunft

Handylution – Spiel mir das Lied vom Aussterben

Die Handys repräsentieren die »Käfer-Spezies« der Technologie. Kein Gerät wandelt sich so schnell und »explodiert« dermaßen rasend in die globalen Massenmärkte hinein. Das Handy hat, anders als Waschmaschinen oder Rührmixer, einen sehr personalen Charakter. Dadurch eignet sich das Gerät hervorragend für stilistische Experimente und Fashion-Adaptionen, die der Mutationsvarianz von Käferpopulationen ähneln. Handys schillern, vibrieren, brummen, glänzen, tönen in 1000 Farben und Formen.

Drei wesentliche Nutzungsstränge prägen die Handy-Evolution bis heute: einerseits die Business-Anwendungen, zweitens die Multimedia-Anwendungen, drittens die Alltagsanwendung, primär im Rahmen der verbalen Kommunikation, ergänzt um SMS. Diese drei Stränge lassen sich auch auf Kern-Zielgruppen beziehen: Business-People, Technik-Freaks und multimobile Frauen bildeten die Pionier- beziehungsweise Stammnutzer in den einzelnen Sparten.

Heute besitzen 90 Prozent der Bevölkerung in den Wohlstandsnationen und eine ständig steigende Masse in den Schwellenländern ein Handy.

1900   1940   1950   1960   1980

Abbildung 2.20: Die Handylution.

Und auf ihrem evolutionären Weg haben Handys viele andere Geräte zumindest teilweise absorbiert: Fotoapparate, Organizer, Stereoanlagen, Navigationssysteme. Aber gerade weil das Handy seine Funktionsvarianten so irrsinnig erhöhen konnte, läuft seine Entwicklung aus dem Ruder. Sie zeigt alle Anzeichen einer »hysterischen Artenexplosion«.

Weil die Märkte inzwischen gesättigt sind, weil wahnsinnige Konkurrenz herrscht, werden in immer kürzeren Zyklen neue Geräte auf den Markt geworfen. Die Handy-Evolution ähnelt einer Mega-Turbo-Mutation in einer organischen Urbrühe: heiß, fettig, flüchtig – und in gewisser Weise uneffizient.

Zwei große Adaptionsabgründe hat das Handy zu überwinden, bevor sich sein »Kambrium« wieder zu einem Equilibrium glätten könnte. Erstens »Rightsizing«: Handys müssen klein und leicht sein, das macht sie aber auch schwer handhabbar, denn menschliche Finger und Augen sind, besonders weil wir alle älter werden, keine Mikro-Präzisionselemente. Zweitens: die Komplexitätskrise. Handys haben immer mehr Funktionen, und deshalb machen sie irgendwann alles ganz besonders schlecht.

Anzeichen für die Krise der Spezies häufen sich bereits. Die zufriedenen Nutzer sind selten geworden, die Gesprächs- und Nutzungsdauer pro

Klapphandys

Office/
Blueberry

1990   *2000*

Handy sinkt. Die Entwicklungskosten eines neuen Geräts können schon einmal 50 Millionen Dollar betragen – für das iPhone sollen es sogar 150 Millionen Dollar gewesen sein –; angesichts der immer schnelleren Geräteabfolge ist dies ruinös. In der Handy-Industrie ist heute bereits jenes Hauen, Stechen und Fusionieren im Gange, das für die Endphase technologischer Zyklen typisch ist.

Wie geht es weiter? Verfolgen wir unseren evolutionstheoretischen Ansatz weiter, müssen wir nach den herausragenden *spezifischen* Eigenschaften suchen, durch die aus den Varietäten einer Spezies eigenständige Arten werden.

– Ein Strang könnte aus einer *Zerlegung* in Einzelgeräte bestehen. Es entstehen lauter »Fashion-Objects«, Gimmicks, die spezifizierte und individualisierte Funktionen verkörpern. Diese Entwicklung wurde bereits im Markt getestet (zum Beispiel mit der Marke Xelibri von Siemens), führte aber noch zu keinem Erfolg. Stattdessen hat sich der iPod als eigenständiges Gerät entwickelt – und re-kombiniert als iPhone nun seine Funktionen wieder mit der Handy-Welt.

– Ein weiterer Strang könnte in einem *Funktionsretro* bestehen: Es kommt zu einer Renaissance von Einfach-Handys mit großen Tasten, deren Lebenszyklus und Robustheit sehr viel länger sind als die heutiger Geräte

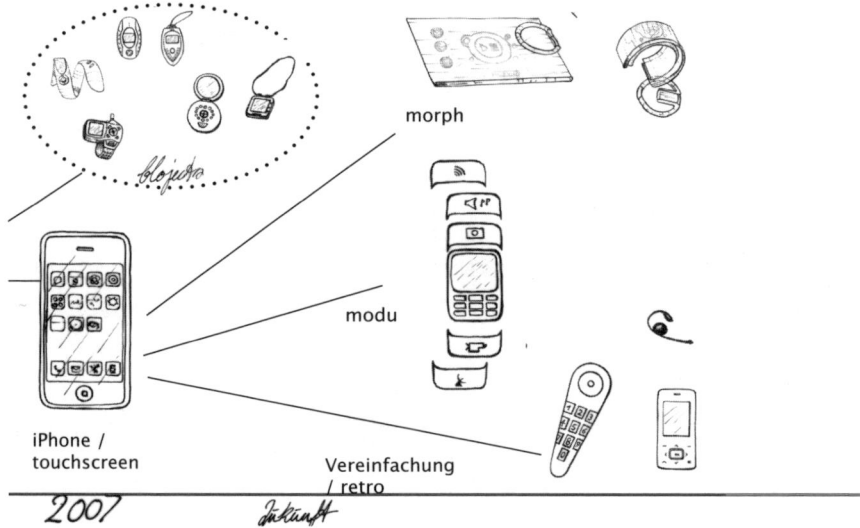

iPhone /
touchscreen

morph

modu

Vereinfachung
/ retro

2007   *Zukunft*

und die vor allem die ältere Generation ansprechen. Diese Entwicklung zeichnet sich heute in den Märkten deutlich ab.

– Eine dritte Handy-Evolution könnte in Richtung *Modularisierung* führen: Man kauft ein Grundgerät, an das man nach Bedarf bestimmte Hardware-Funktionen andockt. Wie man bei einem Rührmixer immer neue Vorsätze und Rührwerke verwendet, das Grundgerät aber gleich bleibt. Das Konsortium Modu realisiert derzeit dieses Konzept – um ein scheckkartengroßes Grundgerät herum werden sogenannte *sleeves* entwickelt, die eine bestimmte Eiegenschaft – Navigation, Fotográfie, Kommunikation – *besonders* gut können.

– Der vierte Strang könnte in Richtung auf eine *Substitution* gehen. Das Artefakt-Handy wird von der Komplexmaschine Computer *inkorporiert* – und lebt von nun an im Nexus des Digitalen. Wir hören auf zu reden. Wir mailen. Oder skypen. Oder simsen wie verrückt. Aber alles mit dem Laptop.

Eine theoretische fünfte Variante liegt noch weiter in der Zukunft. Ihr Prinzip wäre »morphische Varianz«. Am MIT, dem legendären Techno-Think-Tank Amerikas, wird ein solches Meta-Gerät bereits entwickelt, der Arbeitstitel lautet »Bar of Soap«. Jeffrey Kluger berichtet in seinem Buch *Simplexity*:

Es ist leichter zu beschreiben, was das »Bar of Soap« kann, als wie es aussieht. Wie ein normales Handy arbeitet es auch als Telefon, Browser, digitaler Assistent. Aber es kann sich je nach Gebrauch völlig verwandeln. Hält man es wie eine Kamera, »wachsen« an der Oberfläche Sensoren und ein lichtempfindlicher Bildschirm und ein Auslöseknopf. Hält man es wie ein Telefon, verwandelt es seine äußere Form in einen Telefonhörer, und die Kamera verschwindet komplett.[137]

Auch Nokias neue Studie, das Morph-Telefon, geht in diese Richtung. Ein Kommunikator, den man in verschiedene Formen verbiegen und durch wandelbare Nutzeroberflächen bedienen kann. Ein Gerät, das sich schlangengleich an den Benutzer anpasst und uns gleichsam »aus der Hand frisst«.

Evolution lässt sich nicht hundertprozentig voraussagen. Zwei oder gar drei Stränge könnten sich in Zukunft auch durchaus parallel entwickeln. Aber systemisch betrachtet dürfte die Weiterentwicklung des iPhones die besten evolutionären Chancen haben. Sowohl das Zerlegungskonzept als auch Modu haben den Nachteil, dass sich die Anzahl der Geräte in unseren Haushalten noch weiter erhöhen müsste. Das Komplexitätsargument, das gegen das universalistische Gerät spricht, spricht gleichzeitig für die elegante Software des iPhone, in der der Bedienungskomplexität durch *Wegblenden* der nicht benötigten Funktionen entsteht. Ein »Soap Bar« als Software – das könnte für die nächsten 100 Jahre einen tragfähigen, evolutionären Kompromiss darstellen.

Abbildung 2.21: Morph-Handy von Nokia.

Teil III

Heilige Technologie

Wie die »Smart Tech« der Zukunft selektiert wird

Daher ist die Aufgabe nicht sowohl,
zu sehn was noch Keiner gesehn hat,
als, bei Dem, was Jeder sieht,
zu denken, was noch Keiner gedacht hat.

Arthur Schopenhauer

Ab einem gewissen Punkt kann man Technologie
nicht von einem Wunder unterscheiden.

Isaac Asimov

Die Produkte, an denen wir am meisten hängen, wurden
aus dem Bauch heraus, durch Herumprobieren und mit
fanatischer Hingabe von Menschen geschaffen, die mindestens Exzentriker, wenn nicht komplett verrückt waren.

Jack Mingo

Die Offenbarung des Bärtigen

Mindestens einmal im Jahr tritt ein dünner Mann mit einem grauen Bart in schwarzer Kleidung auf eine Bühne in einem riesigen abgedunkelten Saal. Frenetischer Applaus brandet auf, bevor das erste Wort gefallen ist. Hysterisierte Erwartung liegt in der Luft, Schreie aus dem Publikum erinnern an religiöse Verzückungen. Die Zeremonie wird per Internet auf Millionen Computer in alle Welt übertragen. Schon Wochen vorher bangen und hoffen die Gläubigen. Tausende von Weblogs interpretieren und exegieren die kommende Offenbarung.

I am Steve Jobs, the CEO of Apple, and I want to show you *just one more thing*.

Und dann beginnt der schwarze Mann zu zaubern. Riesige Bilder erläutern winzige Details in Nutzen und Wirkweisen von kleinen, ästhetischen Geräten. Dem Publikum entfährt obszönes Stöhnen und orgastisches Raunen: AHHHHHH!

Als Steve Jobs Anfang 2007 der Weltöffentlichkeit auf diese Weise das iPhone präsentierte, sprachen die Medien vom *Jesus Phone*. Wie kommt es zu dieser spirituellen Aufladung, die sich an etwas so Banalen wie einem Handy, einem Laptop, einem MP3-Player entzündet? Wie wir gesehen haben, ist Technologie in ihrem Wesenskern zutiefst mit der Sehnsucht nach Erlösung verbunden. Technologie ist immer auch eine Metapher für die Überwindung von Zeit, Raum, Knappheit, Krankheit und Tod.

Als die spanischen Eroberer um Hernando Cortés in die Aztekenstadt Technochtitlán einmarschierten, warfen sich die Menschen zu Boden – Schießpulver, Kanonen und Pferde, glänzende Rüstungen schienen aus den Ankömmlingen Götter zu machen. Die Geräte mit dem Apfel, dem Publikum dargeboten wie die Hostie während der Messfeier, erzeugen eine ähnliche Faszination. Aber diese »Waffen« beziehen ihren heiligen Charakter aus anderen »Zaubern«:

- **Jemand denkt an uns!** Apple-Produkte sind Ausdruck einer Innovationsstrategie, bei der sich Techniker, Designer und Software-Entwickler intensive Gedanken um die Nutzer machen. Was aber ist das religiöse Gefühl im Kern anderes als das Gefühl, *dass immer jemand an einen denkt!?*

- **Kreative Demokratisierung.** Die Computertechnik hat sich vor allem entlang der im zweiten Teil beschriebenen »Attraktoren« Effektivität und Rationalisierung entwickelt. Sie ist in vieler Hinsicht eine »Technologie von oben«. Hard- und Software von Apple hingegen besetzen den Nimbus des Schöpferischen, des persönlichen *Empowerments*.

- **Schönheit.** In der anthropologischen Konstitution des Menschen findet sich ein tiefes Bedürfnis nach Schönheit, Ästhetik und Symmetrie, das sich auch auf das Technische überträgt. Man denke an die futuristischen Visionen der sechziger Jahre, als Technik vor allem als »Stromlinienform« dargestellt wurde. An den italienischen Futurismus, die Ästhetisierung der Geschwindigkeit im Eisenbahn- und Dampfschiffzeitalter. Die minimalistischen Aluminium- und Kunststoffdesigns der Apple-Produkte sind die »Visionsraumschiffe« der Gegenwart, sie widersprechen der ästhetischen Profanität der üblichen Computer.

Der Techno-Guru Steve Jobs ruft eine Gegenwelt aus, in der Technologie wieder zu ihrem mystischen Kern zurückfindet. Das bessere, schönere Morgen. Ein Utopia, das seit den hypertechnischen Visionen der Sechziger längst in weite Ferne gerückt schien. Das wir aber immer noch, als große Sehnsucht, tief in der Seele tragen.

Die Auslese des Neuen

In seinem Buch *Diffusion of Innovations* bewertet Everett M. Rogers die Durchsetzungschancen neuer Technologien im Massenmarkt in fünf Kategorien: Probierbarkeit, relativer Vorteil, Kompatibilität, Komplexität und Beobachtbarkeit.[138]

»Probierbarkeit« handelt vom Anfassen und Testen. Menschen wollen sehen und fühlen, um sich zu vergewissern. Viele Technologien verwehren diesen Zugang jedoch völlig, zum Beispiel die Atomkraft. Sie ist »unnahbar« – nicht nur unsinnlich und schwer verstehbar, sondern im radikalen Sinne hermetisch. Für die neugierige menschliche Natur, die immer wissen will, wie das geht (und bei Männern: wie man es auseinanderschraubt), ist dies geradezu ein Affront.

Der »relative Vorteil« bemisst den Verbesserungsgrad, den wir mit einer neuen Technologie im Vergleich zu einer alten erleben. Oft sind Verbesserungen zu klein, oder sogar negativ, sodass wir die Kosten und Mühen eines Gerätewechsels scheuen.

Während die Kompatibilität die Anschlussfähigkeit einer Technik bewertet – also ihre »Einfügung« in bereits vorhandene technische Umwelten –, handelt der Komplexitätsfaktor vom *Aufwand*, den wir treiben müssen, um eine Technologie zu erwerben, zu erlernen, zu bedienen, zu handhaben und zu warten.

Und schließlich verfügt Technik auch noch über einen »Vorführaspekt«. Ein Auto können wir vorfahren, mit einem Flachbildschirm zu Hause angeben. Was aber ist mit dem Wireless Lan in unserem Wohnzimmer? Oder mit dem Staubsauger? Manche Techniken können einfach aus Mangel an »Angebefaktor« ins Hintertreffen geraten, und dann droht Preis- und Interesseverfall.

iPhone und iPod, die Schlüsselinnovationen der letzten Jahre im Konsumelektronikmarkt, verfügen in allen fünf Kategorien über hohe »Scores«. iPhones haben einen enormen Vorführeffekt, sind anschlussfähig (die Daten lassen sich leicht mit Computern synchronisieren) und zeichnen sich durch weit bessere Erlernbarkeit aus als vergleichbare Geräte. Das Prinzip der »technischen Auslese« scheint also zu funktionieren. Um es auch als prognostisches System zu nutzen – also die Frage zu beantworten, was sich *in Zukunft* durchsetzt –, müssen wir die Rogers-Faktoren allerding vertiefen – und sie um die Techno-Trends unserer Tage ergänzen.

Retro-Tech: Technologie als Wiedergänger

> In der Zukunft sind viele Dinge möglich, aber nicht praktisch.
>
> *Isaac Asimov, Alterszitat*

Zumindest im Konsumgüterbereich erscheint uns ein Großteil der »Innovationen« der letzten 30 Jahre als durchaus fragwürdige Neuerung. Gab es zunächst noch einen immerhin wahrnehmbaren, wenn auch zweifelhaften Gewinn an »Komfort« (durch Elektronik) und »Pflegeleichtigkeit« (durch Chemie), so ist der »Fortschritt« bei Konsumgütern inzwischen zur nervtötenden Landplage geworden, der die Produkte nur noch »witziger«, »farbiger« oder eben – »Innovation« als Selbstzweck – nur irgendwie »neuer« macht. Unter technischen Gesichtspunkten steht dem ein dramatischer Verlust an Qualität, Funktionssicherheit, Reparierbarkeit und Langlebigkeit und unter kulturellen Gesichtspunkten ein – vielleicht ebenso dramatischer – Verlust an »Geschichtlichkeit« gegenüber.

So hieß es vor einigen Jahren auf der Website des deutschen Versandhandelskatalogs Manufactum. Manufactum lebt von dem, was im Kosmos der Alltagsdinge längst ausgestorben sein sollte: von Pferdehaarschrubbern und Eisenleitern, Käsereiben aus Blech und Thermometern mit giftigem Quecksilber, von Christbaumständern aus massivem Gusseisen und Badewanneneinlagen mit Gumminoppen, von pflegeintensiver Unterwäsche in reiner Seide und »Bullrich-Salz«.

Wer mit dem Blick des Artefakt-Ethnologen einen Manufactum-Laden betritt, dem wird ziemlich schnell klar, *warum* diese Gegenstände innerhalb der technischen Evolution in eine Nische zurückgedrängt worden sind. Ihre manufakturelle oder handwerkliche Herkunft macht sie im Vergleich zu industriellen Produkten teuer, und meistens sind sie, entgegen den euphorischen Beschreibungen im Katalog, auch nicht sonderlich ästhetisch. Aber gerade ihre grobe, sichtbare Funktionalität, ihr »Non-Design« macht das »Authentische« oder »Kulthafte« aus.

Manufactum-Produkte sind verspätete und nostalgische Botschafter einer Zeit, in der das Verhältnis zu den Dingen durch Könner- und Kennerschaft geprägt war. Das erforderte große Aufmerksamkeitsressourcen: Wartung, Pflege, Reparatur, Waschen, Bürsten, Polieren, Pflegen, Nachkaufen, Ersatzteilbeschaffung, Lagerung, Bastelarbeit. Bis auf Letzteres wurden diese »Services gegenüber den Dingen« überwiegend von Frauen

erledigt, jedenfalls in der Sphäre des Haushalts. Oder vom Dienstperso-
nal. Kein Wunder dass die nostalgische Verklärung dieser alten, hand-
werklichen Welt bei jenen am ausgeprägtesten ist, die über genügend
Geld für das nötige Personal verfügen, um auch im 21. Jahrhundert mit
echter Hartweizenschuhcreme auf echtem Pferdeleder herumpolieren zu
lassen.

Ironischerweise ähneln die Produkte von Manufactum auf dieser Ebene
den elektronischen Spielzeugen, Gadgets und Gimmicks, die sie kritisie-
ren. Auch sie sind ADDs – *Attention Demanding Devices*. Aber Aufmerksamkeit ist eine seltsame Ressource: Technik soll zwar Aufmerksamkeit
ersparen, bisweilen sehnen wir uns aber gerade nach dem, was unsere Zu-
neigung und Geduld erzwingt.

– Die Digitalisierung aller Lebensbereiche hat in den letzten Jahren die
  Absätze edler Füllfederhalter um den Faktor 14 ansteigen lassen. Ebenso
  boomten Läden für edles Papier.

– Der Siegeszug der CD brachte eine Gemeinde hervor, in der analoge Plat-
  tenspieler wie heilige Schreine verehrt wurden. Und siehe da – plötzlich steigen die Stückzahlen von Vinylplatten wieder.

– Viele Gegenstände, die wir aus unserer Kindheit kennen, erleben eine
  Wiederauferstehung in neuer Gestalt. Allein bei den Autos: der VW-Kä-
  fer, der Fiat 500, der Mini, schließlich sogar der Trabbi – diese Wieder-
  auferstehungen zeugen von unserem tief verankerten Formengedächt-
  nis.

– Viele totgeglaube Technologien überleben durch Anpassungsprozesse.
  So wurde bereits in den achtziger Jahren der »Mainframe«-Computer,
  der zentrale Großcomputer, totgesagt – und erlebt zum Beispiel im
  IBM-Modell z10, dessen Entwicklung 1,5 Milliarden Dollar kostete, eine
  Renaisssance.[139]

Retro-Technologien nutzen nostalgische Strömungen, aber sie bleiben
dort nicht stehen. Sie versuchen eine Symbiose zwischen Analogem und
Digitalem, Gewohntem und Utopischem. Sie arbeiten mit einer Technik,
die auch in der biologischen Evolution bewährt ist: Re-Kombination.

Ein wunderbares Beispiel im Bereich der Biowissenschaften nennt sich
»Smart Breeding«. Dabei nutzt man die Erkenntnisse der Genforschung,

um hocheffektive neue Pflanzenzüchtungen zu erschaffen. Aber eben nicht mit »Gentechnik«; sondern mit der guten, alten Methode von Auslese, Bestäubung und Kreuzung. Anders als bei der »harten« Gentechnik entstehen bei dieser Methode nur Pflanzen, die in der natürlichen Umwelt tatsächlich Bestand haben können. Hier werden nur DNA-Sequenzen kombiniert, die sich tatsächlich »vertragen«. So wird das alte, züchterische Erbe der Menschheit in die Zukunft getrieben – mit den Erkenntnissen der neuen Wissenschaften, aber den bewährten Methoden der Natur.[140]

Georgische Forscher haben neue Strategien im Kampf gegen resistente Keime entwickelt. Sie benutzen Phagen (eine Virenart) als Waffen gegen die Mikroorganismen – und nutzen auf diese Weise die Kräfte der Natur gegen die Natur. Ähnliche Prinzipien finden sich heute überall in der systemischen, agrarischen Schädlingsbekämpfung – und zunehmend auch in der Humanmedizin. Im *Economist* veröffentlichten Wissenschaftler ihre Theorie, nach der die kommenden Gentherapien gegen resistente Keime vor allem den »Resistenzdruck« verringern müssen, damit die Natur nicht mit »verschärften Mitteln« reagiert. Dieses Abrüstungskonzept werden wir in Zukunft auch in anderen Sektoren sehen. In der Militärstrategie, beim Autobau oder auch im Evolutionspfad des Computers, wo heute schon »schwache Prozessoren«, die eigentlich veraltet sind, im Kontext von »distributed computing« eingesetzt werden.

Simple Tech: Die Wiederkehr der Einfachheit

> Simplicity is about living life with *more* enjoyment and *less* pain.
>
> *John Maeda*

Meine sächsische Großmutter war eine moderne und liberale Frau. Das Radio spielte für sie zeitlebens eine wichtige Rolle, sie blieb politisch und gesellschaftlich interessiert, das Fernsehen wurde ihr schon bald zu dumm (»eine Hupfdohlenbude«). Als sie älter wurde, schließlich sehr alt, nahmen ihre Schwierigkeiten mit der Technik zu. Die Röhrenradios, die sie besessen hatte, die mit dem grünen Auge, gingen kaputt, und es gab niemand mehr im Ort, der sie reparieren konnte. Die neuen, die wir ihr zum Geburtstag schenkten, hatten irgendwann so viele Tasten, dass sie orginalverpackt auf den Dachboden stehen blieben. Ich brachte meine Großmutter erst wieder zum Radiohören, als ich ihr einige Jahre vor ihrem Tod einen »Volksempfänger« kaufte. Eine Ein-zu-eins-Nachbildung eines alten Röhrenempfängers aus den vierziger Jahren, hergestellt in Korea. Daran gab es genau drei Knöpfe. Drei!

Wo ist das Radio in den letzten 20 Jahren geblieben? Es verschwand in jenen immer technoideren Stereo-Racks, die zu stets sinkenden Preisen in unsere Wohnzimmer wanderten. Dort schrumpfte es zum dünnen »Receiver«. Seine Auferstehung in Form des »Internet-Radios« brachte zwar 1000 Sender – aber wo, verdammt noch mal, ist der Verkehrsfunk, wo die Acht-Uhr-Nachrichten?

Das Radio als Empfangsgerät analoger Wellen repräsentiert keine besonders verlässliche Technologie. Im Auto auf längeren Strecken ist »UKW« eine echte Herausforderung. Digitaler Empfang vervielfältigt, ähnlich wie beim Fernsehen, die Senderanzahl ins Unüberschaubare. Was Menschen am Radio jedoch liebten, ist seine Unmittelbarkeit – es funktioniert wie ein »akustischer Anker«, eine Brücke zur Welt. Digitalisierung bedeutet, so heißt es, Zusatznutzen. Wollen wir wirklich bei jedem Musikstück auch noch Daten über Interpret, Plattenfirma und die Website, wo wir die CD kaufen können, empfangen?

Die Radioapparate der Pionierzeit waren große, resonanzhafte Kisten, die ihre *Verkündigungs*funktion schon physisch ausdrückten: »Magische Augen« und sichtbare Röhren glühten, und der Volksempfänger brachte Marschmusik, Wagner, den Frontbericht. Bis in die siebziger Jahre hinein, als das Fernsehen die Welt ins Wohnzimmer holte, blieb das Radio ein Medium des *Fernwehs*. Andere Länder, andere Sendestationen, die Romantik des Äthers.

Die einzige Hoffnung in den letzten Jahren hieß »Tivoli«. Ein kleiner Kasten aus Metall und Holz mit *einem* Knopf für den Sender und *einem* Knopf für die Lautstärke. Ein Gerät, das niedlich aussieht, als hätte man die *Essenz* des Radios neu erfunden. Weder Hi-Fi noch Sensurround, kein Bassequalizer und kein Subwoofer, aber solide, klare Qualität. Hunderttausend Exemplare wurden vom »Model One« seit dem Jahr 2001 verkauft. Inzwischen gibt es auch einen Radiowecker, sogar ein CD-Deck und

Abbildung 3.1: Das Tivoli: Rückkehr der Einfachheit.

einen Zwischenverstärker – inzwischen kann man auch schon seinen iPod andocken. Und nun ziehen die anderen Hersteller nach. Plötzlich gibt es wieder ganz einfache, mit *großen* Knöpfen versehene Kompaktradios auf dem Markt. Sogar Internet-Radios bekommen ein simples, fröhliches Gesicht. Und täuschen wir uns? Oder kommen mit dem »Gesicht des Radios« auch alte Sendeformate zurück? Das Stadtradio. Das Wissenschafts- und Wissensradio. Das Kulturradio.

Die zweite Selektionsformel für Zukunftstechnik hört auf den schlichten Namen »Einfachheit«. Die dazu passende Formel lautet:

Ist eine Technik ausgereift, entscheidet über den Markterfolg
ihr realer »Komplexitätsgewinn«, wobei:

Komplexitätsgewinn = Möglichkeitszuwachs minus
kognitiver Bedienungsaufwand

Oder als Vollsatz ausgedrückt:

Überschreitet der Komplexitätsaufwand zum Bedienen einer realen
(technisch ausgereiften) Innovation den Nutzengewinn in
der alltäglichen Praxisanwendung, wird diese Innovation
im Markt scheitern und/oder in eine Spezialistennische abwandern.

Embedded Technology

Adam D. hat verschlafen. Sein neuer Wecker EXP/VDM5211 aus dem »Medium Markt« blinkt beharrlich im Off-Modus 00:00, nachdem der »Easy touch«-Programmierversuch fehlgeschlagen ist. Die »Service-Hotline« war besetzt, in der 100-seitigen Bedienungsanleitung scheint die deutsche Sprache unter einen koreanischen Rasenmäher gekommen zu sein: »Normalarreige reigl nach Druck auf S1 sbwechsalnd Siunden und Minuien/Monal und Tao an.«

Schlecht gelaunt macht sich Adam D. auf den Weg zur Arbeit. Als sein Wagen nicht anspringt, meldet sich eine Stimme im Cockpit seines nagelneuen Fahrzeugs: »Bitte führen Sie zu Ihrer eigenen Sicherheit einen Alkohol-Test durch!« Getrunken hat Adam D. nichts, seinen Mundgeruch interpretiert das Messgerät dennoch als riskant. Er steigt aus, bittet seine Nachbarin um eine Atemspende für den Chip und fährt los. Unterwegs will er einem Ölfleck ausweichen. Der Sensor seines Autos deutet das plötzliche Überqueren des Mittelstreifens als Anzeichen von Fahrerermüdung und setzt den Rüttelalarm in Gang. Vor Schreck reißt Adam das Steuer herum und landet im Straßengraben. Die Versicherung zahlt nicht: Laut Bedienungsanleitung sei der Rüttelalarm nur für die Autobahn geeignet und hätte auf der hindernisreichen Landstraße ausgeschaltet sein müssen ...[141]

Jede angewandte Technik ist Teil eines Service-Systems, einer »soziotechnischen Umwelt«. Energieversorgung, Wartung, Lernprozesse, Reparatur, Entsorgung, Bewertung von Risiken, Absicherung von Risiken. Eine Technik zu »embedden« bedeutet, sie in ihrer ganzen Funktionsbreite und Lebensdauer zu erschließen – und sie darüber hinaus »anschlussfähig« zu machen für Verbesserungen und »Upgrades«. In der radikalsten Form kann man dies tun, indem man die Technologie als »Prozess von unten« gestaltet. »Open Innovation« gibt es heute im Bereich der Software, bei Linux-Anwendungen zum Beispiel. Die Konsequenz ist, dass die Nutzer viele Fehler selbst beheben können, dass ein breites Expertentum entsteht, das Servicetechniker überflüssig macht. Die Formel »Ich kenn da jemanden, der kann dir das machen ...« ist eine elementare »Embedding«-Strategie.

Um noch ein weiteres Mal den iPod zu erwähnen: Sein Erfolg besteht ja eben nicht nur in seiner Simplizität. Seine Nutzung ist deshalb komfortabel, weil sie in ein Software-System »*embedded*« ist, welche das individuelle und legale Downloaden von Musik ermöglicht. In diesem Sinn ist das Gerät selbst nur ein Anhängsel, eine »Blüte« eines technischen Systems, das früher oder später alle Silberscheiben in unseren Haushalten überflüssig machen wird.

Resilient Tech – unkaputtbare Technik

Das südafrikanische Unternehmen Freeplay brachte 1996 das erste aufziehbare Radio auf den Markt – ursprünglich gedacht für Regionen, in denen Batterien zu teuer sind und Strom aus der Steckdose nicht zur Verfügung steht. Aber das Gerät hatte mit den klobigen Aufziehgeräten früherer Generationen wenig zu tun: Die Techniker benutzten eine neu entwickelte hauchdünne Spannungsfeder, die manuelle Energie länger halten kann, und machten sich den geringeren Energieverbrauch neuer Transistoren zunutze. Ergebnis: Mit drei Minuten Kurbeln konnte man fast drei Stunden Radio hören. Heute geht es noch schneller, und jetzt verkaufen sich Freeplay-Geräte (und Nachahmergeräte der europäischen Konzerne) plötzlich in europäischen Kaufhäusern als Kultgeräte. Die Firma bringt in kurzen Abständen neue Produkte auf den Markt: Laternen zum Kurbeln, Handy-Akkus zum Aufladen per Kurbel, das US-Militär bestellte ein GPS-System und einen tragbaren Minendetektor, ein Handheld-Computer ist in Entwicklung.[142]

Die Kurbeltechnik ist robust. Sie funktioniert (fast) immer, erspart uns die Demütigungen elektronischer Zusammenbrüche, fehlender Batterien oder kaputter Netzteile. Ähnliches gilt für Techniken im ökologischen Bereich. Der Nischenerfolg der Kurbeltechnologie ist ein gutes Beispiel für die Wichtigkeit eines Motivs, das für die Techno-Evolution der Zukunft eine wichtige Rolle spielen dürfte: die Sehnsucht nach Autonomie. Warmwasser-Sonnenkollektoren und Photovoltaik-Zellen mögen »sich nicht rechnen«, wie die Apologeten des reinen Kosten-Markt-Prinzips es uns immer wieder versichern. Aber sie haben eine unwiderstehliche »Autonomie-Sexyness«. Haben wir sie, in Kombination mit einem Batteriesystem und/oder Wassertank, auf dem Dach, fühlen wir uns prima, denn jetzt kann ruhig der Strom ausfallen!

Eigentlich ist Autonomie das Grundversprechen des Technischen: Technologie bringt Distanz zwischen uns und die Umwelt, sie ermöglicht

Abbildung 3.2: Kurbelgeräte der neueren Generation: eine Lampe und ein Radio.

uns Frei- und Spielräume. Einer Abhängigkeit soll eine »Gegenmacht« entgegengesetzt werden. Aber die Realität sieht anders aus: Wir geraten in neue, viel schlimmere Abhängigkeiten. Nun ist es plötzlich auch eine zweite Umwelt – die der Technologie –, die uns mit Katastrophen heimsuchen kann. Der Albtraum eines »meltdowns« des Internets, der GAU eines Atomkraftwerks verkehrt unsere Welt-Mächtigkeit in ihr Gegenteil. Faust lässt grüßen!

Sensuelle Technologie

Wir sind, wie schon mehrfach betont, sinnliche Wesen, die mit ihrer Außenwelt über Gefühl, Haptik, räumliche Orientierung in Verbindung treten. Nun machen moderne Autos kaum noch Geräusche, jedenfalls nicht, wenn man drinnen sitzt, und wenn es sich um jene Hightech-Boliden handelt, die den Fahrer wie ein Kokon aus Stahl, mit Duft und elektronischer Aufmerksamkeit umgeben. Das wiegt den Fahrer in falscher Sicherheit. Deshalb simuliert moderne Autotechnologie Störungen. Das Steuerrad bei manchen Hightech-Autos vibriert, wenn man die seitliche Fahrbahnmarkierung überquert. Könnte sich in Zukunft nicht auch der Geruch verändern? Wenn wir zu schnell auf der Autobahn fahren, riecht es plötzlich nach heißem Metall ...

Wie könnten zum Beispiel Musikanlagen in Zukunft aussehen? Wenn wir dem heutigen Technologiepfad folgen, müssten sie in der sinnlichen Welt früher oder später kaum noch wahrnehmbar sein und immer winziger werden. Lautsprecher würden in den Wänden verschwinden oder durch Kopfhörer substituiert. Doch wenn wir alle 25 000 Titel im iPod haben, verlieren wir irgendwann die Lust. Alles ist irgendwie gleich. Im Gegensatz zu den abgegriffenen Vinylalben unserer Jugend »ankern« an den Musikstücken keine haptischen Informationen mehr. Musik ist aber, das wissen nicht nur Rock'n'Roll-Liebhaber, in ihrem Wesen *physisch*.

Vielleicht ließe sich dagegen ein Musiksystem entwickelt, das die Musikstücke in kleinen Murmeln oder anderen Gegenständen symbolisiert. Das Stück erklingt, wenn wir diesen »Repräsentanten« auf eine Schale legen.

Ein anderes Beispiel dafür, dass weniger manchmal mehr und das sinnliche Element der Technik wichtig ist: Jeder kennt die Situation in einem Hotelzimmer, wenn er in der Überfülle des Beleuchtungssystems die Übersicht verliert. Alle Schalter schalten sich gegenseitig kurz, und die digitale Fernsteuerung macht alles noch viel schlimmer. Wie wunderbar ist da ein klarer, erkennbarer Messingschalter, der mit einem mechanischen *klick* das Licht erstrahlen lässt: an der richtigen Stelle angebracht, unzweifelhaft in seiner Funktion, eindeutig im Ergebnis, sinnlich im haptischen Erlebnis des leichten Widerstandes.

Verschweinungs-Tech gegen Fitness-Tech

In den letzten Jahren habe ich mir angewöhnt zu laufen, wenn ich mich nach einem langen Denk- und Kommunikationstag müde fühle. Also genau das Gegenteil von dem zu tun, was mein Körper mir vorschlägt: *Leg dich hin und ruh dich aus.* Wovon denn? Ich habe mich den ganzen Tag ja körperlich kaum bewegt!

Der Erfolg ist erstaunlich. Wenn ich zwei, drei Tage nicht gejoggt habe, fühle ich mich unwohl. Mein Körper treibt mich inzwischen in die Schuhe, er sagt mir, was zu tun ist. Mein Arzt ist zufrieden, und ich fühle mich viel wohler als vor einem Jahrzehnt, als ich wie ein Sitzriese mit ständigen Kreuzschmerzen vor den Monitoren dieser Welt hockte.

Auf meinen bescheidenen Laufwegen (ich laufe nie mehr als eine Stunde, das aber mindestens dreimal die Woche) habe ich inzwischen mehrere Fuß-Technologien durchprobiert. Besonders im Gedächtnis geblieben sind mir dabei *zwei* Exemplare: der High-Tech-Schuh einer Firma mit drei Streifen und der eher retro-technische Gegen-Entwurf einer Firma mit einem dynamischen Haken. Diese beiden Gipfel der modernen Schuhmacherkunst symbolisieren die beiden Extreme der technologischen Evolution an unseren Füßen.

Das High-Tech-Modell ist ein echter Ausbund an Hochtechnologie, vollgepackt mit Elektronik, wulstigen »Spoilern«, einer »intelligenten Federungsflüssigkeit« in seinem Inneren. Der Schuh surrt beim Laufen, weil er bei jedem Schritt den Dämpfungsgrad des Untergrunds misst und seine Elastizität blitzschnell darauf einstellt. Wie in einem Auto mit ABS, Antischlupfregelung und noch 24 anderen unsichtbaren Regelsystemen fühlt man sich beim Laufen wie entrückt. Das Ding kommt nahe an den berühmten Superduperschuh von Daniel Düsentrieb heran, mit dem Tick, Trick und Track ohne Anstrengung zur Schule düsen.

Der Low-Tech-Schuh ist das genaue Gegenteil. Er ist eigentlich gar kein Schuh, sondern eine Socke, ein Mokassin. Die Sohle aus Gummi ist in wabenformige Segmente unterteilt, die gegeneinander arbeiten können. Der Schuh sitzt immer perfekt. Aber das Laufen darin ähnelt dem Stapfen in Sand. Es ist mühsam. Nichts hüpft. Die Waden schmerzen.

Wenn ich das Hightech-Modell ausziehe, habe ich immer das Gefühl, plötzlich behindert zu sein, irgendwie langsam und alt.

Wenn ich den Mokassin ausziehe, fühle ich mich leicht muskelkaterig. Aber das vergeht schnell. Danach haben die Muskeln eine nie gekannte Spannkraft.

Der High-Tech-Schuh »trainiert für mich«, und gewiss schont er meine Gelenke. Mit dem Mokassin muss ich meine Laufmuskeln hart trainieren. Was viel anstrengender ist, solange sie nicht aufgebaut sind. Deshalb laufe ich mit dem Free weniger, aber wahrscheinlich effektiver. Der prothetische Effekt ist hier gleich null, während er bei hochtechnisierten Laufschuhen sogar wissenschaftlich messbar ist – ein typisches Fallbeispiel für die unerwünschten Nebenwirkungen von Technologie.[143]

Sogar die österreichische Gesundheitsministerin empfahl unlängst, »wir« sollten doch statt des Aufzugs wieder die Treppe nehmen. In Amerika entwickeln sich heute erste »Walk neighborhoods«. Oberstes Motto: Nicht das Auto bei jedem kleinen Weg benutzen! Fettleibigkeit, Diabetes,

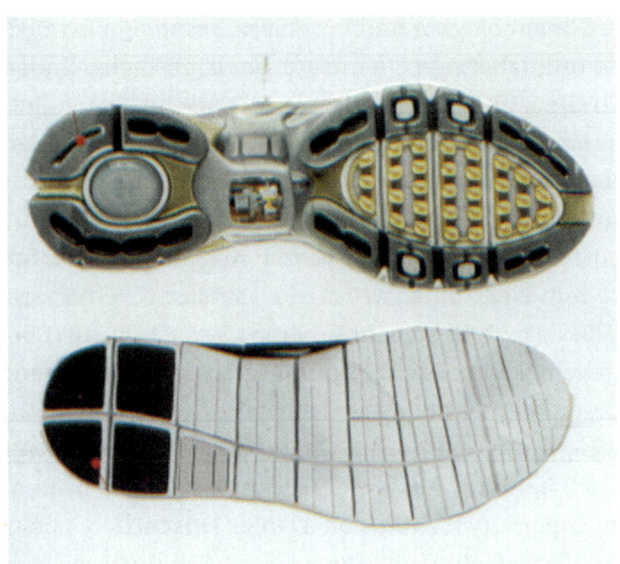

Abbildung 3.3: Die zwei Alternativen der Jogging-Technologie.

Kreislaufprobleme – unsere technologische Umwelt hat uns generell *entmobilisiert*. Und das genau versuchen wir jetzt zu revidieren. Hilft uns Technik dabei? Oder behindert sie uns nur auf neue Weise? Wie kann man Technik so einsetzen, dass sie unsere Fitness tatsächlich verbessert, anstatt uns nur vorzugaukeln, wir seien die Größten?

Die »Verhausschweinung« des Menschen

Technologie ist die Organisation von Überflüssen –
heute wie in der Urzeit.

José Ortega y Gasset

Eines der besten Beispiele für eine Technik, die geradewegs zur »Verhausschweinung« des Menschen führt, ist der »Keyton Chair«, ein Massagestuhl, der höchsten Komfort in allen Sitzpositionen verheißt. Man kann sich ganzkörpermassieren lassen, dass es nur so brummt und summt, bis in die Fingergelenke. Man wird wie in einem Futteral an allen Gliedern

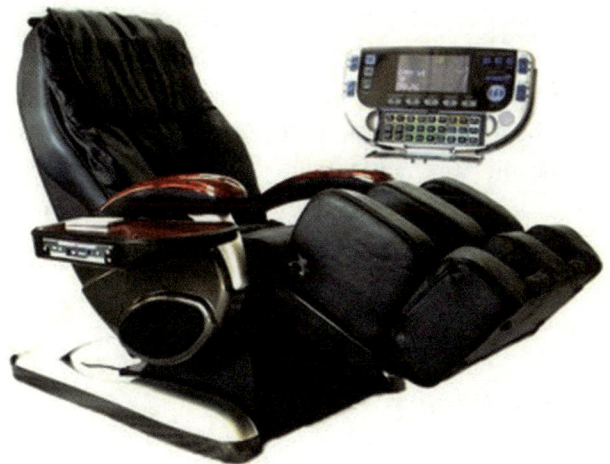

Abbildung 3.4: Der Keyton-Chair, ein Gerät für die »Verhausschweinung«.

gewalkt. Hilfe gegen Rückenschmerzen, Arthritis und Impotenz verspricht das teure Gerät. Der Mensch wird stillgelegt, womöglich vor dem Fernseher, bis er zur monströsen Molluske degeneriert. Für Behinderte mag diese Technologie nützlich sein. Bei Gesunden führt sie geradewegs in die Behinderung, weil alle Muskeln und Gelenke verkümmern.

Schauen wir uns das genaue Gegenteil dieses Konzepts an: die spartanische Fitnessstudio-Kette des Schweizer »Rückengurus« Werner Kieser. »Der moderne Mensch verliert seine Rückenmuskeln durch seine Lebensweise, das ist der Grund für mindestens 80 Prozent aller Rückenbeschwerden«, knurrt Kieser in jedem seiner Interviews. Seine Kieser-Training-Kette, von der es bald 100 Filialen in fast allen europäischen Großstädten gibt, beherbergt präzise Fitnessgeräte für jeden kleinen Muskel, mechanische Kunstwerke in schlichtem Grau, Widerstände für die Fasern unseres Körpers. Keine Musik, keine bunten Farben, keine aufreizende oder tief ausgeschnittene Kleidung, kein Lärm, kein Flirt. Nur der Körper arbeitet mit sich selbst. Hier trainieren die Gebildeten und Intellektuellen, die Kreativen und Kopfmenschen. Ein Publikum von 14 bis 90 arbeitet meditativ und mit erkennbarem Genuss an der Schmerzlust, die ein Muskel bieten kann, wenn man ihn nach lebenslanger Vernachlässigung wiederentdeckt und belastet.

Technik, die uns trainiert und fitmacht, unsere geistigen und körperlichen Fähigkeiten steigert statt verkrüppelt, wird letzten Endes gewinnen. Der Erfolg der Wii, der Videospielkonsole von Nintendo, die nun auch den Körper und die Bewegung in die Videospiele einbezieht, zeigt, wohin die Reise geht: in Richtung auf aktivierende, formende und »entspannende« Technik. Technik, die uns ruhigstellt, verhausschweint, vernachlässigt und verkommen lässt, wird hingegen langfristig von der technischen Evolution negativ selektiert werden.

Bionik-Tech – die organische Technik

Der nächste evolutionäre Attraktor der »smarten« Technologie der Zukunft besteht in ihrer Rück-Bindung zur organischen Welt. Dieser Trend betrifft alle Teilaspekte von Technologie: Materialien, stoffliche Systeme, Konstruktionsweise, Support-Systeme, aber natürlich vor allem das konstruktive Design.

Die Evolution hat im Lauf von vielen Millionen Jahren Konstruktionen hervorgebracht, die an Effektivität nicht zu schlagen sind. Eine Brücke wird *immer*, egal, welche Materialien eingesetzt werden, Konstruktionselemente von Bäumen beinhalten, denn Bäume sind optimierte Schwerkraftkonstruktionen. Knochen sind optimierte biologische »3-D-Renderings«; Formen, in denen die Beweglichkeit eines Organismus mit seiner äußeren Form unter Einwirkung der Schwerkraft korrespondiert. Forscher konstruieren neue Strömungsmodelle für U-Boote nach den Mustern der Fische. Roboterentwickler bringen ihren künstlichen Kreaturen bei, sich wie Küchenschaben in Schwärmen zu bewegen. »Biomimetik« ist am MIT, dem Avantgardelabor für die Technologie der Zukunft, der letzte Schrei.[144] An der Universität von Berkeley entwickelt man Klebstoffe nach dem Vorbild der Geckos: Mithilfe von Millionen mikroskopischer Härchen nutzen Geckos die sogenannten Van-der-Waals-Kräfte, um an der Decke zu laufen, ohne herunterzufallen. Winzige Anziehungskräfte im atomaren Bereich, die aber in der Summe reichen, um einen ganzen Körper zu halten – natürliche Nanotechnik.[145] Scott White von der University of Illinois erfand sich selbst reparierendes Plastik nach dem Vorbild menschlichen Kapillargewebes.[146]

Penicillin, vielleicht die Erfindung mit der nachhaltigsten Wirkung auf die menschliche Lebensqualität, ist nichts anderes als das Stoffwechselprodukt eines Schimmelpilzes. Die wirksamsten Schmerzsubstanzen aller Zeiten fand man in Südsee-Meeresschnecken – *Conus catus, Conus tulipa und Conus striatus*.[147] Gegen die Wirksamkeit von Frosch-, Schlangen- und Spinnengiften sind Labortoxine immer noch dilettantisch.

Biologie entwickelt sich stets entlang von Systemen, in denen einzelne Funktionen oder Organismen immer nur »Module« in einem größeren Zusammenhang bleiben. Menschliche Ingenieure hingegen neigen dazu, einzelne Funktionen zu verabsolutieren und zu optimieren. Die biologische »Fuzzy-Logic«, ihre Fähigkeit zur »eleganten Multifunktionalität« ist das, was letzten Endes das *Wesen* der Technologie verändern kann. Systemisches Denken schlägt Funktionalität.[148]

Bionische Technologie wäre auch von der Ästhetik des Biologischen beeinflusst. Zukunftstechnik sieht aus wie der »Beluga-Zeppelin« des französischen Designers Jean-Marie Massaud: ein fliegendes Hotel für die gar nicht so ferne Zukunft (Abbildung 3.5).

Abbildung 3.5: Der Beluga-Zeppelin des französischen Designers Jean-Marie Massaud: Die Schönheit der Natur am Himmel.

Simplizität – der evolutionäre Pfad

In der Natur hat sich im Lauf von Jahrmillionen aus einfachen Organismen, aus Phagen, Moosen, Flechten und Einzellern, ein Universum mehrzelliger Organismen entwickelt. Dabei hat die natürliche Evolution, dieser »blinde Uhrmacher«, eine »Arbeitsmethode« von Re-Kombination und Differenzierung entwickelt, um höhere Komplexität zu erzeugen.

Bei jedem Komplexitätssprung, in dem Organismen einer höheren Ordnung entstehen, werden die Funktionen des Organismus re-arrangiert. Das geschieht einerseits durch das Weiterentwickeln eines zentralen Nervensystems, des Gehirns und seiner organischen Verzweigungen und molekularen Rückkoppelungssysteme. Andererseits durch »smarte Dezentralisierung«. Komplexe Organismen *delegieren* einerseits also bestimmte Funktionen an automatische Regelkreise. Und *zentralisieren* andere Funktionen, die das *Zusammenspiel* der einzelnen Systeme steuern. Komplexe Organismen sind – auch wenn es widersprüchlich klingt – von einer großen Simpliziät in ihrer »linearen Optimierung« (vergleichbar dem mathematischen Simplex-Verfahren): Sie wimmeln von Redundanzen, Rückkoppelungen, die die Basisfunktionen aufrechterhalten, dabei aber immer höhere Ordnungen entstehen lassen. Ihr inneres Wesen ist die *Synchronisation* ihrer Subsysteme.

Im Vergleich zu dieser Architektur ähnelt unsere Technologie heute noch einem zufällig ausgeschütteten Haufen von Bausteinen, die man zufällig zusammenlötet oder auseinanderschraubt. Es fällt schwer, sich dies einzugestehen, aber unsere ach so tollen technischen Errungenschaften sind im Grunde primitive Prätechnologien des tatsächlich Nützlichen, Eleganten.

Warum schlechte Technik überlebt

Also gut, möchte man an dieser Stelle seufzen, wir haben jetzt eine Ahnung davon, wie der soziotechnische Selektionsprozess am Ende Technik »auslesen« könnte Aber offensichtlich *funktioniert* etwas an diesem Mechanismus nicht richtig. Ohne Zweifel sind wir umgeben von hässlicher, quälender, un-smarter, un-organischer Technologie – und ein Ende ist nicht abzusehen. Bei den meisten technischen Dingen und Systemen haben wir gar nicht die *Wahl*. Wir werden *gezwungen*, komplizierte, blöde, un-menschliche, hässliche Geräte zu kaufen und zu benutzen!

In der Natur existieren zwei wesentliche evolutionäre Strategien, die miteinander konkurrieren. Jeffrey Kluger nennt sie in seinem Buch *Simplexity* »ausbeutende« (*exploitative*) und »forschende« (*explorative*) Organismen.

Ausbeutende Organismen sind Spezies mit klaren Nischen und etablierten Überlebensstrategien. Ein ausbeutender Organismus wird kaum etwas evolutionär Neues probieren, er wird bei seinen bewährten Methoden bleiben und sich die Umwelt um sich herum so weit wie möglich unterwerfen. Das ist gut für seine Individuen, auch für die nächsten Generationen, denn auf diese Weise vermeidet man die Risiken, die unwiderbringlich mit Adaptionen und Veränderungen verbunden sind. Aber auf lange Sicht ist es ist gefährlich für die Spezies. Forschende Organismen hingegen tendieren zu neuen Nischen, mutieren schnell, entwickeln neue Überlebensstrategien. Das ist risikoreich im Kurzfristigen, denn jede Veränderung beinhaltet Risiken des Scheiterns. Über lange Sicht jedoch hält es die Spezies flexibel und erhöht ihre generellen Überlebenschancen.[149]

Um die Konsequenzen dieser Worte zu verstehen, müssen wir die Betrachtungsweise des Mensch-Technik-Systems noch einmal radikal umdrehen. Stellen wir uns vor, nicht menschliche Bedürfnisse formten die Technik, sondern Technologie formte die menschlichen Handlungen! Nicht wir nutzen Technik, sondern Technik benutzt *uns*!

Es ist gar nicht so schwer, in diesen Gedanken einzutauchen. Viele Technologien haben uns zu Objekten ihrer Intentionen gemacht. Der Fernseher zum Beispiel hat mit seiner süßlich-bunten, süchtig machenden Bilderflut weite Strecken unseres Wahrnehmungsapparates übernommen – wir »hängen an der Glotze«. Den Autos ist es gelungen, uns mit ihrem schmarotzerischen Angebot von Komfort, emotionalen Reizen, Statussystemen und mobilen Abhängigkeiten vollständig zu domestizieren. Sie zwingen uns zum »Ölsaufen«, auch wenn wir uns mit Händen und Füßen wehren! Es ist gar nicht so abwegig, uns als »unterworfene Symbionten« zu betrachten, die unentwegt als Fahrer, Einparker, Betanker, Straßenbauer, Reparateure, Konstrukteure, Lobbyisten für die Spezies Automobil Opfer bringen, wie die Ameisen für ihre Königin.

In der Computertechnik ist es nicht viel anderes. Das mächtigste Standardsystem arbeitet nach einem parasitären Prinzip. Es fragt nicht danach, ob die Leute diese Software haben *wollen*. Wir sind die Ameisen, die Bakterien, die das »System MS-DOS« ständig mit Tannennadeln, sprich Daten versorgen; wir füttern die fette Königin, die sich längst die digitale Umwelt untertan gemacht hat wie ein gewaltiger Pilz oder wie eine virale Epidemie.

Bakterien passen ihre Umwelt durch Stoffwechselprozesse an ihre Bedürfnisse an, sie »designen« die Molekularstruktur um sie herum. Pflanzen schaffen durch Blätterabwurf und Wurzelsymbionten eine ständige Verbesserung des Bodens, auf dem sie stehen. Flugzeuge erzwangen im Lauf ihrer Geschichte teilweise radikale menschliche Verhaltensänderungen. Sie brachten Menschen zunächst in eine völlig neue Situation – in engen Röhren in unnatürliche Sitzpositionen gepresst, mussten Platzängste und Komfortverluste, aber auch die Kontrollverlustangst in irgendeiner Weise kompensiert werden. Dafür gab uns das Flugzeug »Zucker«. Und so entstand die »Air Culture«, ein kompletter Lifestyle rund um das Flugzeug: In den sechziger Jahren zunächst jenes Stewardessenparadies, das den männlichen Passagier, der so gut wie immer ein »Business-Mann« war, auf vielfältige Weise verwöhnte. Der Cocktail über den Wolken, die lächelnde, ständig zugeneigte Schönheit in Uniform und Minirock, die *Lounge* als Treffpunkt einer neuen globalen (Männer-)Elite – es sind diese betörenden Inszenierungen, die dem Fliegen bis heute seinen semi-erotischen Mythos verleihen.

Heute fallen uns die Zumutungen, die mit dem aeronautischen Massentransport verbunden sind, gar nicht mehr auf. Das langsame, monotone Ritual des »Eincheckens« (die allmähliche Transformation des Menschen vom wandelnden Zweibeiner zum »eingedosten« Passagier), die Tortur der Sicherheitskontrollen, die sinnentleerten Sicherheitsanweisungstänze vor dem Abflug, die sonore Stimme der Piloten, die Hostien der Bordmenus. Wie bei Insekten, die mit Stichen unsere Haut betäuben, damit wir nicht spüren, wenn sie Blut trinken, werden wir zwischendrin mit Cocktails und Bonusmeilen und Stewardessenlächeln betäubt. Sind wir nichts anderes als der »Stoffwechsel« des Systems Flugzeug, so wie im Kultfilm *Matrix*, wo Menschen schlicht als die Wärmeaggregate der Maschinen dienen?

Technologie, so müssen wir erkennen, kann durchaus ein Eigenleben führen. Sie ist ebenfalls ein »Organismus«, mit Bedürfnissen, Ansprüchen, Forderungen an die Umwelt. Sie kann mächtig werden, sehr mächtig. Und dann können sich die Rollen vertauschen, zwischen Technik und Natur, Innovation und Evolution.

Technische und biologische Evolution – die Unterschiede

Eine Variante des afrikanischen Rauhhäutigen Baumfrosches (*Chiromantis rufescens*) im südlichen Tansania legt seine befruchteten Eier in ein Nest, das er in mühsamer Arbeit auf einem Ast konstruiert und das hoch über einem Wasserloch hängt. Dieses Nest füllt er mit einem Körpersekretschaum aus, der die Brut gleichzeitig schützt und nährt (im Englischen heißt der Frosch denn auch »Foam-nest Tree Frog«).

Wasserlöcher haben in den von Terminalia-Bäumen dominierten Trockensavannen weiter Teile Ostafrikas eine entscheidende Bedeutung für alles Leben. Giraffen, Gnus, Löwen, Warzenschweine und Hyänen, wilde Hunde, Elefanten und Leoparden stillen hier ihren Durst, suhlen sich im Schlamm, um sich in der heißen, staubigen Trockenzeit vor Parasiten zu schützen. Wasserlöcher weisen eine hochkomplexe Ökologie auf, die zyklisch verläuft. Sie sind in der Lage, auch wenn es viele Monate lang keinen Niederschlag gibt, ihr Wasser zu bewahren. Sie »altern« und können nach drei, vier Jahren plötzlich umkippen und veralgen. In der Zeit höchster Trockenheit beginnt oft ein wilder Kampf um die letzten Wasserressourcen; das Wasserloch befindet sich dann meistens im »Besitz« eines aggressiven männlichen Warzenschweins, das es gegen alle Konkurrenten verteidigt.

Zurück zu unserem Baumfrosch: Währenddessen wachsen 1, 2 Meter über dem schrumpfenden Wasserspiegel die Eier langsam zu Kaulquappen heran, gut geschützt im Inneren des Nestes, dessen styroporähnlicher Schaum in der Hitze immer mehr aushärtet, bis er so fest wie Beton ist. Wenn der Reifegrad der embryonalen Frösche ein bestimmtes Maß überschreitet, »schalten« diese einen »Wahrnehmungsrezeptor« an, der auf eine Weise, die noch nicht vollständig entschlüsselt ist, den Feuchtigkeitsgrad der umgebenden Luft misst – *durch* die styroporähnliche Substanz hindurch. Ist das Wasserloch noch »intakt« genug – und *nur* dann –, setzen die Kaulquappen ein Enzym frei, dass den Schaum innerhalb kürzester Zeit schmelzen lässt – er tropft in das Wasserloch hinein und gibt die schwimmenden Jungtiere frei.

Ohne Zweifel nutzen Tiere Technologie – mit mechanischen und chemischen Tricks, die erstaunlich an die Technologie des Menschen erinnern. Viele menschliche Erfindungen sind im Reich der Natur ein alter Hut – Papier aus Holz ist der Grundbaustoff von Wespennestern, das Klonen ist ein alter Trick der DNA. Aber warum hat die Natur dann nicht das Rad erfunden? Sie hat! Und zwar in Form eines »Linearmotors«, der durch natürliche Evolution zustande kam – der Antriebsmechanismus, der manche Bakterienarten peitschenförmig vorantreibt. Dieses *Flagellum* ist in mehreren Schichten aufgebaut, die, molekular voneinander getrennt, mechanische Drehbewegungen verursachen.[150]

Natürlich ist die »Technologie« des Schaumfroschs und des Flagellums auf ganz andere Weise entstanden als die menschliche. Sie wurde von den gnadenlosen Gesetzen der Evolution geformt, nicht von planenden und antizipierenden Menschen. Die Evolution wies dem Schaumfrosch durch Jahrmillionen Auslese und Adaption eine bestimmte, eng begrenzte evolutionäre Nische zu. Nur in dieser winzigen Nische, unter diesen ganz spezifischen Umständen der trocken-heißen Savanne kann er seine »Technologie« zum eigenen Überleben einsetzen. Der Schaumfrosch *ist* seine Technologie – er ist auf Gedeih und Verderb mit ihr verbunden.

Lässt sich am Ende überhaupt die technische mit der biologischen Evolution vergleichen? Stanislaw Lem schreibt in *Die Technologiefalle*:

> Der Unterschied zwischen der Art, wie ein Ingenieur etwas konstruiert und wie der Organismus gebaut ist, … liegt darin, dass wir es in unseren Technologien immer mit Material und Werkzeug zu tun haben, mit dem, was bearbeitet wird, und dem, was bearbeitet, mit dem Baumaterial und dem Bauarbeiter, mit dem Operierten und dem Operateur, dem Fahrzeug und dem Fahrer, dem Stoff und dem Instrument, die Lebenserscheinungen aber kennen diese grundlegende Dualität nicht. Das Lebende »baut sich selbst«, gestaltet selbst, steuert selbst, reguliert selbst, erschafft selbst.[151]

Donald A. Norman betont in seinem Buch *The Design of Future Things* hingegen eher den verbindenden Effekt:

Es gibt aber eine interessante Parallele zwischen der natürlichen Evolution und der Evolution von Maschinen: Beide müssen effizient, verlässlich und sicher in der realen Welt funktionieren. Die Welt stellt also dieselben Bedingungen an alle drei: Tiere, Menschen und Artefakte.[152]

Technologie als »Geführte Evolution«

Der britische Biologe und Evolutionsphilosoph Richard Dawkins beobachtete einmal die weißen, flauschigen Samenkapseln, die von einem Weidenbaum in seinem Garten vom Wind davongeweht wurden:

> Es regnet Instruktionen dort; es regnet Programme; es regnet Baumwachsen, Vervielfältigung, Algorithmen ... Das ist keine Metapher, es ist die glatte Wahrheit. Es könnte nicht klarer sein, wenn es CD-ROMs regnen würde ...[153]

Der Evolutionsbiologe Niles Eldredge, dessen »Punctuated-Equilibrium«-Theorie ich im zweiten Teil beschrieben habe, hat sich ebenfalls mit der Frage nach dem Unterschied zwischen natürlicher und artifizieller Evolution beschäftigt. Eldredge sammelte über Jahre historische Kornette, jene Blasinstrumente, die in vielen Orchestern Trompeten ersetzten. Eldredge fasste die kleinen Veränderungen, die sie im Lauf ihrer technischen Bearbeitung durchliefen, schließlich zu Gruppen und Stammbäumen zusammen. Diese Strukturen verglich er mit den Evolutionsbäumen, in denen sich Trilobiten – ausgestorbene Tiefseeschnecken aus dem Kambrium – entwickelt hatten.

Abgesehen von den völlig ungleichen Zeiträumen – Trilobiten entwickelten sich in 250 Millionen Jahren, Kornette in drei Jahrhunderten – fällt die unterschiedliche Baumstruktur auf. Während die Trilobiten in Zentralbäumen mit diagonalen Abweichungen evolvierten – die Abzweigungen markieren jeweils veränderte Umweltbedingungen oder »Bergrücken«, in denen sich neue Unterarten selektierten –, weist die Kornett-Evolution eine eher horizontale Struktur mit sehr vielen Varianten auf, die in zwei Hauptzweigen endet. Niles Eldredge fasst die unterschiedlichen Wege so zusammen:

> Der zentrale Unterschied ist, dass biologische Systeme ihre Informationssysteme vor allem vertikal weitergeben. Bei ihnen zweigen von einem Hauptstamm enge Bäume

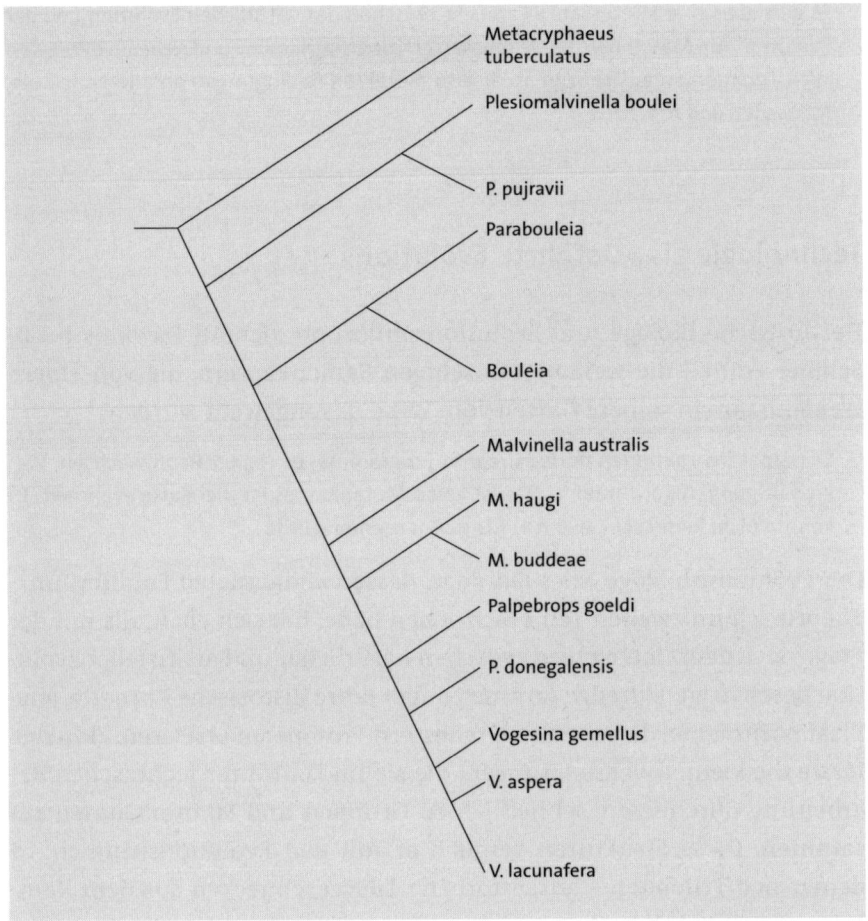

Abbildung 3.6: Die Stammbäume der Trilobiten: Klassisch für *biologische* Evolutionen sind die weitverzweigten Stränge, die nach dem Prinzip der »Bergketten« entstehen. Hat eine Spezies sich in zwei Lebensräume geteilt, entwickeln sich daraus in sehr langen Zeiträumen zwei voneinander unabhängige Arten, die nicht mehr genetisch miteinander kommunizieren.

ab, die von einer Differenzierung der Erbinformation in historischen Linien zeugen ... In materiell-kulturellen Systemen jedoch ist der horizontale Informationstransfer dominant. Patente halten meist nicht lange, und wenn irgendwo eine Innovation vollbracht wurde, wird sie schnell weitergegeben und kopiert. Damit diffundieren Details schnell in die ganze Spezies. Anstelle eines Baumes mit Bifurkationen erhalten wir ein »Netzwerk der Verfeinerungen«.[154]

Beide »Innovationsmethoden« haben ihre Vorteile. Die Evolution »schmie-

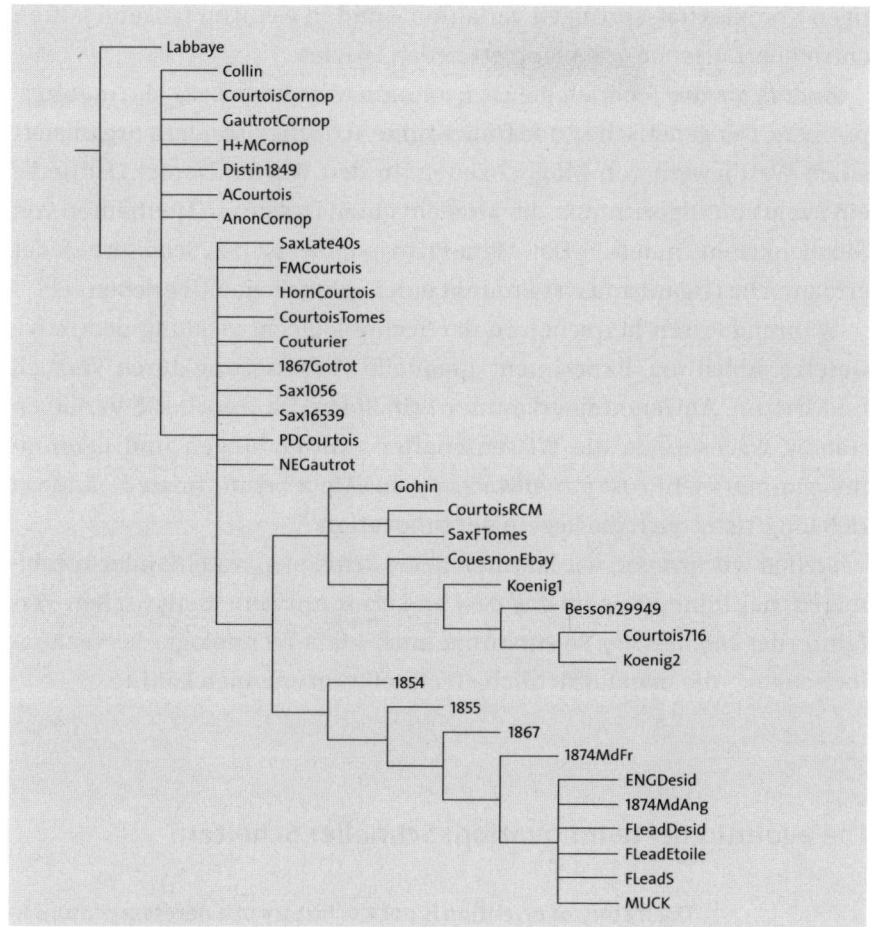

Abbildung 3.7: Die Stammbäume der Kornette. Typisch für die *technische* Evolutionskette sind waagerechte Linien, in denen Innovationen in Varianten fast gleichzeitig auftreten – da in der menschlichen Kultur Erfindungen rasch kopiert und adaptiert werden, ensteht mehr »Simultanvarianz«.

det« mit ihren unendlich langsamen Prozessen optimierte Überlebensmaschinen. Sie arbeitet, wie wir aus den jüngsten Erkenntnissen der Genforschung und Evolutionsbiologie wissen, durchaus modular: Sie entwickelt aus alten Genen neue Gene, adaptiert aus »Prototypen« immer neue Organismen – nach dem Prinzip des »Evo-Devo«, der »Evolutionary Development Theory«.[155] Sie ist auch nicht immer so langsam, wie der klassische Darwinismus lehrte. Bisweilen kann sie schubweise, in mächtigen Komplexitätssprüngen verlaufen – und in wenigen tausend Jahren entstehen Tausende von komplett neuen Spezies.

Anders als die Technologie ist Evolution allerdings kein »Erfindungsprozess«. Der genetische Code findet keine »Lösung«, sondern organisiert einen Wettbewerb von Möglichkeiten. In den Worten Daniel Dennetts: ein Evolutionsalgorithmus, der »Nadeln guten Designs in Heuhaufen von Möglichkeiten findet«.[156] Das Meta-Prinzip dabei ist das Scheitern: Jeder erfolgreiche Organismus ist Produkt eines »glücklichen Überlebens«.[157]

Währenddessen herrschen in der Technologieentwicklung deduktive Gesetze: Ableitung, Experiment, graduelle Verbesserung durch Versuch und Irrtum, Anwendung erkannter Prinzipien. Da jedoch die Variablen ständig wachsen, da die Wissenschaften, Anwendungen und Erkenntnisse immer mehr zusammenwachsen, zu »Meta-Erkenntnissen«, ändern sich langfristig auch die Regeln der Innovation.

Stellen wir uns vor, wir könnten beide Prinzipien miteinander kombinieren: das blinde Prinzip des *trial and error* mit dem analytischen Verfahren des *engineering*. So entstünde eine »Meta-Technologie des Technologischen« – die man tatsächlich »Technolution« nennen könnte.

Die evolutionierte Innovation: Schneller Scheitern

> The history of invention is not the history of a necessary future to which we must adapt or die, but rather of failed futures, and of futures firmly fixed in the past.
>
> *David Edgerton*

Biologische Organismen wie Viren und Bakterien replizieren sich in Zellen und funktionieren deren innere Mechanismen zu ihrer eigenen Vervielfältigung um. Ähnlich gehen die Computerviren vor. Das weltweite Datennetz wird in regelmäßigen Abständen von Fieberwellen erfasst wie ein eineinhalbjähriges Kind, das sein Immunsystem zu kräftigen versucht! Die Computeringenieure reagieren darauf ebenfalls mit »Immunsystemen«, die wiederum neue Varianten der Viren erzeugten. Eine technologische Evolutions- und Lernkette, die bereits weitgehend der biologischen Evolution ähnelt.

Im Rahmen der EA-Wissenschaft – »Evolutionary Algorithms« – versuchen Computerwissenschaftler heute, die Gesetze der Evolution auf technische Entwicklungen anzuwenden. Dabei werden Umwelten simuliert und mit Formen »gegengerechnet« – so lange, bis ein »angepasstes Design« entsteht.[158] Der Evolutionsbiochemiker Andrew Ellington ist einer der Pioniere dieser Methodik. Er sagt: »Man sollte die Moleküle etwas über sich erzählen lassen, denn sie wissen über sich selbst viel mehr als wir.« Ellington arbeitet an einem »molekularen Evolutionssystem«, das rund um die Uhr 365 Tage im Jahr arbeitet. »Man gibt ihm eine Aufgabe und sagt: Arbeite so lange dran, bis du ein Ergebnis in Form eines Moleküls hast, das das Problem löst.«[159] Danni Hillis, ein Erfinder von Supercomputern, versucht dasselbe in der Siliziumwelt: Er lässt Programme und Programmsequenzen so lange gegeneinander antreten, bis sie eine natürliche Selektion, sprich Verbesserung erreicht haben. Als Resultat sind die »evolvierten« Programme ungleich eleganter und verlässlicher als jene Spaghetti-Codes, die menschliche Programmierer immer wieder produzieren.

Sieht so die Innovation der Zukunft aus? »Züchten« wir in Zukunft Maschinen, Software und Meta-Maschinen? Übertragungen »darwinistischer Methoden« auf die Technologie sind verbreiteter, als wir alle denken. In den Genlabors arbeitet man mithilfe von Gen-Arrays mit den Methoden von »trial and error«. In der fortgeschrittenen Programmiertechnik ist »brute force« ein probates Mittel: Man lässt so lange mit brutaler Rechnergewalt rechnen, bis ein Ergebnis herauskommt.

Im Wettlauf um die Lösung der wichtigsten Zukunftsfrage, der Knappheit der Energie, könnten neue Innovationsalgorithmen zu einem entscheidenden Faktor werden. Derzeit werden viele Milliarden Dollar in amerikanische Energy-Start-ups investiert. Das Geld der New Economy, aber auch das alte Ölgeld von Konzernen wie BP fließt in kleine, quirlige Unternehmen, die sich nichts weniger vorgenommen haben als die Lösung der »Menschheitsfrage Energie«. Unzählige dieser Firmen gehen nach kurzer Zeit wieder ein, weil sie ihre Patente nicht schützen oder ihre Methoden sich nicht realisieren lassen. Aber auch erfolgreiche Aufsteiger wie Nanosolar haben sich aus diesen Energy-Clustern herausentwickelt – ein Unternehmen, das mit ungleich billigeren und effektiveren photovoltaischen Folien auf den Weltmarkt drängt.[160]

Das zentrale Prinzip dieser Entwicklung nennt sich »failing faster«, längst wird es inzwischen auch in der Medikamentenentwicklung und bei Impfstoffen angewandt. Viele unabhängige Forscher, Teams und Fanatiker attackieren ein und dasselbe Problem: Unzählige Experimente, Versuche, Firmen, Hoffnungen bleiben dabei auf der Strecke. Die, die durchkommen, gewinnen das Rennen – und gehen ein in die Kathedrale der Zukunft. Evolution zum Wohle der Menschheit – auf dem Wege zur Zukunft.

Teil IV

Zu den Sternen

Unsere meta-technologische Zukunft

Wir leben alle in einem großen Holodeck.

Andrew Newberg

Wir sind realitätsproduzierende Maschinen.

Dr. Joseph Dispenza

Ich glaube nicht an Gott, aber ich vermisse ihn.

Julian Barnes

Technologie ist ein Weg, Evolution zu evolutionieren.

Kevin Kelly

Auf zu Schiff

Im Winter des Jahres 1973 machte ich inmitten der rebellischen Aufbrüche der frühen siebziger Jahre mein Abitur. Es war die Zeit von »Riders on the Storm« – der Tramp-Reisen nach Stonehenge und Südfrankreich, des nächtelangen Redens und Fantasierens. Die meiste Zeit verbrachten wir im »Gloria Palast«, dem neu eröffneten Großkino unserer Stadt. Dort gab es ein Café mit orange-brauner Plüschdekoration und eine Leinwand so groß wie der Himmel. Die Kinosessel waren weiche, rote Kontursessel, die nach hinten federten und an Raumschiffliegen erinnerten. Jeden Sonntag um 11.30 Uhr lief Stanley Kubricks *2001 – Odyssee im Weltraum*. Dann konnte es passieren, dass süßliche Schwaden über die ersten Reihen zogen – die sonntägliche Aufsichtsperson, ein halb tauber, kriegsversehrter Rentner, ließ uns in Ruhe.

In jener Sequenz, die im Grunde die soziotechnische Schlüsselszene des Epos bildet, liegt Frank Poole, der Astronaut, auf der Massageliege im Kommandoteil des Raumschiffs Discovery, das sich auf der großen Reise zum Jupiter befindet. Dort wird Poole einer außerirdischen Intelligenz begegnen und sich kosmisch transformieren. Den makellosen jugendlichen Körper nur mit einer kurzen Turnhose bekleidet, kommandiert Poole: »Ein bisschen höher!«, worauf HAL, das unfehlbare Überlebenssystem, – surr! – das Kopfteil nach oben fährt. Nun wird von der Erde die Geburtstagsbotschaft der Eltern übertragen, Mutti im schicken Kleid, Vati mit Jackett. Aufgeregt plappern die beiden in die Kamera, während unser Sternenfahrer auf unfassbar coole Weise keine Miene verzieht:

> Hallo Frank, herzlichen Glückwunsch zum Geburtstag, Liebling! Alles Gute, mein Sohn! Ray und Sally wollten auch dabei sein, aber im letzten Augenblick bekam Ray wieder mit der Bandscheibe zu tun. Wie gefällt dir denn dein Kuchen? ... Und ich

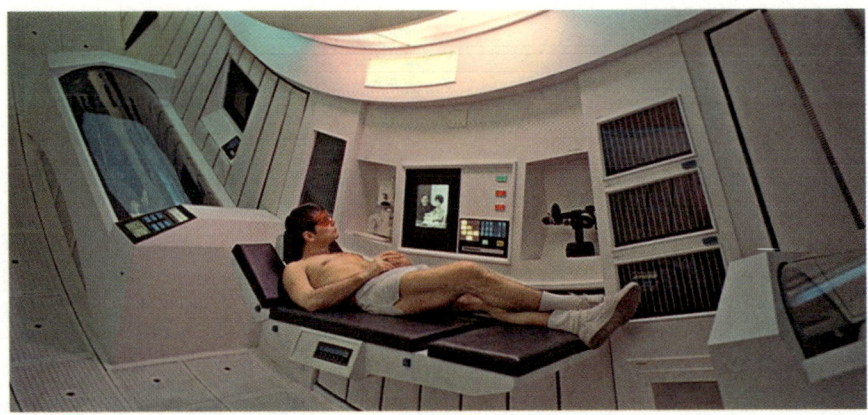

Abbildung 4.1: Dave und seine Eltern.

habe meinen Schülern versprochen, dich herzlich von ihnen zu grüßen. Sie sprechen nämlich ununterbrochen von dir, du bist wirklich eine Berühmtheit ... Weißt du, dass wir in der letzten Woche im Fernsehen waren? Wir wurden über unsere berühmten Söhne interviewt. ... Und noch was – ich glaube, du brauchst dir wegen der Zahlungen für den Sportwagen keine Sorgen zu machen. Ich habe gestern mit der Buchhaltung gesprochen, und die sagten mir, dass du schon vom nächsten Monat an ein höheres Gehalt bekommen wirst ... Wir sind wie immer mit unseren Gedanken bei dir. Alles Gute, mein Junge!

In dieser Szene konzentriert sich das rebellische Versprechen, aber auch das narzisstische Wesen der Technologie, in ungeheurer Dichte. Technologie ist wie ein Kokon, der uns umfängt. Sie ist die »Zweite Mutter«, die uns grenzenlos und – endlich! – ohne Bedingungen verwöhnt. Ein Uterus der Macht, der uns über unsere Grenzen hinausträgt, immer weiter, immer weiter ...

Doch wie die reale Mutter muss auch sie uns irgendwann enttäuschen. Und *wie* weit wird sie uns tragen? [161]

Agetopia – Der Traum von der Unsterblichkeit

Natasha Vita-More – der Name ist Programm – wohnt in einem Körper, den sie gerne wie eine Skulptur auf ihrer Website ausstellt (www. natasha.cc), verfügt über eine Reihe waschbrettartig geformter Bizeps-

und Trizepsmuskeln, perfekte Brüste und Beine, so lang wie die von Gazellen. Täglich trainiert sie an Muskelgeräten, schluckt hoch dosierte Vitamine, Hormone und Spurenelemente. Ihre Haare sind elastisch und vital, ihr Gesicht mit den übergroßen Augen wirkt wie aus einer bionischen Masse geformt – transhuman eben, manche sagen auch: geliftet.

Natasha Vita-More, deren Biografie irgendwo in der osteuropäischen Immigration beginnt und die heute mit ihrem Mann, der den schönen Namen Max More trägt, in Austin, Texas lebt, ist eine Ikone der »Transhumanisten«. Ihr Alter liegt irgendwo zwischen 40 und 60, also in jenem Biostatus, in dem ihrer Meinung nach in Zukunft *alle* menschlichen Körper bleiben werden – und zwar *für immer*. Dabei ist sie keineswegs nur ein schrilles amerikanisches Model, sondern eher eine Intellektuelle. Sie nahm am Art Masters Program der Accademia di Belle Arti in Ravenna teil, an der UCLA studierte sie »Future Studies«. In zahlreichen Performances, Ausstellungen und Vorträgen kämpft sie für die Idee der Unsterblichkeit, als deren lebendes Monument sie sich selbst sieht. Der Filmregisseur Volker Schlöndorff schwärmt von Natasha: »Dieses Werk sollte die Welt sehen!« Und in der amerikanischen Presse hieß es über sie: »Ein superhumanes Objekt der Begierde, das Madonna, Schwarzenegger und Marcel Duchamp kombiniert.«

Natasha ist Extropianerin. Normale Sterbliche werden von ihr mit dem Attribut »humanish« belegt, wobei die Endung »-amish« eine rückständige, fortschrittsfeindliche Zivilisationsstufe andeutet. Sie glaubt an Technologien, die das Leben verfügbar, formbar, »upgradable« machen. Mit ihrem Mann ist sie eingeschriebene Alcor-Begeisterte, das heißt, sie wird sich, wenn ihr vorläufiges sterbliches Ende kommen sollte, mittels flüssigem Stickstoff bei 180 Grad Minus in einem Aluminumbehälter einfrieren lassen, in der Hoffnung, in einer fernen Zukunft, wenn die Technologien weiter fortgeschritten sind, wiedererweckt zu werden. Dann wird sie sich in *Primo* transferieren – ihre Identität in einen neuen Körper überspielen. Primo ist ein »Upgrade-Body«, ein Zweitkörper aus Nanotechnik und genetischem Material, bereit für den downloadbaren Geist.

Extropianer glauben an die Macht einer Technik, die uns schon demnächst ins Reich des Transhumanismus entführt. Dem »Entropie«-Prinzip, mit dem die Natur unsere Zellen altern lässt, unsere Knochen erweicht und dem Universum des Körpers stets ein Quantum mehr Chaos zufügt, setzen sie die Vision einer »Ex-Technologie« gegenüber, die tief ins Innere des Lebensprozesses eingreift. Mitglieder des Extropianer-Netzwerkes – von einer Bewegung zu reden wäre etwas übertrieben, gibt es auf dem Planeten doch nur einige 100 Mitglieder – sehen sich als Avantgarde einer gar nicht so fernen Zeit. Als Botschafter der Zukunft in der Gegenwart.

Der Doktor der Unsterblichkeit

Aubrey de Grey ist zwar kein Mitglied der Extropianer, aber dafür der wissenschaftliche Kopf der Unsterblichkeitsbewegung. Sherwin B. Nuland schildert in seinem Buch *Die Kunst zu altern* eine Begegnung mit ihm so:

> Durch das Fenster des Pubs konnte ich sehen, wie de Grey sein gebrauchtes, 25 Jahre altes Fahrrad auf der anderen Seite der schmalen Straße abstellte. Schmal ist in der Tat auch das richtige Wort für die Beschreibung des Mannes selbst, der bei einer Köpergröße von knapp 1,85 nur 67 Kilo wiegt. Die magere Gestalt wird zusätzlich betont durch einen kastanienbraunen Bart, der ihm bis auf die Mitte der Brust reicht und wohl noch nie mit Kamm oder Bürste in Berührung geriet. Er trug eine hüftlange Plaidjacke, die man fast schon schäbig nennen könnte. Auf dem Kopf saß eine Wollmütze, die ihm, wie ich noch erfahren sollte, seine Frau vor 14 Jahren gestrickt hatte ... Weniger vorbereitet war ich auf die Intensität dieser durchdringenden blauen Augen wie auch auf das Gesicht, in dem sie so hell leuchteten.[162]

So zottelig und hippiehaft de Grey auftreten mag, er gilt auch in eher skeptischen wissenschaftlichen Kreisen als Koryphäe der Altersforschung. Was man ihm nicht absprechen kann, ist seine analytische Schärfe, mit der er das – für ihn lösbare – »Sterblichkeitsproblem« durchdringt. Und die moralische Wucht, mit der er sein Anliegen verteidigt. Sein bekanntestes Zitat lautet:

Das Recht zu leben, so lange man will, ist das wichtigste Grundrecht der Welt!

Nach de Grey gibt es keinen einzigen realistischen Grund, warum das menschliche Leben nicht drastisch, wenn nicht gar *für immer* verlängert werden könnte. Jede einzelne der sieben »Todeskrankheiten«, also jener zellulären und organischen Prozesse, die zu Alterung, Siechtum und Tod führen, ist seiner Meinung nach demnächst mit technisch-biologischen Mitteln »behandelbar«:

- Atrophie und Verlust von Zellen
- Anhäufung unerwünschter Zellen
- Mutationen in Chromosomen
- Mutationen in Mitochondrien
- Anhäufung von Abfall in der Zelle
- Anhäufung von Abfall außerhalb der Zelle
- Brückenbindung zwischen Proteinen außerhalb der Zelle[163]

Nehmen wir einmal an, es wäre so. Nehmen wir an, die Vision der nachhaltigen Lebensverlängerung, in de Greys Vokabular: *Robust Human Rejuvenation*, könnte noch in diesem Jahrhundert Realität werden. Wenn man sich recherchierend dem Thema nähert, wird man mit einer Fülle von Forschungsergebnissen konfrontiert, die nahelegen, dass die Grenze von rund 100 Jahren, die heute als maximal verfügbare (gesunde) menschliche Lebensspanne gelten, tatsächlich im Lauf dieses Jahrhunderts fallen könnte.

Die Gentechnologie hat den Prozess des Alterns inzwischen an einigen entscheidenden »Einfallstoren« dechiffriert. Am Ende jeder Zelle, auch der menschlichen Körper- und Hirnzellen, sitzen Telomerase-Abschnitte, die sich im Lauf des Zellwachstums nur zu einer bestimmte Anzahl teilen können. Diese Abschnitte zu verlängern gehört heute bereits zum *State of the Art* in der Tier-Biotechnologie. Würmer mit achtfacher Lebensspanne sind bereits im Labor »entwickelt« worden. Mithilfe der Substanz PBA leben Taufliegen doppelt so lange, ohne an Fertilität und Lebenskraft einzubüßen.[164]

De Grey hat einen Preis für die »Langlebigkeitsmaus« ausgesetzt, die – konstant im wiederholten Experiment – doppelt so lange lebt wie eine normale. Es sieht ganz so aus, als ob er in den nächsten Jahren seinen Preis verleihen kann: Um 25 Prozent stieg die Lebenserwartung von Mäusen, denen auf gentechnische Weise eine Kopie des Gens IGF-1R entfernt worden war. Mit der Manipulation des DAF-2-Gens konnten die Forscher lebensverlängernde Fliegen und Fadenwürmer züchten.[165] Einige Mäuse,

denen der SCS-Wirkstoff EUK-189 ins Futter gemischt wurde, lebten dreimal so lange wie normale Mäuse![166]

Ebenfalls erfolgreich verlief ein radikales Experiment der »Methusa-
lem-Züchtung« von Fliegen. Nur besonders langlebige und lange fort-
pflanzungsfähige Tiere wurden über mehrere Generationen hindurch
selektiert. Heraus kamen »Superfliegen, die kräftig und widerstandsfä-
hig waren, wenn normale Fliegen schon längst aus dem letzten Loch pfif-
fen.« So der Forschungsleiter Michael Rose. Die US-Genetiker Annibale
Puca und Thomas Perls durchforsteten daraufhin die Erbanlagen von 308
Hochbetagten nach »Methusalem-Genen«. Sie stießen auf die Spur einer
Gensequenz auf dem Chromosom 4, die offenbar etwas mit der Langlebigkeit zu tun hat ...[167]

Die Firma Geron in Menlo Park zwischen San Francisco und Palo Alto
kann bereits das Altern menschlicher Zellen stoppen, ohne dass diese sich
in Krebszellen verwandeln. Neue Substanzen wie die sogenannten SCS (syn-
thetic catalitic scavengers) können den Prozess des chemischen Zellverfalls
durch Oxidation schon erheblich bremsen – der oxidative Stoffwechsel gilt
als eine der Kernursachen des Zelltods. (Schon Linus Pauling, der Chemie-
nobelpreisträger, versuchte mit riesigen Mengen von Vitamin C dem Zell-
tod zu entkommen – er schaffte es mit dieser Behandlung bis 93.)

Was den Traum von der Lebensverlängerung plausibel macht, sind
auch die Erkenntnisse der Evolutionsforscher. Die Lebensspannen von
Tieren scheinen einem gewissen Zukunftsprinzip zu unterliegen. Manche
Papageiensorten leben über 200 Jahre, andere sehr viel kürzer. Bedingt ist
dies anscheinend weniger durch eine Art »ewiges Programm« als durch
Zufälle in der evolutionären Entwicklung. Da für die Evolution vor allem
die Reproduktion eines Organismus im Vordergrund steht, »vergisst« sie
danach das Schicksal der Individuen einer Spezies. Der überlebende Körper kann sterben. Oder auch nicht.[168]

Die transtemporale Gesellschaft – ein Szenario

Spielen wir das Szenario also einmal beherzt durch. Im Jahr 2098 liegt
die mittlere Lebenserwartung in Europa bei knapp 95 Jahren, wobei die

Unterschiede zwischen Männern und Frauen durch die weitere Androgenisierung der Gesellschaft weiter abgeflacht sind. Diese Zahlen wären nur eine Verlängerung der heutigen Trends (das Problem der Zivilisationskrankheiten einbegriffen) und keineswegs sensationell. Durch systemische Medizin und verändertes Ernährungsverhalten, ergänzt durch ein Breiten-Medikamentierungssystem der gesamten Bevölkerung (mit einem Cocktail von Anti-Aging-Substanzen), haben sich in den Wohlstandsländern Methusalem-Kulturen entwickelt. Nach Jahrzehnten, in denen die Wohlstandsgesellschaften mit Demenz, Diabetes und Multimorbidität zu kämpfen hatten, hat sich der Trend zur »Compression of Morbidity«, zu einer Kompression der Morbitätsphase auf den allerletzten Lebensabschnitt durchgesetzt. Die Erweiterung der Lebenserwartung wurde also nicht mit längerer Krankheit, Siechtum und Bettlägerigkeit bezahlt. Öffentliche Programme fördern die Gesundheitsvorsorge, sanfte (oder bisweilen drastische) Zwangsmaßnahmen zwingen so gut wie jeden zu Sport und gesunder Ernährung. Der durchschnittliche Europäer bleibt bis weit in seine Achtziger hinein vital und sportlich aktiv, die aktive Arbeitsspanne hat sich bis weit in die Siebziger ausgedehnt.

Im Oktober des Jahres 2099 wird in einem kleinen Dorf in den Apenninen, in einer Fertilitätsspezialklinik, wie sie in dieser Zeit weitverbreitet sind (Frauen bekommen ihre Babys häufig auch noch mit sechzig), das erste *Longlife-Baby*® geboren. Einige Jahre zuvor hat die globale Ethikkommission in Lhasa zwar ein Gesetz erlassen, dass die Manipulation der Alterungsgensequenzen *in vitro* verbietet. Aber ein chinesischer Milliardär konnte der Versuchung nicht widerstehen, seinem Sohn für 15 Millionen Dollar von einem internationalen Genetikerteam ein patentiertes Longlife-Telomerase-Gen® einbauen zu lassen.

Selten hat eine Schlagzeile die Welt so bewegt wie die Geburt des ersten Trans-Time-Babys, das gesund zur Welt kommt und rein biologisch an die 200 Jahre leben kann. Die Menschheit diskutiert. Sie weiß, dass dies revolutionäre Folgen haben wird. Biologische Langlebigkeit ist teuer. Zwar schrumpft im Jahr 2100 die Weltbevölkerung wieder (es leben nur noch 7,8 Milliarden Menschen auf dem Planeten, nach dem Zenit von 9,2 im Jahr 2057), sodass ökologische Argumente weniger ins Gewicht fallen. Aber wenn die Entwicklung weitergeht, müssen zwangsläufig zwei neue Menschentypen entstehen. Die »Transtimer« und die »Shorttimer«. Werden die »Shorttimer« irgendwann einen Aufstand gegen die neue »Herrenrasse« der Langlebigen inszenieren? Wird Langlebigkeit ein Stigma oder ein geradezu göttliches Privileg – ein erstrebenswertes Ideal für die Nachkommen, so wie Bildung in früheren Zeiten?

30 Jahre später, in seinem ersten veröffentlichen Interview 2130, sagt der erste Trans-Time-Mensch Worte, welche die Welt ziemlich deprimieren:

> Es gibt nichts Langweiligeres als das Leben. Ich wünschte, ich könnte es einmal so sehen wie die Kurzlebigen … Vielleicht fahre ich ja deshalb so schnell Auto und nehme viel zu viel Turbo-Pillen auf meinen Partys … Aber eigentlich will ich nur schlafen …

Zwei Jahre später stirbt »Trans Time One« in einem Autounfall. Er hatte das automatische Fahrsystem und die Airbags deaktiviert …

Der Wunsch nach Unsterblichkeit gehört zu den uralten kulturellen Sehnsüchten der Menschen – gigantische Reiche wurden darauf aufgebaut, man denke an die ägyptischen Pharaonen. Die entscheidende Frage wäre jedoch, ob wir auch eine *Soziotechnik* (er)finden würden, um mit realer Lebensverlängerung umzugehen.

Wäre Religion jemals entstanden, wenn menschliches Leben nicht schon nach so kurzer Zeit mit dem Tode endete? Natürlich wäre eine »äonische Spiritualität« denkbar, eine spielerische, halb ironische Variante von Religiosität, wie sie die alten Griechen pflegten. Aber die Vitalität, mit der das Religiöse unsere Kultur geprägt hat und das Leben von Millionen mit Transzendenz, Hoffnung und Fanatismus würzt, wäre wohl dahin. Keine Kathedralen, keine sakralen Orte mehr? Keine ergreifenden buddhistischen Rituale der Entleerung und Kontemplation? Keine spirituellen Ekstasen mehr? Wissen wir wirklich, was wir da überwinden?

Was würde in einer transtemporalen Gesellschaft aus dem Maßstab der Zeit, die im Lauf des Lebens knapper und kostbarer wird? Was passiert mit den »Passagen« im Leben, der Pubertät oder der Midlife-Crisis, dem »zweiten Aufbruch« um die 60, wenn wir »es« noch einmal wissen wollen? Was geschieht mit dem Wandel von Schlaf und Wachen, wenn unsere Hirne Jahrhunderte überdauern? Träumen wir noch? Werden wir mehr vergessen oder mehr erinnern? Wird alles egal?

Wird der Tod am Ende eines 200-jährigen Lebens als Erlösung empfunden? Oder als noch monströserer Skandal, dessen Dimension man nun *noch viel weniger* aushalten kann? Würden wir uns deshalb alle umbringen, weil im langen Leben nichts mehr zählt?

Ungeduld, Neugier, Angst, Hass, Gier, Lust, Wille, Kreativität, Schöpferdrang – sind sie nicht allesamt Ableitungen der Todesangst? Das Rauschen des Adrenalins. Das Fieber der Liebe. Alles spiegelt das kurzlebige Tier, das »gierige Gen«, das sich reproduzieren muss, bevor es zu spät ist. Würden wir Steine lieben oder Dinge heiraten? Würden wir am Ende den Struldbrugs in *Gullivers Reisen* ähneln – einer Rasse von unsterblichen, aber dennoch alternden Zwergen?

Gerald Hüther hat in seinem wunderbaren Buch *Die Biologie der Angst* aufgezeigt, wie die menschlichen Gefühle, Leidenschaften, Empathien aus Angstbewältigungen entstanden sind. Angst ist das Wesen des sterblichen Menschen. Lernen und Erfahrung – wäre dies in einer transtemporalen Methusalem-Gesellschaft der höchste Wert? Oder wäre es egal, weil man ja ein Jahrhundert später immer noch lernen kann, was man versäumte? Zöge sich also unsere Kindergartenzeit bis 30 hin, die Pubertät bis 100? Was hieße das alles für das Verhältnis zwischen den Generationen? Wann zieht man von zu Hause aus? Hat man überhaupt noch ein Zuhause?

Der Mensch ist heute bereits ein Wesen mit enormer sexueller Flexibilität. Wir können Sex bis ins hohe Alter haben. Wäre eine transtemporale Kultur ein Ort der permanenten, gelangweilten Orgie (*Eyes Wide Shut* – tagtäglich?) Oder würde sich das Sexualverhalten, und damit auch die hormonellen und fertilen Zyklen, umbauen – zugunsten einer beschränkten »Erotik-Zeit«, sagen wir: einen Monat im Jahr, dann aber turbo?

Der Tod definiert die existenzielle Gleichheit des Menschen. Ob wir reich, arm, klug oder dumm sind – wir müssen alle sterben. Dieses unveräußerliche Fundament des *Humanum* würde in einer Transtemporalgesellschaft aufgekündigt. Hier entstünde eine harte, scharfe Bruchkante, an der die Zivilisation zerbrechen könnte.

Die Evolution basiert auf dem Sterben. In der Konstruktion eines einzigen Knochens, einer Feder, einer Hand bildet sich der billiardenfache Tod ab. Der evolutionäre Prozess ist wie die Hohlform aller nicht gewesenen Individuen, Arten, Spezies und Seinsformen. Den Tod zu beenden hieße, die Evolution zu beenden. *Kann* man die Evolution beenden, ohne das Leben selbst zu beenden?

Brian Appleyard beschreibt in seinem witzigen Buch *How to Live Forever or Die Trying*[169] die »Geeks« der Unsterblichkeitsbewegung, unter anderem auch Aubrey de Grey und seine transhumanistische Freundin Natasha. Appleyards Kommentar ist so britisch wie trocken: »Would you really share eternity with freaks like these?« Und wie sagte Captain Jean-Luc Picard in *Star Trek 7: Treffen der Generationen*?

> Jemand hat mir mal gesagt, die Zeit würde uns wie ein Raubtier ein Leben lang verfolgen. Ich möchte viel lieber glauben, dass die Zeit unser Gefährte ist, der uns auf unserer Reise begleitet und uns daran erinnert, jeden Moment zu genießen, denn er wird nicht wiederkommen. Was wir hinterlassen, ist nicht so wichtig wie die Art, wie wir gelebt haben. Denn letztlich sind wir alle nur sterblich.

Cybertopia: Die Zweite Wirklichkeit

In genau jenem *Star-Trek*-Leinwandepos *Treffen der Generationen* gerät Picard in den *Nexus*. Der Nexus ist eine Spalte im Raum-Zeit-Kontinuum, in dem das Bewusstsein in eine Zeitschleife gerät. Alle Wünsche und Träume werden dort für immer und ewig erfüllt. Picard, ein kinderloser Haudegen der galaktischen Friedenstruppe, der nie eine Familie hatte, weil er sein Leben Höherem (dem kosmischen Frieden) gewidmet hat, gerät in ein Weihnachtsfest mit seiner fiktiven Familie. Fünf wunderhübsche Kinder und eine liebevolle Frau begrüßen ihn in einem gigantischen Empire-Salon, in dem ein beeindruckender Weihnachtsbaum steht, geschmückt mit Kerzen und glitzernden Kugeln, darunter die in glänzendes Papier verpackten Geschenke. Draußen vor den Fenstern ein weiterer gigantischer Weihnachtsbaum, unaufhörlich rieselt Schnee in großen Flocken. Silbrige Glockenmusik liegt in der Luft.

Wer seid ihr? Was tut ihr hier?

Wir sind deine Familie. Wir sind alles für dich. Wir sind immer für dich da!

Picard steht da wie gelähmt, wundert sich, blickt auf die riesigen Tannenbäume, die Zimmerfluchten, den endlos wirbelnden Schnee. Er erhält ein

Geschenk, sieht seine fröhlichen Kinder. Und wir wissen sofort: Er wird abhauen, so schnell es geht!

Die Idee der »Zweiten Welt« ist das nächste Wunschuniversum, in das uns Technologie unweigerlich hineinführt. Auch diese Entwicklung ist nicht wirklich neu, sondern nur die Fortsetzung eines alten Menschheitstraums. Die großen Religionen selbst können das Copyright beanspruchen. Die Altäre der christlichen mittelalterlichen Kirchen waren nichts als »Cyber-Fenster«, mit direktem Durchblick in die paradiesischen (oder höllischen) Reiche. Das Betreten der »Welt hinter den Spiegeln« ist das Motiv unendlich vieler Bücher und Imaginationen, von *Alice im Wunderland* über *Mary Poppins* bis zu Marlen Haushofers *Die Wand* – inklusive unendlich vieler Fantasy-Romane und Sci-Fis, allen voran die *Otherland*-Romane von Tad Williams.

Bereits in den sechziger Jahren erfand Stanislaw Lem den Begriff der »Phantomatik« für eine technisch erzeugte künstliche Zweitrealität. Rainer Werner Fassbinder schuf mit seinem Fernsehzweiteiler *Welt am Draht* lange vor *Matrix* die Umkehrvision: *Unsere* Realität ist eine Simulation! Gesteuert wurde Fassbinders falsche Realität aber nicht von technischen Hyperintelligenzen, sondern von einer Behörde, die an ein Finanzamt erinnert ...

In den achtziger und neunziger Jahren wurde der »Cyberspace« dann in den Kanon der Wirklichkeitswahrnehmung aufgenommen. Es war die Zeit der Datenbrillen und eckigen Computerwirklichkeiten, in denen Würfel herumflogen und man ständig nach etwas greifen sollte, aber immer danebengriff. Gurus wie Jaron Lanier erklärten den »Space« zur eigentlichen Destination der Menschheit, und Literaten wie William Gibson schrieben die Heldenepen dazu. Kaum ein Zukunftsfilm, in dem nicht Menschen zwischen Realität und Simulation die Seiten wechselten – *Tron. Der Rasenmähermann. The Game. 23.*

Heute hat das Interesse an elektronischen Taucherbrillen etwas nachgelassen. Gleichzeitig werden die Grenzen zwischen »erster« und »zweiter« Welt noch konsequenter eingerissen. In Architekturbüros und bei der Pilotenausbildung ist künstliche Wirklichkeit gar nicht mehr wegzudenken. 3-D-Filme erlauben in Kinos immer feinere Annäherungen an die Realität. Und neue »Hybridformen« entstehen: Der perfekte Nachbau von Venedig in Las Vegas lässt sich kaum vom Original unterscheiden. Die Kuppeln des »Eden Project« in Cornwall in Südengland versammeln alle Pflanzen der Erde unter einem riesigen Dach – eine »realkünstliche« Biosphäre. Simulationsspiele wie »SimCity«, »Die Sims« (»Simulated People«) und »Second Life« bilden komplette Zweitsozialrealitäten.[170] Die Bewohnerschaft des Simulationsraums nimmt ständig zu, der Exodus ist in vollem Gange, aber plötzlich kommen uns Zweifel: Ist das wirklich eine *zweite* Welt? Handelt es sich nicht eher um eine Dependance der ersten, quasi ein Nebenzimmer, in dem wir womöglich *immer* schon auf die eine oder andere Weise gewohnt haben?

Man könnte auch noch eine Stufe weitersteigen und fragen: *Wie real ist die Wirklichkeit?*

Die Virturealität

In den virtuellen Landschaften, in denen ich seit Jahren mit großem Spaß mit meinen Kindern unterwegs bin, zum Beispiel in »World of Warcraft«, der größten virtuellen Game-Community (mehr als zehn Millionen Spieler aus fast allen Ländern der Erde), gibt es alles, was es in unserer Welt auch gibt. Lug und Betrug, Mut und Kooperation, Hass und Blödheit, Langeweile und Gier. Aber auch Empathie, Solidarität, Treue, Mut. Die gewaltigen mystischen Landschaften, die wir als Orks, Priester, Druiden oder Blutelfen durchstreifen, sind voller Symbole aus dem Archetypenfundus der Menschheit. Ein komplettes *sampling* der Kulturgeschichte. Plus ein bisschen lässigamerikanischer Freakness und eine Prise Berkeley-Spiritualität.

In dieser Welt, die wir auf eine für Nicht-Spieler irritierende Weise ernst nehmen (wir leben *wirklich* da!), ziehen wir umher, häufen Reichtümer, Waffen, Gold und Ehre an, schlagen uns mit feindlichen Hordlern und mächtigen »Bossen«, bilden Gilden und pflegen wundersame Freundschaften quer über alle Kontinente – mit realen Menschen, die sich in symbolischen Figuren zeigen *und* verkleiden. Hier sind wir stolz und traurig, deprimiert und euphorisch, wachsen, triumphieren und verzweifeln. Unsere Avatare, unsere Spielfiguren, sind Abbilder unserer selbst, Stellvertreter unsere Psychologien. Der zentrale Sinn des Spiels ist das »Leveln«, das Aufsteigen auf höhere Stufen, auf denen wir mächtiger, unverwundbar, respektierter sind. Und einfach besser aussehen. Wie im richtigen Leben.

Abbildung 4.2: Mein Avatar Planetarius, der mächtige Heilpriester.

Ich habe keinen Zweifel, dass »World of Warcraft« nur eine weitere Zwischenstufe auf dem langen Weg in den »Realraum« ist. Es ist die stärkste Droge, die ich jemals kennengelernt habe. Aber nicht, weil diese Welt so »anders« und »fremd« wäre. Sie ist der realen Welt *ähnlicher als die Wirklichkeit selbst!*

So, wie die Sehnsucht nach Unsterblichkeit zum genuin Menschlichen gehört, ist auch der Drang, in ein »Draußen« aufzubrechen, ein unveräußerbarer Bestandteil unseres Wesens. In einer gewaltigen meta-morphologischen Schleife führt uns das Spiel in unser *anthropologisches Selbst* zurück, zu unserem archaischen Erbe als Jäger und Sammler. War er nicht tatsächlich so, unser Planet, Millionen von Jahre lang vor der technischen Zivilisation? Mussten wir nicht tatsächlich ständig auf der Hut sein, vor Säbelzahntigern, Mammuts, die wir erlegen und erbeuten konnten? Sind sie nicht *wirklich* da draußen, die Geister, Orks, Klingensäbler und Murlocs? Ist das Leben nicht eine einzige »Quest«, eine Aufgabe, die uns ein unsichtbarer Programmierer stellt?

Gebunden an die physische Welt aus Atomen, sind wir doch längst virtuelle Wesen. Und egal, wohin wir gehen: Immer wieder spielen wir das Spiel der Evolution. *Mein Haus, deine Höhle, meine Waffen, deine Waffen, unsere Gruppe, ihr nichtsnutzigen anderen!* Ähnlich wie die Vision der Unsterblichkeit ist auch die technologische Idee vom Zweituniversum, in dem jedes Abenteuer verfügbar und nahezu kostenfrei wird, eine »seltsame Schleife« (Douglas Hofstadter), die uns zu uns selbst zurückführt. Technik wird die Hülle, in der wir unser Innerstes nach außen stülpen und die Fantasien neuronale Wirklichkeit werden.

Spacetopia: Der Aufbruch ins All

Im hipsten – und evolutionärsten – Computerspiel unserer Zeit, *Spore* von Will Wright, ist die Zukunft der Menschheit im wahrsten Sinn des Wortes vorprogrammiert. Der Spieler beginnt als Einzeller in der Ursuppe. Nach endlosen Auseinandersetzungen mit Mikroben und Mikrophagen und anderen hässlichen Protuberanzen der DNA wird irgendwann an Land gekrochen. Man lernt, aufrecht zu gehen. Werkzeuge werden erfunden, Dörfer gebaut. Die Dörfer befestigt. Mit anderen Dörfern Krieg geführt. Mauern errichtet. Weiter Krieg geführt, Waffen und Panzer gebaut. Atombomben gebaut. Der halbe Planeten eingeäschert. Weltraumfahrt gelernt. Andere Planeten erobert, besetzt und besiedelt. Am Ende steht eine raumfahrende, interstellare Zivilisation, die ihre Technologie über die ganze Galaxis ausbreitet.

Hat irgendjemand einen anderen ernst zu nehmenden Vorschlag in Sachen Zukunft?

In meiner Jugend habe ich – und mit mir ein nicht unwesentlicher Teil der damaligen Jungsgeneration – in mindestens 1000 Sonnensystemen gelebt. Ich war auf unwirtlichen Wüstenplaneten zu Hause, kannte Zweisonnenplaneten, wanderte über Planeten mit seltsamen Spezies, telepathischen Wesen oder gestrandeten Völkern. Eisplaneten mit zwei großen Kontinenten, über denen sechs bleiche blaue Monde standen, sind mir vertraut (ich kann sogar den leichten Ammoniakgeruch in der Atmosphäre riechen). Immer, wenn jemand meinte, das sei aber irgendwie seltsam und abgehoben und »weltfremd«, antwortete ich mit folgendem schönen Zitat:

Jenseits des verwirrenden Getöses der Gegenwart kann man, wie von mittelalterlichen Minnesängern, die einen fernen Hügel besteigen, eine neue Pastorale ver-
nehmen. Die Melodie verheißt eine zweite Natur, wenn Technologie und Leben
gemeinsam die Keime der vielfältigen Arten der Erde zu anderen Planeten und in
ferne Sonnensysteme tragen werden. Aus einer grünen Perspektive ist es durchaus
sinnvoll, sich für High-Tech und die veränderte globale Umwelt zu interessieren. Die
Menschheit steht vor einer Wende. Die Erde wird Samen aussäen.[171]

»Kannst du mir bitte den Salat herüberreichen«, sagt an dieser Stelle
immer meine geliebte Frau. »Übrigens: Nimmst du die Kinder am Sonn-
tagnachmittag?«

Man könnte es sich einfach machen: Weltraumfahrt ist out, weil sie
eine kindliche Männerfantasie darstellt, einen Jungstraum, geschmie-
det im Kalten Krieg. »Sperm Logic«, sagt meine Frau, sie ist Engländerin,
mit einem Augenzwinkern. *Macht nur, wenn ihr Spaß dran habt. Aber seid
zum Abendessen wieder zu Hause!*

Der Weltraum ist ein kalter, ein lebensfeindlicher Ort, an dem wir weder
gut atmen noch joggen noch uns um unsere Freunde und Liebsten kümmern können. Es gibt relativ wenig Schuhgeschäfte und Klamottenläden da
oben und wenig Parks, um mit den Kids Fußball zu spielen. Es ist entweder
brüllend heiß oder abgrundtief kalt, und jedes Molekül Nahrung, Luft und
Wasser muss durch Tonnen von kostbarem Treibstoff in die Umlaufbahn
und darüber hinaus geschossen werden – auf 23-fache Schallgeschwindig-
keit beschleunigt. Man kann nicht am Strand spazieren gehen oder durch
den Wald streifen. Nicht einmal Sex macht dort wirklich Spaß, weil man
ständig voneinander wegtreibt und sich in Weltraumschrott verheddert.

Die Erde hingegen ist ein hervorragendes, ja eigentlich perfektes biolo-
gisches Raumschiff, um dessen Lebenserhaltungssysteme wir uns schleunigst kümmern müssen. Noch Fragen?

Seit die phallischen Saturn-Raketen vor 30 Jahren abhoben (mindestens
die Hälfte von »Global Warming« geht wahrscheinlich darauf zurück),
um eine Handvoll wortkarger und nicht wirklich emotional intelligenter Testpiloten zum Mond zu bringen, sind Frauen in die Parlamente, in
die Machtzentralen, vor allem in die öffentliche Meinung eingedrungen.
Sie haben die männliche Programmierung der westlichen, der technologischen Zivilisation gekippt. Sie haben den Jutesack, die Recyclingtonne
und das Biogemüse eingeführt. Zwar fliegen und sterben im Shuttle-Pro-

gramm auch Frauen. Frauen denken jedoch anders und investieren anders, wenn sie nicht gerade bei der NASA angestellt sind (oder im Job der deutschen Bundeskanzlerin).

Unser anthropologisches (männliches) Erbe, so argumentieren diejenigen, die von den Visionen des *outer space* nicht lassen können, treibt uns jedoch dazu, andere Welten zu erforschen. Unsere neolithischen Hirne können gar nicht anders, als hinter den nächsten Baum, die nächste Felsgruppe zu spähen. Koste es, was es wolle! Und zum Trost lässt sich auch von der ökologischen Seite aus noch ein Argument finden: Die Weltraumfahrt erzeugt einen spirituellen Rückkoppelungsprozess. Weil wir *von außen* die Erde gesehen haben, sind wir auf dem Weg zum ganzheitlichen, nachhaltigen und überhaupt vernünftigen Bewusstsein. Wir sind aufgebrochen, um danach *nicht* mehr aufzubrechen!

Warum überlassen wir die Sache dann nicht einfach den Entertainern? Unternehmer wie Richard Branson oder Jeff Bezos finanzieren heute private Weltraumprogramme »just for fun«. Der Weltraumhüpfer von Kalifornien mit dem Pop-Raumschiff »SpaceShipTwo« – rund sechs Minuten die Schwerelosigkeit und ein Blick auf den ganzen blauen Planeten. Kostenpunkt 200 000 Dollar.

»Willst du wirklich unsere Hausfinanzierung durch so einen Unsinn belasten?«, fragt meine Frau. Und umarmt mich.

Maximum Warp

Wenn Raumfahrt sich tatsächlich zu einer Querschnittstechnologie entwickeln sollte – also nicht nur als kleines Abenteuer oder Testpilotenwagnis enden soll –, dann wären zuvor folgende technologische Hausaufgaben zu erledigen:

– **Fusions- oder Atomenergie der nächsten Art:** Transport und Lebenserhalt im Weltraum erfordert enorm viel Energie. Da es unmöglich ist, gigantische Mengen von Treibstoff mitzunehmen – schon aus Energiespargründen wäre das kaum begründbar –, benötigen wir für dauerhafte Space-Technologien eine Energieform, die mindestens um den Faktor

100 höhere Energieeffizienzen zur Verfügung stellt. Beim heutigen Stand der Wissenschaft müssten dies zwangsläufig nukleare Technik sein.

- **Neue Materialtechniken:** Mit unseren heutigen Metallen und Kunststoffen sind die Habitate im Weltraum nicht zu bauen und zu unterhalten. Wir benötigten Materialien, die um den Faktor 100 haltbarer, leichter, hitzebeständiger etc. sind.

- **Nutzanwendungen:** Schließlich entwickelt sich auf Dauer keine neues menschliches Betätigungsfeld, ohne dass handfeste ökonomische Interessen dahinterstehen. Weltraumtourismus könnte eine große Branche werden. Aber das wird nicht reichen. Welche Ressource so wichtig werden könnte, dass dafür gigantische Milliardensummen investiert werden, ist völlig unklar (für die berühmten Helium-3-Vorkommen auf dem Mond gibt es heute weder Beweise noch realistische Nutzungen).

Während wir auf der Erde das »Faktor-10-Prinzip« leben müssen – unsere Energienutzung muss um den Faktor 10 effektiver werden –, gilt für die Kolonisierung des Alls der Faktor 100. Alle Faktor-100-Aufgaben werden uns, so ist abzusehen, Jahrhunderte Zeit kosten. Ob dann der nötige Impuls, die nötige Neugier für die kollektive Reise ins All noch vorhanden ist? Wie gesagt, dort oben ist es kalt, leer, langweilig und gefährlich. In unseren virtuellen Simulationskuschelhöhlen hingegen ist es dann richtig gemütlich. Dort können wir dann *alles* haben, zu günstigen Preisen, rund um die Uhr, und so echt, dass es irgendwann echter wirken wird als das, was wir einmal für das Original gehalten haben.

Eine neue Spezies Mensch

Nach den Gesetzen der Techno-Evolution, die ich in diesem Buch beschrieben habe, verändern Technologien menschliche Kulturen, während Kulturen Technologien als »Nachfrage und Wunschproduktion« hervorbringen. Bei den drei beschriebenen »Hyper-Technologien« könnte jedoch noch ein weiterer Effekt dazukommen: Die Menschheit könnte sich auch genetisch in mehrere Spezies *aufspalten*.

Nach der Darwinschen Evolutionstheorie entstehen neue Spezies durch *Trennung* in mindestens zwei verschiedene Lebensbedingungen. Durch einen Gebirgszug zum Beispiel wird eine biologische Art in zwei Umwelten aufgespalten. Die langsamen genetischen Variabilitäten und Ausleseprozesse führen über längere Zeitläufe schließlich zu zwei völlig unterschiedlichen Organismen, die sich nicht mehr miteinander reproduzieren können.

Bei den geschilderten Meta-Technologien entstehen gleich mehrere solcher »Bergrücken« oder »evolutionäre Gräben«:

- **Langlebige gegen Kurzlebige:** Wenn sich tatsächlich Langlebigkeitstechniken durchsetzen, ist wahrscheinlich, das dies zu einem massiven kulturellen Konflikt führt. Langlebige werden eine deutlich andere *Kultur* entwickeln als Kurzlebige. Dass sich aber durch Langlebigkeit der menschliche Fortpflanzungsmodus variieren wird, womöglich in Richtung auf technisch-genetische Reproduktion, ist recht wahrscheinlich. Damit entsteht ein anderes selektives System für Humanoide.

- **Molekularwelt gegen Bytes-Bewohner:** Wer heute in eine normale Familie hineinsieht, kann die Mutanten unter uns schon erkennen. Manche Kids, aber durchaus auch Erwachsene, leben längst in der Welt jenseits des Bildschirms. Mit Sicherheit wird der Bildschirm sich irgendwann auflösen – in den vielen Varianten von *augmented reality*, die sich vorstellen lassen (»intrinsische Phantomatik« bringt die Bilder, Töne und Gerüche direkt im Hirn hervor). Damit entstehen deutlich getrennte Realitätsbezüge, welche die einen zum Abwandern im immer »realistischere Unrealitäten« veranlassen, bei den anderen womöglich eine »Realitäts-Retro« verursachen.

- **Zero-Gravity gegen Surface-Humans:** Sobald einige Generationen in einer extraterrestrischen Menschenkolonie geboren werden, entsteht ein irreversibler Prozess der genetischen Anpassung. Die Umweltbedingungen des Weltalls haben erhebliche und schnelle Konsequenzen auf den menschlichen Organismus. Genetische Anpassungen und Selektionen für ein Leben außerhalb der Erdatmosphäre werden sehr schnell erfolgen müssen, damit Menschengruppen im Weltraum dauerhaft überleben können. Dass dabei bewusste Genselektion eine Rolle spielen wird, ist sehr wahrscheinlich.

Die neuen Menschen

Immortalisten

- **Androgyn:** Weil die biologische Fortpflanzung eine untergeordnete Rolle spielt, haben sich die Geschlechtsmerkmale zurückgebildet.
- **Verlangsamt:** Der Stoffwechsel ist verlangsamt, der Puls auf 40 reduziert. Muskeln und Gewebe von Langlebigen sind auf langen Gebrauch optimiert; sehnig, dünn-muskulös, wenig Fettgewebe.
- **Blaue Hautfarbe:** Immortalisten vermeiden extreme Umwelteinflüsse, etwa Sonnenbestrahlung. Auf Dauer kommt es zu Mutationen der Hautfarbe, die einen neuen, kommunikativen Zweck erfüllt. Immortalisten erröten, »erbläuen« oder ergrauen, und kommunizieren auf diese Weise emotional mit ihrer Umwelt.
- **Rückbau aller »Risikofaktoren«** des Organismus. Reduktion des Adrenalinsystems.

Virtualisten

- **Leptosom:** Virtualisten sind an eine unbewegliche Lebensweise adaptiert. Hohe Nahrungseffektivität ist nötig, weil die Virtualisierung die Nahrungsaufnahme unwichtig macht (keine sinnlichen Reize, keine soziale Situation des Essens). Da überwiegend Nahrungskonzentrate benutzt werden, muss die Leber vergrößert sein.
- **Hände:** Daumen vergrößert und zu schnellerer Funktion optimiert. Handflächen sensorisch optimiert.
- **Primäre und sekundäre Geschlechtsmerkmale reduziert** (Haare überflüssig).
- **Augen stark vergrößert,** muskulär optimiert (schnelle Augenbewegungen).
- **Ohren verkleinert** (Schallaufnahme über Kopfhörer oder intrasensuell).
- **Gebiss verkleinert** (Nahrungsaufnahme nur in Konzentraten).
- **Der Organismus ist dechronifiziert,** das heißt vom Tag-Nacht-Rhythmus **abgekoppelt.** Lange Wachperioden (Tage) wechseln mit langen Schlafperioden ab. Wahrscheinlich große Augen.

- **Das Problem ist die mangelnde sexuelle Selektion.** Schönheit und Attraktivität spielen keine Rolle. Es ist zu vermuten, dass die sexuelle Aktivität generell zurückgeht.

Zero-G-Humane

- Sehr großer Brustkorb, da in Space-Habitaten die Druck- und Atemluftsituation oft schlecht ist. Verkleinertes, aber sehr elastisches Herz, da in *low gravity* die Pumpleistung nachlässt.
- Gedrungener Körperbau, Laufgliedmaßen verkleinert (starke G-Belastungen, aber auch andauernde Schwerelosigkeit). Finger stark auf Greifen/Klammern optimiert. Muskeln stark reduziert, außer im zentralen Rumpfbereich (Drehung).
- Die Haut entwickelt Funktionen für den Strahlenschutz, da die Strahlenbelastung im Lebensverlauf enorm ist. Dunkelung und Verhornung der Haut. Wachstum des Lymphsystems.
- Die Fortpflanzung von Zero-Gs könnte sich »drohnisch« entwickeln. Da die Menschenzahl in Space-Habitaten gering sein wird, die Umwelt gefährlich und oft tödlich ist, ist humanes Genmaterial kostbar und prekär. Sehr schöne, gesunde Frauen könnten einen großen Teil der Fortpflanzung übernehmen, mit einer Fertilitätsspanne über die ganze Lebenszeit. Polygames System, da die Varianz hoch sein muss (starke Umweltunsicherheit).
- Selektiert wird technische Intelligenz.

Die meta-technologische Pyramide

Nehmen wir an, die Menschheit überlebt die nächsten 1000 Jahre. In mühsamen Sprüngen und Stagnationsphasen entwickelt sich Technik weiter, breitet ihren Einflussbereich auf Köpfe und Körper, Hirne und Herzen weiter aus. Gen- und Nanotechnik bringen bereits Ende dieses Jahrhunderts operative Anwendungen für den Alltagsgebrauch hervor. Fabriken sehen dann aus wie Labore, in denen »molekular gemorpht«

Sapiens prolongata   Sapiens visionaris   Sapiens habitahio

Abbildung 4.3: Die drei Spezies der Neo-Menschen.

wird. Autos »wachsen« aus bestimmten Materialkontingenten, Produktion wird zu molekularer Heuristik. Dinge sind dann unglaublich billig, *noch* billiger als in der heutigen Phase des Trash-Konsumismus.

In der nächsten Phase würden die heutigen »NBIC«-Technologien – Nanotechnik, Gentechnik, Informationstechnik und »Hirntechnik« oder Neurotechnologie – zu einer Art Meta-Technologie verschmelzen. Daraus entstünden zwei fundamentale »Technokomplexe«:

- »**Moleculeering**« hieße, dass wir praktisch alle Moleküle aus allen Atomen formen und zusammensetzen können. Materialien jeder Art werden dann zur Verfügung stehen, Energie ohne Ende, Produktionsweisen in Fabrikatoren, es gibt keinen Müll und keinen Abfall mehr, denn alles ist Teil des technisch-molekularen Systems. (Dass wir längst auf diesem Weg sind, kann jeder sehen, der sich mit modernen Verfahrens- und Produktionstechniken auseinandersetzt.)
- »**Mind-Engineering**« muss nicht unbedingt etwas genuin Technisches bedeuten. Letzten Endes sind es die Kräfte des Geistes, die unsere Zukunft bestimmen. Nur wenn wir den Geist befreien, formen und befrieden können, werden wir den humanen Pfad weiter beschreiten. Vielleicht verbinden sich die uralten yogischen Techniken mit neurologischen Technologien. Irgendwann lernen wir, die neuronalen Muster

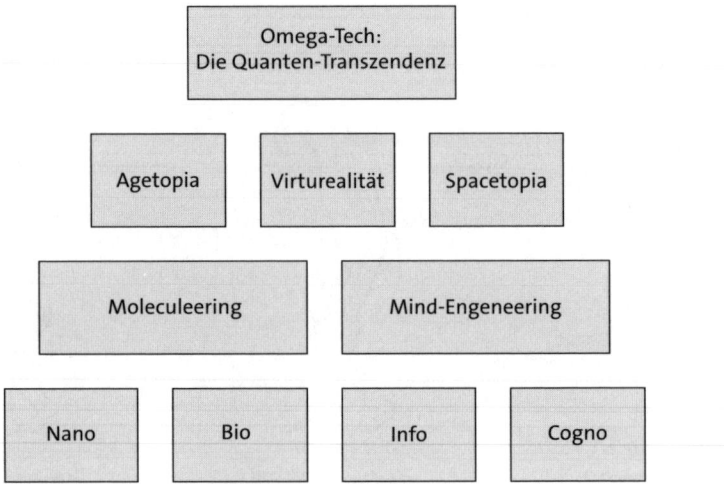

Abbildung 4.4: Die logische Pyramide der Zukunftstechnologien.

nicht nur zu lesen, sondern zu beeinflussen. Dann geht es darum, Realität nicht nur zu *simulieren*, sondern zu *stimulieren*. Die Virturealität nicht nur zu spiegeln, sondern zu *produzieren*.

Verlängern wir nun diese Technolution Millionen, gar *Milliarden* Jahre in die Zukunft. Stellen wir uns Menschen – Wesen – vor, die ihre Symbiose mit der Technologie weiter- und weiter- und weiterentwickelt haben. Längst sind die Individuen zu einem einzigen Wissens- und Wesenskollektiv verschmolzen. Welche Grundtechnologien würden diese Wesen nutzen?

Die Quantentechnologie der fernen Zukunft

Steergard packte, während er sich hinsetzte, die Armlehne seines Drehsessels, der Overall haftete gerade an der Lehne, als der Stoß kam, zuerst schwach, mehr instinktiv empfunden als bewusst erlebt, dann immer stärker werdend, keinen Zweifel lassend. Eine gewaltige Kraft fegte Filme, Papiere, Beschwerer und die dunkle Bronzemünze vom Tisch und presste den Kommandanten in den Sitz. Die Überlastung wuchs sprunghaft. Der Blick trübte sich, weil das Blut bereits aus den Augen abfloss ... er hörte und spürte, wie die Fugen und Nähte der stählernen Wände unter

ihrer Verkleidung ächzten und durch das Rumpeln … das ferne Heulen der Alarmsi-
renen drang, als jaulten nicht deren Membranen, sondern das ganze in seiner Masse
von 180 000 Tonnen getroffene Raumschiff.

Diese Szene aus Stanislaw Lems letztem großen Roman *Fiasko*[172] schildert
den Angriff einer außerirdischen Zivilisation auf ein Botschafter-Raum-
schiff der Erde. Jahrhunderte in der Zukunft gelingt es den Horchposten
der Menschheit endlich, ein Signal aus dem Zentrum der Milchstraße
aufzufangen, das auf eine hoch entwickelte technische Zivilisation hin-
deutet. Durch die Nutzung von quantenphysikalischen Effekten ist die
Menschheit inzwischen in der Lage, Raumschiffe zu konstruieren, die
über Lichtjahre zu reisen vermögen. Man versucht, diplomatischen Kontakt aufzunehmen – in durchaus friedlicher Absicht. Doch dieser Kontakt
kommt nie wirklich zustande. Wie bei Lem üblich, endet alles in einem
bizarren kosmischen Missverständnis. Am Ende stehen die »Sieger«, die
auf dem fremden Planeten gelandeten Raumfahrer, auf einem öden Feld.
Und merken, dass die intelligenten Bewohner eine Art *Quallen* sind – ein
nebulöser Schleim, der den Boden bedeckt.

Stanislaw Lem war Physiker und Naturwissenschaftler, Philosoph und
Technikfreak, im Nebenberuf Genie, und ein begnadeter Grantler oben-
drein. Deshalb konnte er in *Fiasko* eine plausible Technik interstellarer
Raumfahrt beschreiben. Die »siderische Technologie« (siderisch = auf die
Sterne bezogen; im Original: *sidereal engineering*) nutzt Quantenkräfte
jenseits der atomaren Begrenzungen. Das Raumschiff wird mit der tem-
porären Herstellung eines Schwarzen Loches, einer »Singularität« ange-
griffen.

Quantencomputer, die mit Unschärferelationen arbeiten, funktionieren heute schon im Versuchsstadium.[173] Warum nicht auch Quan-
tenautos, Quantenraumschiffe? Wo würde dieser metatechnologische
Entwicklungspfad enden? Würden sich Menschen irgendwann in ihre
Technologie »einlagern« – und dann als Quantenwesen existieren? (Und
was bedeutet dann »existieren«?)

Wem diese Spekulation zu bizarr erscheint (der Sci-Fi-Autor Stephen
Baxter hat in seinem Monumentalwerk *Transzendenz* genau dieses Szenario beschrieben), für den gibt auch heute schon »doors of perception«,
kleine Schlüssellöcher, durch die man einen flüchtigen Blick in die ferne
Zukunft erhaschen kann. Das heutige Internet funktioniert wie eine Me-

tapher, in der wir die »Einsheit« der fernen Zukunft erahnen können. Myriadenhafte Verbindungen plus Evolution des Geistes – wohin muss uns das führen?

Die Omega-Technologie

»*Ich bin das Alpha und das Omega, der Erste und der Letzte, der Anfang und das Ende*« – so heißt es in der biblischen Offenbarung (22,13). Pierre Teilhard de Chardin, ein mystischer Dissident des Christentums, schrieb dies in eine moderne, im Kern *technolutionäre* Schöpfungsgeschichte um. Für Teilhard ist das »Omega« jener Punkt, an dem alle Menschen mit Gott zu einer einzigen Entität verschmelzen, indem sie Gott »werden«. Unsere Fähigkeiten werden in genuiner Weise schöpferisch, virtuell und all-gegenwärtig.

»Gott« liegt nach diesem Modell nicht am Anfang, sondern am *Ende* der Schöpfungsgeschichte – in Form der schöpferisch gewordenen Menschheit, die zu einem Meta-Wesen zusammenschmilzt. Aber »ER« oder »ES« hat längst seine Botschafter von der Zukunft in die Gegenwart geschickt: Es ist die Liebe, in der Manifestation von Christus, die den Zustand des Einsseins vorwegnimmt. So interpretiert es Teilhard, oder so kann man Teilhard interpretieren.

In Darren Aronofskys Mystik-Science-Fiction-Film *The Fountain* verbindet sich die Liebe mit der Vision der Unsterblichkeit – und endet als Erlösung und Verschmelzung im Ultimo des Quantenraums. In *Solaris*, dem großen existenzphilosophischen Roman von Stanislaw Lem, materialisieren die (Liebes-)Erinnerungen der handelnden Personen in einer Raumstation, die über einem denkenden, »träumenden« Planeten schwebt. Dieser Planet ist ein »träumendes Plasma«, eine metaphysische Gott-Entität, die alle Sehnsüchte, Hoffnungen, Ängste von Lebewesen, die ihm nahe kommen, in eine biomorphe Simulation übersetzt, sprich: materialisieren lässt. Technisch gesprochen: Der Planet nutzt die Quanteninformation von Gefühlen, um daraus Virturealität zu konstruieren.

Doch die Wiederauferstehung des Fleisches (in Form einer unsterblichen und unzerstörbaren Protomaterie) entwickelt sich, wie kann es bei

Lem anders sein, zum Albtraum. Die Gefühle der Astronauten sind von den humanen Dunkelheiten verseucht. Jeder hat seine »Leichen im Keller«, die nun wieder auftauchen; seine betrogenen Liebschaften und erotischen Obsessionen, die er am liebsten schnell wieder entsorgen möchte. Lems Botschaft: Die menschliche Psyche kann mit der Transzendenz, die sie sich unentwegt herbeisehnt und die sie in der Technik zu verwirklichen sucht, niemals zurechtkommen, sie ist unreif zur Erlösung. Ein existenzphilosophischer Ansatz, der von Kierkegaard über Dostojewski bis Heidegger viele vom Christentum beeinflussten Denker und Denker beschäftigte.

Der »Raum der Wünsche« in Tarkowskis quasi »mythologischem« Film *Stalker* liegt irgendwo in einer mysteriösen Quantenzone. Dort werden alle Wünsche wahr. Aber die Menschen, die zu diesem Raum unterwegs sind, *vergessen*, was sie sich wünschen könnten. Sie verheddern sich in ihren Profanitäten und Schwächen und ziehen am Ende die banale, von der Vergänglichkeit geprägte Existenz vor. Sie gehen nach Hause, zu ihren Ehefrauen und Kindern, und schlagen sich weiter durchs Leben, soweit es eben geht.

Im Raum der Wünsche

Technologie, so haben wir gesehen, ist ein sozialer, ein geistiger Prozess. Wir mögen geistig unreif bleiben für die nächsten Äonen. Irgendwann, und sei es in 100 Millionen Jahren, werden »wir« – unsere uns dann nicht mehr allzu ähnlichen Nachfahren – womöglich doch die Tür aufmachen in jenen Raum, in dem *alles* so sein wird, wie wir es uns immer gewünscht haben. Niemand hat diesen Punkt so wunderbar geschildert wie der Schriftsteller Julian Barnes in seinem Buch *Eine Geschichte der Welt in 10½ Kapiteln*:

> Ich habe geträumt, ich sei aufgewacht. ... Ich war in meinem eigenen Bett. Das kam mir etwas verwunderlich vor, aber nach kurzem Nachdenken leuchtete es ein. ...
> Es klopfte an der Tür, und eine Frau kam herein, seitwärts und rückwärts zugleich. Das hätte eigentlich ungeschickt aussehen müssen, tat es aber nicht; nein, es war ganz gewandt und elegant. Sie trug ein Tablett, deshalb war sie auch so herein-

gekommen. Als sie sich umdrehte, sah ich, dass sie eine Art Uniform anhatte. Eine Krankenschwester? Nein, sie sah eher aus wie die Stewardess einer Fluggesellschaft, von der man noch nie gehört hat. »Der Zimmerservice«, sagte sie mit einem leichten Lächeln.

»Der Zimmerservice?«, wiederholte ich. Wo ich herkomme, gibt es so was nur im Film. Ich setzte mich auf im Bett und merkte, dass ich nichts anhatte. Das war neu. Neu war auch, dass es mir kein bisschen peinlich war. ...

»Ihre Kleider sind im Schrank«, sagte sie. »Lassen Sie sich Zeit. Sie haben den ganzen Tag heute. Und«, wie sie mit einem Lächeln hinzufügte, »den morgen auch.«

Ich sah auf mein Tablett hinunter. Dieses Frühstück muss ich Ihnen beschreiben. Es war das Frühstück meines Lebens, so viel steht fest. Zunächst mal die Grapefruit. Also, Sie wissen ja, wie eine Grapefruit so ist: wie sie einem Saft aufs Hemd spritzt ..., wie das Fruchtfleisch immer an diesen undurchsichtigen Häutchen klebt ..., wie sie immer sauer schmeckt und man trotzdem ein schlechtes Gewissen hat, wenn man Zucker obendrauf tut. ... Und jetzt erzähl ich Ihnen von *dieser* Grapefruit. Erst mal war das Fleisch rosa, nicht gelb, und jedes Segment bereits sorgfältig von dem anhaftenden Häutchen befreit. Die Frucht selbst war mit einem Dorn oder einer Gabel am Boden der Schüssel verankert, so dass ich sie nicht festzuhalten oder auch nur anzufassen brauchte. ... Der Geschmack schien zwei Teile zu haben – so etwas Scharfes wie zum Aufwecken, und gleich danach ein Schwall von Süße. ...

Ich schob die ausgenommene Hülle zur Seite wie ein Kaiser und hob eine Silberkuppel von einem Teller. ... Drei Scheiben gegrillter durchwachsener Speck ohne Knorpel und Kruste, das krosse Fett funkelnd wie ein Freudenfeuer. Zwei Eier, gebraten, deren Dotter milchig aussah ..., und die Eiweißränder liefen in filigraner Goldlitze aus. Eine Grilltomate, die ich am besten dadurch beschreiben kann, was sie nicht war. Es war kein in sich zusammenfallender Kelch mit Stiel, Kernen, Fasern und rotem Wasser, es war etwas Kompaktes, Schnittfestes, durch und durch gleichmäßig Gegartes und schmeckte ... nach Tomate. Das Würstchen: auch das kein Schlauch aus lauwarmem Pferdefleisch mit einem Pariser drumrum, sondern von dunkler Umbrafarbe und saftig ... ein ... ein Würstchen, das ist das einzig richtige Wort. Alle anderen, die Würstchen, die ich in meinem früheren Leben genossen zu haben glaubte, hatten bloß probiert, so zu werden; sie hatten vorgesungen – und sie würden die Rolle bestimmt nicht kriegen.

Nach dem Frühstück stellte ich das Tablett auf meinem Nachttisch ab und ging an den Schrank. Da waren sie alle, meine Lieblingskleider. Das Sportsakko, das ich immer noch gern hatte, selbst als die Leute schon anfingen zu sagen, wie apart, haben Sie das aus zweiter Hand gekauft ... Die Cordhosen, die meine Frau weggeworfen hatte, weil der Hosenboden nicht mehr zu flicken war; aber irgendwer hatte es doch geschafft, die Hose zu flicken, und sie sah so gut wie neu aus, allerdings nicht so neu, dass man nicht an ihr gehangen hätte. Meine Hemden empfingen mich mit offenen

Armen ... alle in Reih und Glied auf samtbezogenen Bügeln. Da waren Schuhe, deren Tod ich bedauert hatte; Socken, die nun wieder entlocht waren; Krawatten, die ich mal in einem Schaufenster gesehen hatte. ...

Neben dem Bett war ein Klingelzug mit Quaste, den ich vorher nicht bemerkt hatte. Ich zog daran, dann genierte ich mich ein bisschen und krabbelte wieder unter die Decke. Als die Krankenschwester-Stewardess hereinkam, patschte ich mir auf den Bauch und sagte: »Wissen Sie was, das könnte ich gleich noch mal essen.«

»Das wundert mich nicht«, antwortete sie. »Ich hatte schon halb erwartet, dass Sie das sagen.« ...

Die Zeitungen waren toll. Leicester City wurde Pokalsieger ... Man hat ein Mittel gegen den Krebs gefunden. Meine Partei hat jede einzelne Parlamentswahl gewonnen, bis jeder einsah, dass ihre Vorstellungen richtig sind, und die Opposition zum größten Teil umschwenkte und sich uns anschloss. Jede Woche wurden kleine alte Omis im Fußballtoto reich. Sexualverbrecher gingen in sich, wurden wieder in die Gesellschaft entlassen und führten ein untadeliges Leben. ... Alle schafften ihre Atomwaffen ab. ... Kinder waren wieder unschuldige Wesen; Männer und Frauen waren nett zueinander; keiner musste sich die Zähne plombieren lassen; und die Frauen hatten nie Laufmaschen in den Strümpfen. ...

Mein Leben ging weiter, und mein Golfspiel verbesserte sich unendlich. ... »Ich glaube, mir steht eine Erklärung zu«, verkündete ich – ein bisschen großspurig, das muss ich zugeben.

»Fragen Sie, was Sie wollen.« ...

»Das soll jetzt bitte nicht undankbar klingen«, sagte ich vorsichtig, »aber wo ist Gott?«

»Gott? Wollen Sie Gott? Ist es das, was Sie wollen?«

»Kommt es hier darauf an, was ich will?«

»Genau darauf kommt es an. Wollen Sie Gott?«

»Ich hab wohl gedacht, entweder wäre da einer, oder da wäre keiner. Ich würde herausfinden, wie es nun damit steht. Ich hab nicht gedacht, dass das irgendwie von mir abhängt.«

»Natürlich tut es das.«

»Oh.«

»Heutzutage ist der Himmel demokratisch«, sagte sie. Dann fügte sie hinzu. »Jedenfalls ist er das, wenn Sie das so wollen.«

»Wie meinen Sie das, demokratisch?«

»Wir drängen den Leuten den Himmel nicht mehr auf. Wie hören auf ihre Bedürfnisse. Wenn sie einen wollen, können sie ihn haben; wenn nicht, dann nicht. Und da bekommen Sie natürlich auch die Art von Himmel, die Sie wollen.«

»Und welche Art wollen sie so im Allgemeinen?«

»Nun, sie wollen eine Fortsetzung ihres Lebens, haben wir den Eindruck. Nur ... besser, versteht sich.«

»Sex, Golf, Einkaufen, Abendessen, Berühmtheiten kennenlernen und dass es einem nie schlecht geht?«, fragte ich, ein bisschen in der Defensive.

»Das ist unterschiedlich. Doch wenn ich ehrlich sein soll, würde ich sagen, so furchtbar unterschiedlich ist es dann doch nicht.«[174]

An diesem Punkt sollten wir noch einmal innehalten. Ist der Weg in Richtung auf die Singularität wirklich der einzig gangbare Weg? Wir sollten uns zumindest noch einmal auf zwei Alternativen besinnen: Die Regression des technisch-humanen Systems. Oder seine Stagnation, sein Stillstand an irgendeinem Punkt *Alpha*.

Die Kreolisierung der Technik

In den siebziger Jahren entwickelte sich im westafrikanischen Staat Ghana eine neue Art, mit Technologie umzugehen: Die *fitters* (Mechaniker, Monteure), eine neue Klasse von Autoreparateuren, entwickelten einen eigenständigen Techno-Kult – auf Bergen von Schrott und Motoren.

Ghana war als erster westafrikanischer Staat (und als eines der ersten schwarzafrikanischen Länder) bereits 1957 unabhängig geworden und befand sich in einer kurzen, schnellen Blüte seiner Wirtschaft. Dazu gehörte auch die Motorisierung. Wie bei einem Drittweltland üblich, wurden vor allem alte Autos nach Ghana verschifft; insbesondere klapprige Peugeots und Citroëns. Da in Ghana mit seinen staubigen, schlaglochreichen Pisten und wenig ausgebauten Straßen kein Auto länger als ein paar Wochen hielt, häuften sich bald die Wracks an den Straßenrändern.

Aus diesen Überresten entstanden die *magazines* – riesige Schrotthalden, auf denen sich bald Tausende von Autowracks häuften. Aber in den *magazines* wurden Autos nicht als Material recycelt, sondern repariert und re-kombiniert. Aus vielen kaputten Teilen entstand ein neues Gefährt. Und die Halden wurden Wohn- und Arbeitsstätten für die *fitters*.

Ghanaer haben eine unglaubliche Liebe zur Technik und zur Mechanik. Sie sind Meister im »learning by doing«, und so konnte sich innerhalb eines Jahrzehnts eine unglaublich lebendige technische Sekundärkultur entwickeln, eine ganze Population von »Schrottmenschen«, die in den *magazines* lebten und arbeiteten. Im größten, dem *Suame Magazine*,

Abbildung 4.5: Teilelager eines *fitters* in Kumasis Suame Magazine, Ghana.

lebten 1971 6 000 dieser *fitters*, die meisten verdienten als Reparateure, viele auch als Teileverkäufer ihren Lebensunterhalt. 1980 war die Bewohnerschaft von Suame auf 40 000 angewachsen, eine ausgedehnte Stadt aus Schrott und Autoteilen, und nun begann man, alle *möglichen* Dinge herzustellen, zu bauen, zu reparieren.

Die Werkzeuge in den *magazines* waren einfach. Hämmer, Schraubenschlüssel, Ratschen, Schraubenzieher. Komplexe Werkzeugmaschinen oder Test-Units hielten nie lange oder wurden sofort für andere Zwecke auseinandergenommen. Das komplexeste Werkzeug war ein Schweißgerät, dessen Besitz einem *fitter* hohes Ansehen und Einkommen bescherte. Autos, die in den *magazines* entstanden und gewartet wurden, konnten unglaubliche Lebensspannen erreichen – 50 Jahre oder mehr, wobei das »Alter« natürlich nie festzustellen war, weil außer dem Rahmen kein einziges Teil mehr ein Originalteil war. *Magazine*-Automobile erreichten, wie einige anthropologische Studien nachwiesen, ein »dauerhaftes Äquilibrium zwischen Entropie und Funktionsfähigkeit« – sie schienen *unsterblich* zu werden, ewige Zombies oder Wiedergänger![175]

Das Beispiel der ghanaischen *fitters* erzählt eine Alternativgeschichte der Technologie: die *Kreolisierung* (oder »Tropikalisierung«). Technik funktioniert, wie das Beispiel zeigt, nicht nur in *einem* Kontext. Sie wird ständig auf mehreren Ebenen »kompostiert« und recycelt. Sie verrottet und verrostet – ebenso wie organische Materie. Könnte das ihr – und unser – eigentliches Schicksal sein? Könnte eines fernen – oder vielleicht gar nicht so fernen – Tages Technologie eine Art Müllhalde werden, in der wir mit vortechnologischen Methoden herumkrauchen und alles neu zusammenbasteln, ohne es je wieder voll »ganz« machen zu können? Diese Vorstellung ist in vielen Science-Fiction-Streifen durchgespielt worden (meistens in wunderbar schrottigen B-Movies). *Mad Max*, die atomare Super-GAU-Fantasie, in der die Menschen in hochtechnischen Ruinen wohnen. Und spricht nicht einiges dafür? Ist es nicht unzählige Male in der Geschichte zu »technologischen Dekompressionen« gekommen, wie nicht nur das Beispiel Chinas im 15. Jahrhundert zeigt?

»You can delay technology, but you can't stop it«, behauptet Kevin Kelly, einer der führenden amerikanischen Futurologen. Wirklich? Heutige Technik ist so vielschichtig, dass sie auch ein äußerst komplexes *Kultur*system benötigt, um zu funktionieren. Sie braucht als *breeding ground* einen reibungslos laufenden, vitalen, gierigen Kapitalismus. Sie braucht Millionen von willigen, verzweifelten Forschern, Technikern, Investoren, Usern, Service-Leuten. Sie braucht ein Soziotop des »technischen Willens«.

Man stelle sich vor, plötzlich würden alle Computerfreaks der Welt, alle IT-Techniker, Software-Experten und Netzwerkkönner in Streik treten. Aus unseren wunderbaren IT-Systemen, mit denen wir die ganze Komplexität der Welt organisieren, würde schnell totes blödes Zeug auf dem Schreibtisch.

Man stelle sich vor, es gelänge uns *nicht* (was ich nicht glaube), geeignete Energiequellen zu finden, die das wunderbare Geschenk des Planeten an die Menschheit, die fossilen Energien, halbwegs ersetzen können.

Man stelle sich vor, eines Tages hätten die Leute keine Lust mehr, dauernd neues Zeug zu erfinden, zu konstruieren, zu produzieren – und zu kaufen. Sie wären zu arm, zu genervt – oder zu weise. Auch das wäre nicht das Ende der Geschichte. Vielleicht gäbe es wichtigere Dinge, denen man sich fanatisch zuwenden könnte ...

Die Technostase

Wir erinnern uns: Das erste Motiv für die Entwicklung von Technik ist der Mangel, die Knappheit, an Sicherheit, Nahrung, Macht, Mobilität etc. Wie wird es um diese Motivtreiber des technischen Fortschritts in der Welt des 22. Jahrhunderts bestellt sein?

Im 22. Jahrhundert wird sich die Anzahl der Menschen wieder massiv verringern. 2150 könnten, das ist gar nicht so unwahrscheinlich, nur noch weniger als sechs Milliarden Menschen auf der Erde leben. Und es wären andere Menschen.

Im 22. Jahrhundert dürfte, wenn die heutigen Trends anhalten, der Hunger weltweit besiegt sein. Fast alle Nationen wären dann Wohlstandsnationen. Die Energiefrage wäre durch hocheffektive Kollektoren und Konversionsmethoden gesichert, ebenso die Ernährung, die Versorgung mit Gütern. Ein sanfter Sozialismus herrschte über die Welt. Es gäbe an der einen oder der anderen Ecke Konflikte. Aber nichts Wesentliches.

In einer solchen befriedeten, ökologisierten, hocheffektiven Welt wäre durchaus ein Stillstand der Technologie denkbar, ein Äquilibrium, das für Jahrtausende andauern könnte. Der Stachel im Fleisch würde fehlen. Wir würden uns wieder den geistigen, den mentalen Dingen zuwenden, und »es« einstweilen genug sein lassen. Das Zeitalter der so viel zitierten und herbeigesehnten »Nachhaltigkeit« begänne. Umwelt, Technologie und Kultur würden in eine Balance geraten. Die Öko-Gurus von heute würden Weltchefs. Alles wäre gut.

Ist eine Menschheit denkbar, die sich vom Überlebensstress verabschiedet? Die nicht mehr mit allen Mitteln daran arbeitet, zu entkommen oder zu obsiegen, ihre Werkzeuge zu optimieren, um sich gegenseitig umzubringen oder in eine fragwürdige Zukunft »aufzusteigen«? Die womöglich jenen Punkt anstrebt, wo die Zivilisation, wie Stanislaw Lem voraussah, wieder »hinter den Vorhang des kosmischen Schweigens gleitet«?

Das Problem ist nur, dass weder Technologie noch Biologie auf diese Weise funktionieren. Nicht auf Dauer. Gleichgewicht ist nicht nachhaltig. Das Universum lebt, und es verändert sich ständig. Und wir mit ihm.

Abbildung 4.6: Die Borg. So etwas passiert, wenn Schönheitsoperationen stümperhaft sind und Ersatzteile den falschen Designer haben.

Werden wir *Borg*?

Am Ende dieser Reise in die ferne Zukunft kommen wir noch einmal auf die unheimliche Frage zurück, was Technologie eigentlich *ist*. Ist sie ein existenzieller Stachel, der uns vorantreibt? Ein Sparringspartner, an dem wir unsere mentalen Fähigkeiten trainieren? Oder eine Art Kokon, ein Symbiont, in den wir hoffnungslos verstrickt sind und der uns in einer zwanghaften Linearität in die Zukunft trägt, um uns irgendwann zu »verdauen«? Bleibt Technologie letzten Endes ein diabolischer Pakt, in dem wir nur verlieren können? Dann würden wir irgendwann *Borg*.

Die Borg sind jene fiesen Techno-Kollektivisten, die in *Star Trek* alle Planetensysteme und zivilisierten Welten überrennen. Die hässlichen Borg, in deren Köpfen mechanische Teile stecken und die zur Hälfte aus Technik, zur anderen Hälfte aus Fleisch bestehen, reproduzieren sich durch

Assimilation: Vorher selbstständig denkende und handelnde Individuen werden zu Drohnen umgeformt, deren Kollektiv – ähnlich einem Insektenvolk – eine Borg-Königin vorsteht.

Wir sind die Borg!

Widerstand ist zwecklos!

Sie werden assimiliert!

Die Borg sind die radikale Verlängerung des *exploitativen* Prinzips der Techno-Evolution. Eine Mischung aus Kommunismus und Faschismus, multipliziert mit Nano-Prothesen-Technologie. Wir werden zu domestizierten »Techno-Droiden«. Ende der Geschichte.

Doch dasselbe Science-Fiction-Universum, in dem die Borg ihr Unwesen treiben– *Star Trek* –, spielt mit filmischen Mitteln noch eine andere Evolution durch. Auf der Brücke des Raumschiffs Enterprise *herrscht* die Technologie nicht, sie ist nur Vehikel der Erkenntnis. Es geht um den analytischen Verstand, um Moral und Philosophie. Die existenziellen Dramen, die auf der Kommandobrücke der Enterprise durchgespielt werden, erinnern an antike Tragödien, und manchmal auch Komödien.

Gewiss, *Star Trek* ist nur Science-Fiction. Aber eine ungewöhnlich kluge, humanzentrierte Science-Fiction. (Vielleicht ist das der Grund, warum die Serie eingestellt wurde – sie ist einfach zu *menschlich*.) Warum, so könnte man zum Beispiel fragen, quält sich die Mannschaft immer mit Begriffen wie »Verantwortung«, »Humanität« und »Frieden« herum? Die Enterprise hat ein Holodeck an Bord, eine perfekte Simulationswelt mit allen Annehmlichkeiten. Warum bleiben Picard und die Seinen nicht einfach in der Virturealität und lassen sich verwöhnen?

Weil es eben auch eine andere Kraft in uns gibt. Eine Kraft, die die höhere geistige Komplexität sucht. Dazu nutzt sie Technik. Aber nicht als Prothese, sondern als Spiegel.

Eine Botschaft an die Zukunft

Was also ist stärker? Der blinde, gnadenlose, un-humane Aspekt der Technologie, ihre kalte Eigendynamik, die uns irgendwann einfach »über den

Kopf wachsen wird«? Nach dem Beispiel der Borg werden wir dann symbiotische Parasiten aus technologischen Brutstätten sein, abhängige Mollusken der Technologie.

Oder ist Technologie das, was sie im Kontext menschlicher Entwicklung eben *auch* zu sein vermag: ein »Medium«, das uns, in Form einer existenziellen Herausforderung, als *Menschen menschlicher macht*?

»In seinem Streben, uns immer ähnlicher zu werden, half er uns zu verstehen, was es bedeutet, ein Mensch zu sein. Er begrüßte die Veränderung, weil er immer besser sein wollte, als er war«, sagt Picard am Ende des letzten großen *Star-Trek*-Films über seinen toten Freund Data, den Androiden.

Technik ist das Wesen des Menschen. Als unsere Vor-Vorfahren den ersten Steinkeil hoben, und so eine winzige Distanz zwischen sich und die Natur brachten, begannen sie das große Spiel der Kognition, der »Entfremdung«, die schließlich zu Bewusstsein und Geistigkeit führen sollte.

Edward O. Wilson, der große Soziobiologe, schrieb im Jahr 1978:

> Keine Spezies, auch unsere nicht, besitzt einen Daseinsgrund jenseits der Imperative, die durch ihre genetische Geschichte geschaffen wurden. Spezies mögen ein großes Potenzial für materiellen und mentalen Fortschritt besitzen. Aber es fehlt ihnen an einem immanenten Zweck oder einer Führung jenseits ihrer unmittelbaren Umwelt. Sie haben kein evolutionäres Ziel, zu dem ihre molekulare Architektur sie drängt. Ich glaube, dass der menschliche Geist in einer Weise konstruiert ist, der ihn in seinen natürlichen Begrenzungen einschließt und ihn dazu zwingt, Entscheidungen mit einer pur biologischen Zweckmäßigkeit zu treffen.[176]

Das ist rabenschwarz, und es spricht mit keinem Deut von den Spielräumen, die Menschen eben *auch* haben. Das menschliche Hirn ist in drei Milliarden Jahren Evolution als biochemisches Werkzeug erfunden worden, um eine anfangs haarige, später nackte Affenart besser überleben zu lassen. Eben weil unser Hirn eine Art »Unfall« der Evolution ist, eine Absurdität mit dem Hang zu sinnloser Überkapazität, entwickelte sich daraus ein neues, meta-evolutionäres »Spiel«. Das Spiel des Geistes und des Erkennens, das Spiel der Kultur.

Was bedeutet es, wenn wir »kein bestimmtes Ziel haben, zu dem es uns drängt«? Dann entscheidet ganz allein das Kulturelle, das sozial Erlernte, unsere Fähigkeit zur Moderation und Kooperation, also unsere humanen *Sozio*techniken, über unseren Weg in die Zukunft.

Die Menschen, die dieses Buch in Jahrzehnten, oder Jahrhunderten, vielleicht auf Datenspeichern oder brüchigem Papier, auf Folien oder in Audiobits, noch einmal rekapitulieren, werden lächeln ob der Naivität, mit dem ich unser heutiges Wissen über unsere techno-evolutionäre Zukunft zusammenzufassen versuchte. Aber ich ahne – nein: *weiß*: Es wird sich um ähnliche Menschen handeln, wie wir es heute sind. Zwischen ihnen und uns besteht eine Brücke. Eine anthropologische, aber auch kognitive, kulturelle Konstante. Technologie wird sie nicht entfremdet, zerstört, ent-menschlicht, sondern im Gegenteil ein weiteres Stück »zu sich selbst« geführt haben. Zu ihren Hoffnungen, Wünschen, Träumen. Aber auch zu ihrer Verletzlichkeit.

Ich glaube, wir werden uns entscheiden, weiter zu leiden.

Das Leiden ist das zentrale Element des Menschen, jenes Humanum, das uns von den Maschinen unterscheidet. Und weil wir nicht Borg werden wollen, und weil die Extropianer *heute* schon wie Zombies wirken, werden wir den Weg des Fleisches gehen.

Die Menschen der Zukunft, so wage ich die Prognose, werden humaner sein als wir heutigen Menschen. Sie werden es vermocht haben, Technologie als *mentale Selbstverstärkung* zu nutzen, als selbstverändernden Spiegel, in dem das Humane sichtbar wird. Sie werden, gewiss, die Erleichterungen und Tröstungen, die uns Technologie *auch* bietet, fortentwickeln. Aber sie werden diejenigen bleiben, die wir heute sind: leidende, sterbliche Wesen, für die Tod, Liebe, Empathie die endlos ungelösten Herausforderungen bleiben.

Wäre das nicht auch ein Trost, eine Verheißung, eine wunderbare Offenbarung? Dass wir den Nachkommenden *ähnlich* bleiben, allem scheinbar rasenden »Fortschritt« zum Trotz? Dass der rote Faden, der uns mit der Zukunft verbindet, ein genuin *humaner* ist? Wie sagte es Douglas A. Hofstadter im Schlussabsatz von *I Am a Strange Loop*?

> Irgendwo in der Mitte zwischen der ungeheuren Dimension der gekrümmten Raumzeit und den seltsamen Irrlichern der Quanten wohnend, ähneln wir menschlichen Wesen eher den Regenbogen und Fata Morganas als Regentropfen oder Felsen ... Wir sind unberechenbare selbstschreibende Gedichte – vage, metaphorisch, unscharf. Und manchmal einfach unglaublich schön.

Nachwort und Danksagung

Dass die prognostische Wissenschaft nichts anderes sein kann als Scharlatanerie, Kaffeesatzleserei oder Kristallkugelei, davon kann man im öffentlichen Diskurs immer wieder hören. Dabei wissen nur wenige, worum es eigentlich geht. (Einige wollen es gar nicht wissen, sondern lieber aus Ressentiments Profit schlagen und billigen Beifall generieren.) Zukunftsforschung beschäftigt sich mit dem, was angesichts der Komplexität der Welt in der Tat immer nur ein *Versuch* sein kann: ein universalistisches Verständnis des Wandels zu entwickeln, das nicht nur versteht, wie die Welt *ist* und wie sie so *geworden ist*, sondern auch *wohin sie tendiert*.

Dieses Buch ist der Versuch, die neuen Wissenschaften, von denen wir jeden Tag lesen und hören können (wenn wir denn aufmerksam in die Welt schauen), in einen einheitlichen Strang zu verweben. Den roten Faden bietet hierbei die Technologie. Jedoch ist es nicht so, dass Technologie das einzige Thema ist. »Technologen« werden sicher enttäuscht sein (und in gewisser Weise ist genau diese Enttäuschung durchaus beabsichtigt). Denn es geht nicht um Technik, sondern um das, was Technologie eigentlich *ist* und *meint*.

An allererster Stelle ist hier die Evolutionsbiologie mit ihren Zweigen »Evolutionäre Psychology« und »Soziobiologie« zu nennen. Namen wie Richard Dawkins fallen hier ins geistige Gewicht, Marc D. Hauser, Steven Pinker, Stephen Jay Gould und viele, viele andere, die diesen jüngsten Zweig der Humanwissenschaften begründet und fruchtbar weiterentwickelt haben. Im Kontext der religiösen »Kreationismus«-Debatte hat sich die Arbeit in diesem Feld eher intensiviert – oft sind es die Feinde, die einen zu geistigem Fortschritt antreiben.

Wo von Zukunftswissenschaft, früher »Futurologie« genannt, die Rede ist, kann die Spieltheorie nicht fehlen, die in den zukunftshungrigen sechziger Jahren die modernen prognostischen Wissenschaften begründete. John von Neumann und Oskar Morgenstern, die Pioniere in diesem Feld, haben inzwischen würdige Nachfolger gefunden. (Eingeweihte wissen: Die Figur des »Dr. Seltsam« in Kubricks gleichnamigem Film ist eine Mixtur aus John von Neumann und dem US-Futurologen Herman Kahn.) Anschließend und fortführend ist die Systemtheorie mit ihren weiteren Verzweigungen von Kybernetik, Chaostheorie, Synergetik zu nennen.

Die Systemtheorie ist, wenn man so will, die DNA – oder der Zellkern – der modernen prognostischen Wissenschaften. Denn bei ihr handelt es sich für die verschiedenen Disziplinen *im Kern* um das gleiche Vorhaben. Bei Wikipedia, selbst ein Produkt systemischer Ereignisse, heißt es so schön:

> Systemtheorie ist ein interdisziplinäres Erkenntnismodell, in dem Systeme zur Beschreibung und Erklärung unterschiedlich komplexer Phänomene herangezogen werden. Die Analyse von Strukturen und Funktionen soll häufig Vorhersagen über das Systemverhalten erlauben. Die Begriffe der Systemtheorie werden in verschiedenen wissenschaftlichen Disziplinen angewendet, so der Informatik, Physik, Ingenieurwissenschaften, Pädagogik, Chemie, Biologie, Geographie, Logik, Mathematik, Physiologie, Soziologie, Politologie, Psychologie, Ethnologie, Semiotik, Literaturwissenschaft und Philosophie.

Wenn man einmal angefangen hat, die Frontlinien der Erkenntnis zu durchschreiten, ist schwer ein Ende abzusehen. Zu den Königswissenschaften von heute und morgen gehören Hermeneutik und Kognitionswissenschaften, Neurowissenschaften und Kognitionspsychologie, Probabilistik und Systemische Soziologie (man denke an Niklas Luhmann) und – Ökonomie (Gary S. Becker, Paul Ormerod, John Kay), die holistische Kulturanthropologie (David Landes, Jared Diamond, Steve Olson, Edward O. Wilson), die »Meta-Komplexitätstheorie« (z. B. Murray Gell-Mann, Jeffrey Kluger, Robert Wright), die systemische Ökonomie (z. B. Stephen J. Dubner, Steven D. Levitt); dazu brandneue und noch wunderbar »unsichere« Disziplinen wie etwa die Memetik, vulgo »semiotisch-neurologische Kulturwissenschaften«. Und schließlich auch jene, deren Erkenntnisse nicht mehr mit den Terminologien klassischer Wissenschaftsgenres zu fassen sind. Die Stephen Hawkings und Bill Brysons und Ken Wilbers, und wie die »kosmologischen Universalisten« unserer Zeit alle heißen mögen.

Alle diese Denkansätze und Geistesleistungen haben ein zentrales Merkmal: Sie entstehen aus der Verknüpfung. Sie brechen aus den traditionellen Disziplinen und Sichtweisen aus, und sie tun dies ganz bewusst (viele der neuen Denker sind ursprünglich auch keine »Wissenschaftler«, sondern Journalisten und Publizisten). Sie sind, im Wortsinn, »synthetische Wissenschaften«. Sie überschreiten die Genres, in denen das industrielle Zeitalter unsere Wirklichkeit kartografierte. Sie sind in der Tendenz, im Ansatz *organisch-universalistisch,* auch wenn sie sehr spezielle Fragen behandeln – wie in diesem Buch etwa die Frage der Technologie.

Wolfgang Schüssel, ein kluger, wenn auch nicht immer glücklicher österreichischer Politiker, definierte die Bedingung eines erfolgreichen Politikerdaseins einmal so: »Man muss von allem, von der Familie bis zur Ökonomie, eine ganze Menge mehr als wenig verstehen.« So gesehen sind die Berufe des Politikers und des Zukunftsforschers nicht weit voneinander entfernt. Wir wollen und müssen *alles* verstehen, was »die Welt« und ihren Wandel betrifft. Auch wenn wir wissen, dass dies menschenunmöglich ist, geben wir nicht auf. Sondern fangen immer wieder neu an.

All diesen Gastgebern der Erkenntnis und Impulsgebern des Wissens und Geistes danke ich – es würde den Rahmen sprengen, alle namentlich aufzuführen. Und natürlich denjenigen, die im realen Leben eine ähnliche Funktion ausüben. Meiner superklugen Frau Oona (die, nein, mir beim Schreiben dieses Buches *nicht* mit viel Verständnis die Kinder vom Leib gehalten hat – der *running gag* aller meiner Danksagungen). Meinem Schwiegervater Paul Strathern, diesem wandelnden Wissenschaftslexikon der angelsächsischen Welt. Meinen älteren Mentoren, die mich durchs Leben begleitet haben. Den Rechercheuren, die mir bei diesem Buch geholfen haben, Judith Mila Durante und Jonas Kolb. Und nicht zuletzt den zahllosen Feinden, Dummköpfen und Skeptikern, die nach dem schlichten Reiz-Reaktions-Schema mich langsam und mühsam klüger zu machen scheinen. So hoffe ich es jedenfalls.

Wien, im Sommer 2008

Anhang
Der Futuretech-Scan

Ich habe in diesem Buch versucht, eine Meta-Theorie der Technik zu entwickeln. Für diejenigen Leser, die an praktischen und pragmatischen technischen Fragen interessiert sind, ergeben sich damit zwangsläufig Enttäuschungen. Was bedeutet das jetzt genau für *meine* Technik in *meinem* Unternehmen und *meiner* spezifischen Anwendung? Darauf kann ein solcher Ansatz natürlich keine einfachen Antworten geben.

Ich denke trotzdem, dass sich mit den Betrachtungen dieses Buches ein praktikables prognostisches System entwickeln lässt. In der einfachsten Form ist dies eine Messung – oder qualifizierte Abschätzung – der Triebkräfte von Technologie (oder einer speziellen Technik) sowie ein Statusbericht über Stadium und Phase, in der sich die Technologie (oder Technik) derzeit befindet. Von da aus lässt sich eine recht solide Prognose für die Zukunft gewinnen. Zumindest verlässlicher als das, was im Bereich des Technik-Forecast *bislang* verfügbar war.

Beantwortbar werden Fragen, die für die Planung und Marktdurchsetzung von Innovationen in vielerlei Hinsicht von Bedeutung sind:

- In welchem Stadium befindet sich die Technologie?
- Wird sie sich zu einer Nischenanwendung oder einer »killer application« entwickeln?
- Wie groß ist ihre Relevanz im Marktumfeld?

Die nachfolgende Matrix fasst die zentralen Evolutionsfaktoren der Technologie zusammen. *Treiber* sind die Motive, die technologische Entwicklung fördern und protegieren, *Widerstand* das, was die Entwicklung bremst. *Zugang* benennt die allgemeine Technikpsychologie, *Phase*

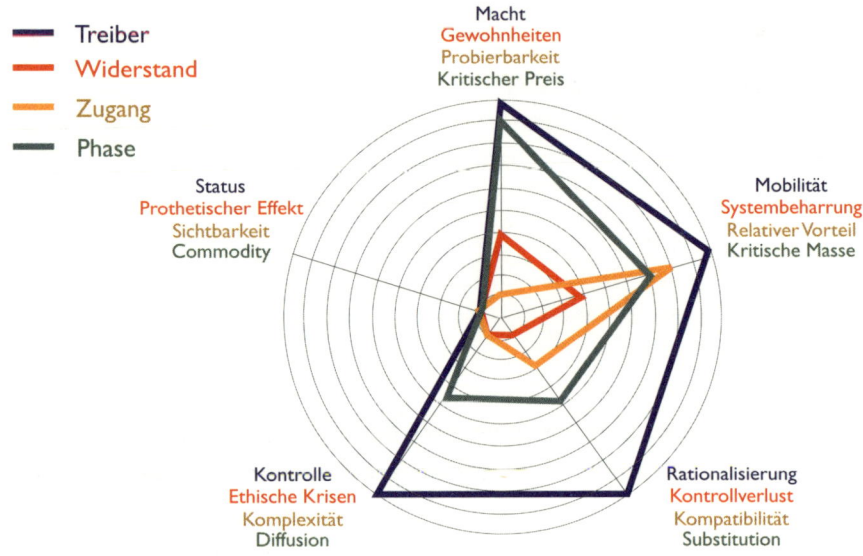

Abbildung 5.1: Die Matrix der Technikfaktoren (am Beispiel der Atomkraft).

schätzt ab, in welchem historischen Abschnitt sich die Technologie derzeit befindet.

Für einen Durchlauf sollte man jeden Faktor auf einer Skala von minus zehn bis plus zehn bemessen. Am besten funktioniert dies in einem gemischten Team von Technikliebhabern und Skeptikern, von Männern und Frauen, Jungen und Alten, verschiedenen beruflichen und geistigen Zugängen (so machen wir es in unserem Zukunftsinstitut). Das entstehende Rastersystem bildet dann so etwas wie einen *technolutionären Fingerabdruck*.

Am Beispiel der Atomkraft kann man sehen, dass eine Technik über massive *Treiber* verfügen kann, aber trotzdem in eine Blockadesituation gerät. Mächtige Motive der Mobilität und Rationalisierung sprechen für die Atomkraft, aber mächtige Ängste dagegen (natürlich nach jeweiliger Kultur verschieden). Negativ auch die geringe Erfahrbarkeit der Atomkraft, ihre »Abstraktheit«. Diese Faktoren sind allerdings, wie die reale Entwicklung der Nukleartechnik zeigt, enorm kulturabhängig. Deshalb müssen wir die Technikraster teilweise für Länder und Regionen separat erstellen.

Am Beispiel der Touchscreen-Technologie bei Computern lässt sich

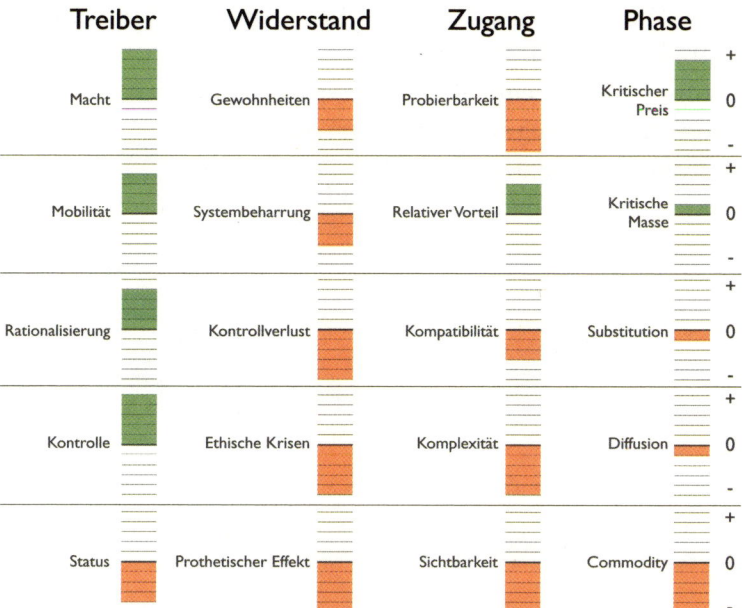

Abbildung 5.2: Technikraster der Atomkraft.

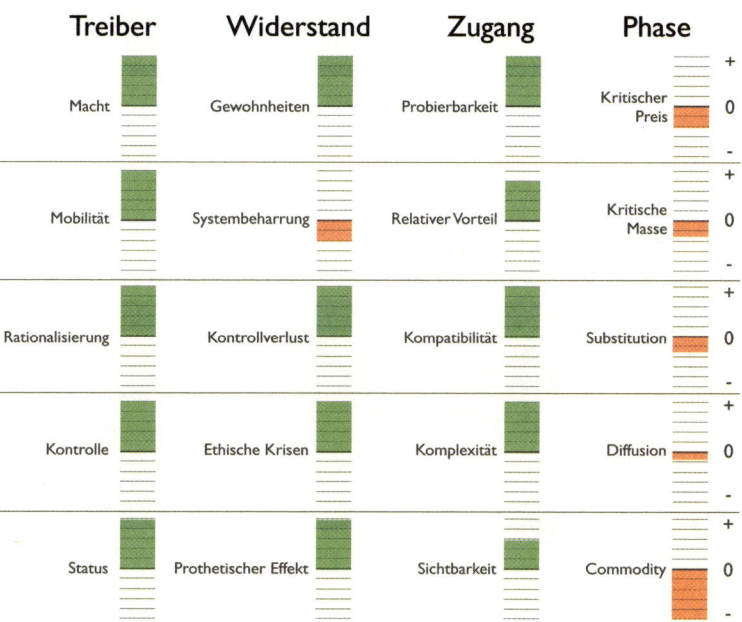

Abbildung 5.3: Matrix der Touchscreen-Technologie.

sehen, dass eine Technik fast vollständig »grün« sein kann. Dann ist ihr Erfolg geradezu vorprogrammiert.

Wir führen diese Technik-Prognose-Verfahren im Rahmen der Trend- und Zukunftsforschung auch bei Bedarf für Kunden durch. Bei Interesse: www.zukunftsinstitut.de.

Anmerkungen

Ouvertüre: Auf dem Dachboden oder: Der vollautomatische Mann

1   Markus Feldenkirchen, »Agenda 2017«, in: *Der Spiegel* 25/2007, S. 98.

Teil I: Eine kleine Floppologie – Warum Innovationen scheitern

2   Hilmar Schmundt, *Hightechmärchen*, Berlin: Argon 2002, S. 15.

3   *http://www.uh.edu/engines/epi415.htm.*

4   Arthur Brehmer, *Die Welt in 100 Jahren*, Berlin: Verlagsanstalt Buntdruck 1910; Nachdruck: Hildesheim: Olms 1988 (nur noch antiquarisch erhältlich).

5   Die beiden großen britischen Passagierluftschiffe, R 100 und R 110, hatten eine weitaus kürzere Lebenszeit. Die 110 explodierte beim Jungfernflug nach Indien 1930, die 100 wurde kurz danach außer Dienst gestellt (Freeman Dyson, *Imagined Worlds*, Cambridge, Mass./London: Harvard University Press 1997, S. 22ff.).

6   Merritt Ierley, *Wondrous Contrivances – Technology at the Threshold*, New York: Clarkson Potter Publishers 2002, S. 79.

7   Barbara Waibel/Renate Kissel, *Zu Gast im Zeppelin*, Weingarten: Kunstverlag Weingarten 1998, S. 10. Siehe auch die DVD-Dokumentation *Die große Zeit der Zeppeline* von Heinz Urban und Ralf Schneider (Film 101 München, www.film101.de).

8   Freeman Dyson, *Imagined Worlds*, Cambridge, Mass./London: Harvard University Press 1997, S. 18–20.

9   Merritt Ierley, *Wondrous Contrivances – Technology at the Threshold*, New York: Clarkson Potter Publishers 2002, S. 16.

10 »Pause für den Chauffeur – Auf der Expo im japanischen Achi präsentiert Toyota Autos ohne Fahrer«, in: *Focus* 20/2005, S. 91.

11 Everett M. Rogers, *Diffusion of Innovations*, 5. Aufl. New York: Free Press 2003, S. 148.

12 *Der Spiegel* 12/2001, S. 189.

13 Es gibt in der Tat inzwischen leistungsfähige E-Books, die auch langsam Marktnischen erobern. Siehe Andrew Marr, »Curling up with a good ebook«, in: *Guardian* 11.5.2007, S. 6.

14 Gerald Hüther, *Biologie der Angst. Wie aus Stress Gefühle werden*, Göttingen: Vandenhoeck & Ruprecht 1997, S. 66.

15 Nach einer Messung des statistischen Bundesamtes Berlin vom 28. Dezember 2007 nahm die durchschnittliche Sehdauer pro Tag erstmals seit vielen Jahren wieder ab. Jeder Bundesbürger mit Fernsehempfang saß 2007 im Schnitt 208 Minuten (2006: 212 min) vor dem Fernseher, bei den jüngeren waren es 178 Minuten (2006: 184 min).

16 Der »Head of Business Innovation« Lydia Aldejohann von Nokia-Siemens-Networks (NSN) stellte im Rahmen der forward2business-Zukunftsuniversität ihre Fernseh-Vision für das Jahr 2020 vor: http://www.forward2business. com/universitaet/12-juli-2007-fernsehen-der-zukunft-was-unterhaelt-uns-im-jahr-2020.html. (Rechtschreib- und Zeichensetzungsfehler des Originals wurden stillschweigend korrigiert.)

17 *New York Times*-Beilage Europa, Standard 13.8.2007. S. 1.

18 Siehe etwa die Schweizer Haushaltsstudie von 2005: www.knorr.ch/ch/de/ EasyCooking; oder Karin Frick, *Wie sich Männer und Frauen die Hausarbeit teilen*, Trendstudie, Duttweiler Institut 2006; Dagmar Vinz, *Nachhaltiger Konsum und Ernährung Private KonsumentInnen zwischen Abhängigkeit und Empowerment*, www.prokla.de/Volltexte/138vinz.rtf.

19 // *GOLD.de*, 1.5. 2000, S. 32

20 Donald A. Norman, *The Design of Future Things*, New York: Basic Books 2007, S. 77.

21 Zitiert nach Stanislaw Lem, *Riskante Konzepte*, Frankfurt/M.: Insel Verlag 2001, S. 13. John von Neumann gilt als ein Erfinder des Computers.

22 David Levy, *Love and Sex With Robots – The Evolution of Human-Robot Relationships*, New York: HarperCollins 2007.

23 Richard Rhodes, *Visions of Technology*, New York: Simon & Schuster 1999, S. 371.

24 Stanislaw Lem, *Die Technologiefalle. Essays*, Frankfurt/M.-Leipzig: Insel Verlag 2000, S. 63.

25 Alan Hodges, *Alan Turing, the Enigma of Intelligence*, London: Burnett Books 1983, S. 404.

26 »A good Robot has personality but not looks«, *New Scientist* 22.7.2006, S. 32. Zur kulturellen Wahrnehmung von Robotern siehe auch *Der Spiegel* 38/2006: »Im Reich der Replikanten – Warum sind die Asiaten so vernarrt in Mensch-Maschinen«, S. 170; *The Economist* 24.12.2005, »Better than people – Why Japanese want their robots to act more like humans«.

27 Siehe dazu auch »Welcome to the Era of Emotobot«, in *New Scientist*, 5. April 2008. Untersucht wird hier der emotionale Zugang zu Haushaltsrobotern. Während z. B. »abstrahierte« Roboter wie der Staubsauger »Roomba« tatsächlich verniedlicht werden, steigt das Unbehagen mit zunehmender Menschenähnlichkeit an. Analysiert wurden auch geschlechterspezifische Zugänge: Männer assoziieren mit Robotern mehr Menschenähnlichkeit, Frauen betonen eher seinen Charakter als Maschine.

28 Norbert Bolz, *Bang-Design*, Hamburg: Trendbüro 2006, S. 171.

29 Wolfgang Lutz/Warren Sanderson/Sergej Scherbov (Hrsg.), *The End of World Population Growth in the 21st Century*, London: Earthscan 2004. Ben J. Wattenberg, *Fewer. How the New Demography of Depopulation Will Shape Our Future*, Chicago: Dee 2004. Deutsche Stiftung Weltbevölkerung (DSW), »Entwicklung und Projektionen: Wie viele Menschen werden in Zukunft auf der Erde leben?«, 2005, Download unter: www.dsw-online.de/pdf/fs_entwicklung.pdf. Brian O'Neill/Deborah Balk, »World Population Futures«, in: *Population Bulletin* 56, Nr. 3, 2001; online auf www.prb.org. State of World Population 2007. United Nations Population Fund (UNFPA), *Unleashing the Potential of Urban Growth*, New York: UNFPA 2007.

30 »Rohrpost für Passagiere, Pneumatische U-Bahn in New York«, in: *Der Spiegel* 35/2005, S. 131.

31 Karl H. Metz, *Ursprünge der Zukunft. Die Geschichte der Technik in der westlichen Zivilisation*, Paderborn: Schöningh 2006, S. 144, S. 252.

32 Siehe Thimo te Duits, *The Origin of Things*, Rotterdam: Nai Publishers 2003, S. 92ff.

33 Für den »Scheiterologen« Reinhold Bauer sind die Faktoren Konkurrenzsituation, Nutzerbedürfnisse, Anpassungserfordernisse, Entwicklungsräume

und Timing entscheidend für den Erfolg oder Misserfolg einer Technik im Kontext einer Technologie.

Teil II: Die Mensch-Maschine-Symbiose – Wie Kultur und Technik co-evolutionieren

34 Norbert Bolz, *Bang-Design*, Hamburg: Trendbüro 2006, S. 49.
35 Richard B. Lee/Richard H. Daly (Hrsg), *The Cambridge encyclopedia of hunters and gatherers*. Cambridge: Cambridge University Press 1999; Carlton S. Coon, *The Hunting People*, Harmondsworth, Middlesex: Penguin Books 1971; Alfred Janata, *Technologie und Ergologie in der Völkerkunde, Band 1*, Berlin: Reimer 1999; Wolfgang Schmidbauer, *Jäger und Sammler*, Planegg vor München: Selecta-Verlag 1972.
36 Kai Michel, »Wunderwaffe der Steinzeit – Sportler testen den Speer des Homo Erectus«, in: *Zeit Wissen* 9.6.2004, S. 37. Neben dem abgebildeten Speer wurden weitere Speere gefunden – siehe dazu Hartmut Thieme (Hg.), *Die Schöninger Speere. Mensch und Jagd vor 40 000 Jahren*, Stuttgart: Theiss 2007.
37 Siehe Josef H. Reichholf, *Das Rätsel der Menschwerdung. Die Entstehung des Menschen im Wechselspiel der Natur*, 6. Aufl. München: dtv 2004, S. 229.
38 Karl H. Metz, *Ursprünge der Zukunft. Die Geschichte der Technik in der westlichen Zivilisation*, Paderborn: Schöningh 2006, S. 22.
39 Siehe Josef H. Reichholf, *Das Rätsel der Menschwerdung. Die Entstehung des Menschen im Wechselspiel der Natur*, 6. Aufl. München: dtv 2004, S. 224ff.
40 Siehe beispielsweise Dirk Husemann, *Die Neandertaler. Genies der Eiszeit*, Frankfurt/M.-New York: Campus Verlag 2005.
41 Josef H. Reichholf, *Das Rätsel der Menschwerdung. Die Entstehung des Menschen im Wechselspiel der Natur*, 6. Aufl. München: dtv 2004, S. 230ff.
42 Josef H. Reichholf, *Das Rätsel der Menschwerdung. Die Entstehung des Menschen im Wechselspiel der Natur*, 6. Aufl. München: dtv 2004, S. 17.
43 Siehe beispielsweise *Current Archaeology* Nr. 161.
44 Im Gegensatz dazu lernten zum Beispiel die Indianer von den europäischen Eroberern das Reiten – die Spanier hatten das Reitpferd im 16. Jahrhundert exportiert, und die indianischen Kulturen adapierten es in kürzester Zeit (Everett M. Rogers, *Diffusion of Innovations*, 5. Aufl. New York: Free Press 2003, S. 188).

45 Selbst große Firmen wie Tchibo und IKEA haben reihenweise Musterschutzprozesse am Hals.

46 James E. McClellan/Harold Dorn, *Werkzeuge und Wissen, Naturwissenschaft und Technik in der Weltgeschichte*, Hamburg: Rogner & Bernhard bei Zweitausendeins 2001.

47 James E. McClellan/Harold Dorn, *Werkzeuge und Wissen, Naturwissenschaft und Technik in der Weltgeschichte*, Hamburg: Rogner & Bernhard bei Zweitausendeins 2001, S. 72.

48 Ebd., Seite 369–371.

49 Das ist jetzt natürlich ungerecht. Sogar der konservativste Club Londons, die »White Lions«, führte in den neunziger Jahren das Mitgliedsrecht für Frauen ein. Er konnte auch gar nicht anders, denn die jahrhundertalte Regel war, dass der Premierminister automatisch bei Amtsantritt Mitglied bei den White Lions wurde. Der Premierminister war aber plötzlich eine Frau und hieß Margaret Thatcher. Was sollte man also tun, als sich zähneknirschend dem Zeitgeist zu beugen?

50 Details siehe in: Martin J. Wiener, *English Culture and the Decline of the Industrial Spirit 1850–1980*, Cambridge: Cambridge University Press 1981.

51 Großbritannien hatte bis in die siebziger Jahre nicht nur eine entwickelte Autoindustrie, sondern auch fast das Weltmonopol bei Motorrädern. BSA,Triumph, Royal Enfield waren Weltmarken. BMW und Honda eroberten diesen Markt in nur einem Jahrzehnt, ohne dass die britische Motorradindustrie etwas entgegenzusetzen hatte.

52 Krickett zum Beispiel, das beliebteste Spiel der Briten, hat selten einen Sieger. Es wird ständig vom Regen unterbrochen, und am Ende haben alle Teilnehmer gewonnen.

53 James E. McClellan/Harold Dorn, *Werkzeuge und Wissen, Naturwissenschaft und Technik in der Weltgeschichte*, Hamburg: Rogner & Bernhard bei Zweitausendeins 2001, S. 43ff. Einige dieser »hydropneumatischen« Kulturen reichten bis fast in die Neuzeit. Um die berühmte Tempelanlage von Angkor Wat in Kambodscha hat ein internationales Forscherteam erst 2007 »die größte vorindustrielle Siedlung der Welt« entdeckt. Demnach erstreckte sich die Besiedlung um Angkor Wat über gut 1000 Quadratkilometer, berichtet das Archäologenteam um Damian Evans von der Universität Sydney in den *Proceedings of the National Academy of Science* (*PNAS*) der USA. Die

Ruinen aus der Zeit vom 9. bis 16. Jahrhundert waren über ein komplexes Bewässerungssystem miteinander verbunden.

54 Siehe die BBC-Dokumentation »How Art made the World« von Nick Murphy, 2007.

55 Karl H. Metz, *Ursprünge der Zukunft. Die Geschichte der Technik in der westlichen Zivilisation*, Paderborn: Schöningh 2006, S. 32ff.

56 Ebd., S. 30ff.

57 Zur Vielfalt der Techniken in der Renaissance siehe etwa: John R. Hale (Hrsg.), *A concise encyclopedia of Italian Renaissance*, London: Thames & Hudson 1981, S. 312.

58 J. H. Plumb, *The Penguin Book of the Renaissance*, London: Penguin Books 1964, S. 228.

59 James E. McClellan/Harold Dorn, *Werkzeuge und Wissen, Naturwissenschaft und Technik in der Weltgeschichte*, Hamburg: Rogner & Bernhard bei Zweitausendeins 2001, S. 145ff.

60 Ebd., S. 139.

61 Ebd., S. 227ff.

62 Karl H. Metz, *Ursprünge der Zukunft. Die Geschichte der Technik in der westlichen Zivilisation*, Paderborn: Schöningh 2006, S. 52ff.

63 James E. McClellan/Harold Dorn, *Werkzeuge und Wissen, Naturwissenschaft und Technik in der Weltgeschichte*, Hamburg: Rogner & Bernhard bei Zweitausendeins 2001, S. 106.

64 Robert Wright, *Nonzero. The Logic of Human Destiny*, New York: Pantheon Books 2000 S. 218ff.

65 Am Beispiel der K.-u.-k.-Monarchie lässt sich eindrucksvoll die Skepsis gegenüber technischen Erneuerungen nachvollziehen. (vgl. Franz Herre, *Kaiser Franz Joseph von Österreich. Sein Leben – seine Zeit*, München: Heyne Verlag 1981, S. 376). Die zögerliche und erschrockene Haltung von Kaiser Franz Joseph gegenüber dem Industriezeitalter äußerte sich etwa in seiner Ablehnung von technischen Neuerungen und der Energieform Elektrizität. Der begeisterte Jäger ließ sich beispielsweise trotz nachlassender Sehkraft kein Zielfernrohr auf das Gewehr montieren mit der Bemerkung: »Oh nein, das ist ja unwaidmännisch.« Technische Erfindungen wie elektrische Fahrstühle waren ihm nicht geheuer, lieber ging er zu Fuß. Ebenso duldete er keine Telefonanlage in seinem Arbeitszimmer als Kommunikationsmittel, sondern zog den traditionellen Instanzenweg vor, auf dem man sich dem Monarchen distanziert und

respektvoll zu nähern hatte. Stattdessen ließ er einen Telefonapparat, den er auch weiterhin nicht selbst nutzte, im Badezimmer einbauen. Die Skepsis gegenüber dem Automobil äußerte der Kaiser darin, dass er bei einer Fahrt mit dem neuartigen Transportmittel automatisch Unfälle erwartete. Auf die Einladung zu einer Fahrt durch den Österreichischen Automobilclub erwiderte er: »Wenn es, wie ich innigst hoffe, kein Malheur gibt, will ich nichts sagen, aber heimlich ist die Sache doch nicht.« Und an seine Geliebte, die Burgtheaterschauspielerin Katharina Schratt, die sich ein Automobil gekauft hatte, schrieb er: »Daß Sie auch einen Autounfall hatten, ist auch beängstigend, war aber vorauszusehen.« (zitiert nach: Herre, S. 376–378). In seinem 1929 erschienenen Werk *The Dissolution of the Habsburg Monarchy* formuliert der ungarische Sozialwissenschaftler Oscar Jászi: »Während das Deutsche Reich [...] ein machtvolles und in technischer Hinsicht außerordentlich hoch entwickeltes Industriesystem schaffen konnte, [...] wurde Österreich-Ungarn in dem scharfen Konkurrenzkampf der Industrie erfolglos.« Er resümiert: »Vom wirtschaftlichen Standpunkt aus betrachtet, war die österreichisch-ungarische Monarchie bereits 1913 ein besiegtes Reich, und als solches ging sie 1914 in den Weltkrieg.« (zitiert nach: David F. Good, *Der wirtschaftliche Aufstieg des Habsburgerreiches 1750–1914*, Wien-Köln-Graz: Böhlau, S. 14).

66 Gandhi schrieb in der Zeitschrift *Harijan* am 29. August 1936: »Die Wiedergeburt des Dorfes ist nur möglich, wenn es nicht mehr ausgebeutet wird. Die Industrialisierung im Massenausmaß muß zwangsläufig zu direkter oder indirekter Ausbeutung der Dorfbewohner führen, weil dann die Probleme des Wettbewerbs und der Marktbeherrschung auftauchen. Wir müssen unsere Aufmerksamkeit darauf konzentrieren, dass das Dorf in allem sich selbst erhält und hauptsächlich für den eigenen Gebrauch produziert. Vorausgesetzt, dass dieser Charakter der dörflichen Industrie erhalten wird, wäre nichts dagegen einzuwenden, wenn die Dorfbewohner sogar jene modernen Maschinen benutzten, die sie selbst herstellen und verwenden können. Sie dürfen nur nicht zum Mittel der Ausbeutung werden.«

67 Paul Ormerod, *Why Most Things Fail. Evolution, Extinction and Economics*, London: Faber & Faber 2005.

68 Stanislaw Leu, *Summa technologicae*, S. 9–11.

69 Gerhard Schulze, *Die Erlebnisgesellschaft*, Frankfurt/M.-New York: Campus Verlag 2000; und ders., *Die beste aller Welten – wohin bewegt sich die Gesellschaft im 21. Jahrhundert?*, Frankfurt/M.: Fischer Verlag 2004.

70 Everett M. Rogers, *Diffusion of Innovations*, 5. Aufl., New York: Free Press 2003, S. 231.

71 Nils Minkmar, »Kann ein Telefon die Welt verändern?«, in: *Frankfurter Allgemeine Sonntagszeitung* 1.7.2007, S. 25.

72 Als Sekundär-Outlet, wie bei Tesco.com, können solche Dienste sehr erfolgreich sein. Doch der Konkurs von Webvan, dem größten Internet-Food-Anbieter in den USA, war mit 800 Millionen Dollar Verlust die größte Internet-1.0-Pleite überhaupt.

73 Die Fallstudie zu Webvan und mehr zum »Avocado-Effekt« findet man in: Carl Franklin, *Why Innovation Fails*, London: Spiro 2003, S. 187ff.

74 Everett M. Rogers, *Diffusion of Innovations*, 5. Aufl., New York: Free Press 2003, S. 8ff.

75 Merritt Ierley, *Wondrous Contrivances*, New York: Clarkson Potter 2002, S. 135 ff.

76 Fallstudie in Freeman Dyson, *Imagined Worlds*, Cambridge, Mass./London: Harvard University Press 1997, S. 40ff.

77 Armin Himmelrath, »Monster auf Schienen«, http://einestages.spiegel.de/static/topicalbumbackground/1513/_flugzeug_ohne_fluegel.html.

78 Chris Löwer, »Schlüsseltechnologie mit Schwierigkeiten. Fehlende internationale Standards, Sicherheitsbedenken und hohe Produktionskosten verzögern den übergreifenden Einsatz der RFID-Technik«, in: *Handelsblatt* 28.6.2007, S. 18.

79 Da Radiosender ihre Hörer immer *lokal* generieren (und damit ihre Werbeinnahmen erzeugen), bleiben die Investitionen in Radiotechnologien, die größere Distanzen überwinden, eher gering. Digitales Satelliten-Radio ist deshalb seit vielen Jahren schon ein Flop – die Anzahl mobiler Hörer ist einfach zu gering, die Sender haben kein ernsthaftes Interesse –, besonders in Europa, wo die Radiolandschaft extrem kleinteilig strukturiert bleibt.

80 Donald A. Norman, *The invisible Computer – Why good Products can fail*, Cambridge/Mass.: MIT Press 1998, S. 7ff.

81 Richard Dawkins, *Gipfel des Unwahrscheinlichen – Wunder der Evolution*, Hamburg: Rowohlt Verlag 1999, S. 110.

82 Der Begriff stammt aus der Evolutionsbiologie; siehe den Eintrag in der Online-Enzyklopädie Wikipedia (http://de.wikipedia.org/wiki/Exaptation).

83 Paul Lewinson, *The Soft Edge – a natural history and future of the information revolution*, London: Routledge 1997, S. 62ff.

84 Siehe u. a.: »Accidental Genius«, in: *Wired* 1/2002, S. 92ff.

85 Gundolf S. Freyermuth, »Ich war als Hörgerät gedacht. Exaptation heißt das neu entdeckte Verfahren, dessen sich die Natur und der technische Fortschritt schon lange bedienen«, in: *Financial Times Deutschland*, 29.6.2001, Weekend, S. 1.

86 Freeman Dyson, *Imagined Worlds*, Cambridge, Mass./London: Harvard University Press 1997, S. 17.

87 Ray Kurzweil, *The Singularity Is Near. When Humans Transcended Biology*, New York: Viking 2005, S. 7.

88 Zur Widerlegung dieser Formel siehe den Artikel von Helmut Klemm in der *Zeit* vom 3.1.2002: »Horizont der Erkenntnis – Allenthalben wird die ›schwindende Halbwertszeit des Wissens‹ beschworen. Ein Blick in die Informationswissenschaft zeigt: Das Gegenteil ist der Fall«.

89 David Gugerli, »Modernität – Elektrotechnik – Fortschritt«, in: Klaus Plitzner (Hrsg.), *Elektrizität in der Geistesgeschichte*, Wien: GNT Verlag, S. 57.

90 *Die Zeit*, 3.5.2007, S. 96.

91 Barthold Georg Niebuhr, *Geschichte des Zeitalters der Revolution*, Hamburg: Verlag des Rauhen Hauses 1845, S. 54f.

92 Merritt Ierley, *Wondrous Contrivances – Technology at the Threshold*, New York: Clarkson Potter Publishers 2002, S. 1.

93 Merritt Ierley, *Wondrous Contrivances – Technology at the Threshold*, New York: Clarkson Potter Publishers 2002, S. 235.

94 Zitiert nach Edgerton, *The Shock of The Old. Technology and Global History since 1900*, Oxford: Oxford University Press 2007, S. 113.

95 *Tribune* 12.5.1944, http://www.netcharles.com/orwell/essays/asiplease1944-05.htm#May12.

96 Merritt Ierley, *Wondrous Contrivances – Technology at the Threshold*, New York: Clarkson Potter Publishers 2002, S. 35.

97 Ebd., S. 36.

98 David Edgerton, *The Shock of The Old. Technology and Global History since 1900*, Oxford: Oxford University Press 2007, S. 31. Siehe auch Bob Seidensticker, *Future Hype. The Myths of Technological Change*, San Francisco: Berrett-Koehler, S. 85.

99   Merritt Ierley, *Wondrous Contrivances – Technology at the Threshold*, New York: Clarkson Potter Publishers 2002, S. 234.

100 Ebd., S. 7.

101 Zitiert nach Paul Levinson, *The Soft Edge – a natural history and future of the information revolution*, London: Routledge 1997, S. 46.

102 David Edgerton, *The Shock of The Old. Technology and Global History since 1900*, Oxford: Oxford University Press 2007, S. 23–25, 50.

103 Ruth Brandon, *Auto Mobile: How the Car changed Life*, London: Macmillan 2002.

104 David Edgerton, *The Shock of The Old. Technology and Global History since 1900*, Oxford: Oxford University Press 2007, S. XV, 33–35.

105 John Horgan, *The End of Science. Facing the Limits of Knowledge in the Twilight of the Scientific Age*, London: Little, Brown and Company 1996.

106 »Are we on our way back to the Dark Ages«, in: *New Scientist* 2.7.2005. Ted Modis: »Forecasting the Growth of Complexity and Change«, Download unter: http://ourworld.compuserve.com/homepages/tmodis/TedWEB.htm.

107 Everett M. Rogers, *Diffusion of Innovations*, 5. Aufl., New York: Free Press 2003, S. 449f.

108 Freeman J. Dyson, *Die Sonne, das Genom und das Internet*, Frankfurt/M.: S. Fischer 2000, S. 100.

109 Wie Dirk Asendorpf in seinem Text »Wenn der Teppich Alarm schlägt« in der *Zeit* vom 28.2.2008 richtig feststellt: »Hausnotrufsysteme gibt es schon seit 20 Jahren, und bis heute sind sie die einzige AAL-Anwendung, die es tatsächlich zur Marktreife gebracht hat. Was aber hat der rote Knopf, das all den anderen Ideen noch fehlt? Bedienung und Installation sind einfach. Seit der Notruf nicht mehr an einer hässlichen Kette vor der Brust, sondern unauffällig an einem Armband getragen werden kann, stimmt auch das Design. Bei technischen Problemen gibt es im Pflegedienst einen Ansprechpartner mit menschlichem Gesicht. Der große Nutzen hat sich herumgesprochen. Und nicht zuletzt ist dieser Service auch mit kleiner Rente bezahlbar. Rund 30 Euro im Monat kostet der Anschluss an ein Notrufsystem, knapp 20 davon übernimmt die Pflegekasse.«

110 Berhard E. Bürdek (Hrsg.), *Der digitale Wahn*, Frankfurt/M.: Suhrkamp 2001, S. 90.

111 *Focus Online*, 3.7.2006 (http://www.focus.de/digital/handy/mobilfunk-studie_aid_111317.html).

112 Karl H. Metz, *Ursprünge der Zukunft. Die Geschichte der Technik in der westlichen Zivilisation*, Paderborn: Schöningh 2006, S. 345.

113 Zur Adaption moderner Technologien in Entwicklungsländern siehe auch: »Of Internet-Cafes and power cuts – Emerging economies are better at adopting new technologies than at putting them into widespread use«, in: *The Economist* 9.2.2008, S. 68.

114 Siehe beispielsweise *The Economist* (Technology Quarterly) 7.6.2007: http://www.economist.com/displaystory.cfm?story_id=9249302.

115 Jörg Jochen Berns, *Die Herkunft des Automobils aus Himmelstrionfo und Höllenmaschine*, Berlin: Wagenbach, 1996.

116 Siehe u. a: *Die Zeit* 4.1.2001, S. 26.

117 http://de.wikipedia.org/wiki/%C3%89tienne_Lenoir.

118 *GDI Impuls* 2/2005, S. 60.

119 Ein wunderbares Beispiel für Prätechnologien ist auch das »Haus der Karten« in Brüssel. Hier wurde zu Beginn des 20. Jahrhunderts in einem ehemaligen Anatomietheater das Internet vorweggenommen. Seit dem Jahr 1876 entwickelte der belgische Rechtsanwalt Paul Otlet ein System, auf Karteikarten das Wissen der Menschheit zu sammeln – nach einem strengen, numerischen Katalogsystem. Er ahnte sogar voraus, dass Anfragen eines Tages per Telefon, Fax oder gar Fernsehen »übertragen« werden würden. Für das Archiv wurde extra ein Gebäude von Le Corbusier geplant, das Mundaneum in Genf. Zu Beginn des Zweiten Weltkriegs existierten 15 646 346 Karten, bis die Nazis das Gebäude requierten. Die Reste des Mundaneums lagern heute in Mons. Vgl. Paul Collins, »The House of Cards«, in: *New Scientist* 22.3.2008, S. 46.

120 Merritt Ierley, *Wondrous Contrivances – Technology at the Threshold*, New York: Clarkson Potter Publishers 2002, S. 128.

121 Ebd., S. 155.

122 Ebd., S. 119.

123 Karl H. Metz, *Ursprünge der Zukunft. Die Geschichte der Technik in der westlichen Zivilisation*, Paderborn: Schöningh 2006, S. 343.

124 Shoshana Zuboff/James Maxim, *The Support Economy*, New York: Viking 2002, S. 45.

125 Merritt Ierley, *Wondrous Contrivances – Technology at the Threshold*, New York: Clarkson Potter Publishers 2002, S. 62ff.

126 Uwe Fraunholz, *Motorphobia. Anti-automobiler Protest in Kaiserreich und Weimarer Republik*, Göttingen: Vandenhoeck & Ruprecht 2002, S. 44f.

127 Ebd., S. 128f.

128 Ebd., S. 198.

129 Hermann Hesse: *Der Steppenwolf.* Gesammelte Werke in zwölf Bänden, Bd. VII. Frankfurt/M. 1970, S. 372.

130 Chris Anderson, *The Long Tail. How Endless Choice is Creating Unlimited Demand*, London: Random House 2006. Siehe auch Chris Andersons TED-Vortrag: http://www.ted.com/index.php/speakers/view/id/72.

131 Allerdings lässt sich hier argumentieren, dass es in verschiedenen Gesellschaftsformen unterschiedliche Selektionselemente für Abhörgeräte geben kann. In unangreifbar-autoritativen Gesellschaftssystemen könnte das Selektionsmerkmal für effektive Abhörgeräte gerade *die Größe* sein, weil die Machthaber ihre »Mithörpotenz« zeigen wollen. Überwachungskameras etwa unterliegen nicht unbedingt dem Miniaturisierungsdiktat, im Gegenteil, man baut sie sichtbar und sogar als Attrappen.

132 Hier kann und muss man die Frage stellen, wie weit die menschliche Hand-Ergonomie umgekehrt in Richtung auf die Videospiel-Controller morpht. Meine Söhne etwa haben bereits einen »Turbodaumen«, sie können mit dem Daumen rasend schnell SMS tippen. Wie viele Generationen würde es brauchen, um diese Fähigkeit genetisch zu codieren? Dafür müsste sich das selektive Merkmal meiner Söhne durch vermehrte Fortpflanzung durchsetzen, und andere müssten ihre Reproduktionsquote vernachlässigen bzw. durch mangelnde Daumenschnelligkeit aussterben. Spätestens hier fängt man an, »lamarckistisch« zu denken, und damit wird es lustig, aber falsch. Zumindest gäbe es dann andere Handys und anders geformte Daumen ...

133 Siehe beispielsweise Stephen Jay Gould, *Zufall Mensch. Das Wunder des Lebens als Spiel der Natur*, München-Wien: Hanser Verlag 1991.

134 Niles Eldredge/Stephen Jay Gould, »Punctuated Equilibria. An Alternative to Phyletic Gradualism«, in: Thomas J. M. Schopf (Hrsg.), *Models in Paleobiology*, San Francisco: Freeman, Cooper & Co. 1972, S. 82–115; Download: http://www.nileseldredge.com/pdf_files/Punctuated_Equilibria_Eldredge_Gould_1972.pdf.

135 Carl Franklin, *Why Innovation Fails*, London: Spiro 2003, S. 25.

136 James Surowiecki, *The Wisdom of Crowds. Why the Many Are Smarter than*

the Few and How Collective Wisdom Shapes Business, Economies, Societies, and Nations, New York: Doubleday 2004, S. 26.

137 Jeffrey Kluger, *Simplexity. The Simple Rules of a Complex World*, London: John Murray 2007, S. 197.

Teil III: Heilige Technologie – Wie die »Smart Tech der Zukunft selektiert wird

138 Everett M. Rogers, *Diffusion of Innovations*, 5. Aufl., New York: Free Press 2003.

139 Steve Lohr, »By Evolving, Technologies Find a Way to Survive«, in: *New York Times Standard-Edition* 7.4.2008, S. 6.

140 »Clever kreuzen – Jetzt liefert die moderne Pflanzenzüchtung die gesunden Tomaten und robusten Reissorten, die Gentechniker einst versprochen hatten. Wird die grüne Gentechnik überflüssig?«, in: *Wirtschaftswoche* 9.10.2006, S. 125.

141 *Geo* 05/2005, S. 52, http://www.geo.de/GEO/technik/3769.html.

142 »Power from the People – self-generated Energy«, in: *The Economist* 9.2.2008, S. 79.

143 »Zu viel Dämpfung – auch die Sportschuhindustrie muss umdenken, weil die starke Dämpfung der Schuhe zwar die Gelenke schont, aber die Achillessehne schwächt«, in: *Der Spiegel* 12/2007, S. 141.

144 Siehe zum Beispiel die Sonderbeilage »Geschichten aus der Zukunft« des Magazins *Stern* 45/2000.

145 Proceedings of the National Academy of Sciences, www.pnas.org/cgi/content(abstract/192252799v1.

146 *Wired* Juni 2001, S. 56.

147 Siehe beispielsweise den Artikel »Schmerzmittel aus dem Gift von Meeresschnecken« von Norbert Lossai, in: *Die Welt* 7.1.2002, S. 31.

148 Das beste Buch zu diesem Thema: Kurt G. Blüchel/Fredmund Malik (Hrsg.): *Faszination Bionik, Die Intelligenz der Schöpfung*, München: Bionik Media 2006.

149 Jeffrey Kluger, *Simplexity. The Simple Rules of a Complex World*, London: John Murray 2007, S. 82f.

150 Dan Jones, »Engines of Evolution – The elegant complexity of the bacterical flagellum inspires awe, but ist humble origins are becoming apparant«, in: *New Scientist* 16.2.2008, S. 40.

151 Stanislaw Lem, *Die Technologiefalle. Essays*, Frankfurt/M.-Leipzig: Insel Verlag 2000, S. 53.

152 Donald A Norman, *The Design of Future Things*, New York: Basic Books 2007, S. 41.

153 Richard Dawkins, *Der blinde Uhrmacher. Ein neues Plädoyer für den Darwinismus*, Kindler 1987.

154 Für das vollständige Interview siehe Belinda Barnet/Niles Eldredge, »Material Cultural Evolution: An Interview with Niles Eldredge«,http://journal.fibreculture.org/issue3/issue3_barnet.html. Siehe auch: »The Collector – What is the connection between a cornet and a trilobite? The twin obsessions of renowned evolutionary biologist Niles Eldredge«, in: *New Scientist* 26.7.2003, S. 38.

155 Untersucht werden diese Prozesse in der neuen Wissenschaft »Evo Devo«, abgekürzt für Evolutionary developmental biology. Siehe beispielsweise das Buch von Sean B. Carroll, *Endless Forms Most Beautiful – The New Science of Evo Devo and the Making of the Animal Kingdom*, New York: Norton 2005. Siehe auch: Ernst Dieter Gilles, »Komplexität in Technik und Biologie«, http://www.akademienunion.de/_files/akademiejournal/2004-1/AKJ_2004-1-S-55-61_gilles.pdf.

156 Zitiert nach: Bob Holmes, »Evolution: Blink and you'll miss it«, in: *New Scientist* 9.7.2005, S. 28.

157 Siehe neben dem Artikel von Holmes auch: Eric D. Beinhocker, *Die Entstehung des Wohlstandes. Wie Evolution die Wirtschaft antreibt*, Landsberg/Lech: mi-Fachverlag 2007, S. 39; Daniel C. Dennett, *Darwin's Dangerous Ideas. Evolution and the Meanings of Life*, London: Penguin 1995, S. 157.

158 »Darwin and the Generation Game – Designs evolved inside a super-fast computer can now surpass the best a human can come up with«, in: *New Scientist* 28.7.2007, S. 26.

159 Kevin Kelly, »The Future ist organic«, in: *The Observer* 18.6.1995, dazu auch Kellys Buch *Out of Control. The New Biology of Machines, Social Systems, and the Economic World*, Cambridge, Mass.: Perseus Books 1994.

160 Siehe u. a. *Brand Eins* März 2008, S. 38: »Elefantengras-Hochzeit«.

Teil IV: Zu den Sternen – Unsere meta-technologische Zukunft

161 In *2001 – Odyssee im Weltall* trägt sie »uns«, das heißt die jungen, männlichen Abgeordneten der Menschheit, die »Starseed«, bis ans Ende der Zeit,

in einen imaginären Rokokoraum, der die Herrschaft einer Alien-Spezies über Raum und Zeit symbolisiert. Man braucht nicht allzu viel psychoanalytische Ausbildung, um in diesem Raum, in dieser Spezies, den strengen, aber auch gütigen »Vater« zu sehen – in der Wiederauferstehungs-Szene am Schluss des Films finden sich alle Grundsymbole des christlichen Wiederauferstehungs-Mythos.

162 Sherwin B. Nuland, *Die Kunst zu altern. Weisheit und Würde der späten Jahre,* München: DVA 2007, S. 228.

163 Ebd., S. 224ff. Siehe auch den TED-Vortrag »Why we age and how we can avoid it«, www.ted.com/index.php/talks/view/id/39.

164 ddp-Meldung vom Januar 2003.

165 Ebd.

166 Siehe u. a. *Die Zeit* 23.1.2003, S. 23.

167 Ebd.

168 An dieser »Unsicherheit« der Evolution setzt de Greys Argumentation an: Im Umkehrschluss hieße das, das es keinen vernünftigen, auch keinen evolutionären Grund gäbe, nicht ewig zu leben.

169 Brian Appleyard, *How to Live Forever or Die Trying. On the New Immortality,* London: Simon & Schuster 2007.

170 So hat sich etwa die Sims-Fanatikerin Eva Krieger ihre Wohnung in Hamburg genau nach der virtuellen Welt der Sims nachgebaut – samt Hunden, Fischen, Bildern ...: *Stern* 35/2002, S. 92.

171 Lynn Margulis/Dorion Sagan, *Leben. Vom Ursprung zur Vielfalt,* Heidelberg: Spektrum 1997. Zitiert nach dem Auszug »Wie wir uns überleben«, in: *Die Zeit* 25/1997, S. 37.

172 Stanislaw Lem, *Fiasko,* Frankfurt/M.: Suhrkamp 2000.

173 Beispielsweise stellte Herb Martin von der kalifornischen Firma D-Wave-Systems im Februar 2007 einen 16-Quantenbit-Computer vor: Manfred Lindinger, »Generalprobe für flinke Rechner«, in: *Frankfurter Allgemeine Zeitung* 16.2.2007, S. 32.

174 Julian Barnes, »Der Traum«, in: *Eine Geschichte der Welt in 10 ½ Kapiteln,* Zürich: Haffmans 1990, S. 331ff. © by Verlag Kiepenheuer & Witsch, Köln.

175 David Edgerton, *The Shock of The Old. Technology and Global History since 1900,* Oxford: Oxford University Press 2007, S. 83ff.

176 Richard Rhodes, *Visions of Technology,* New York: Simon & Schuster 1999, S. 379.

Bildnachweise

Matthias Horx: S. 10, 11, 13, 18, 23, 33, 42, 43, 44, 106, 152, 162, 163, 164, 165, 166, 170, 171, 172, 173, 174, 175, 176, 223, 231, 252, 253

Niedersächsisches Landesamt für Denkmalpflege (Foto: C. S. Fuchs): S. 89

Register

Holm Friebe, Thomas Ramge
Marke Eigenbau
Der Aufstand der Massen
gegen die Massenproduktion

2008, 240 Seiten
ISBN 978-3-593-38675-1

»Wirtschaft ist zu wichtig, um sie den Großen zu überlassen.«

Günter Faltin, Teekampagne

Wir erleben die Rebellion des Selbermachens gegen eine anonyme industrielle Massenproduktion. Hochwertige Produkte zu fairen Preisen; der Produzent ist Teil der Marke und kann auf fast jeden Wunsch der Verbraucher eingehen: Das ist »Marke Eigenbau«. Holm Friebe und Thomas Ramge belegen anhand vieler nationaler und internationaler Beispiele, wie das schon jetzt funktioniert und warum Masse künftig die Summe der Nischen sein wird. Die Grenzen zwischen Produzenten und Käufern werden fließend, aus Konsumenten werden »Prosumenten«, die selbst Produkte herstellen und ihre Marktmacht entdecken. Eine Bewegung, die dem globalen Kapitalismus eine neue Wendung geben wird.

Mehr Informationen unter
www.campus.de

Frankfurt · New York

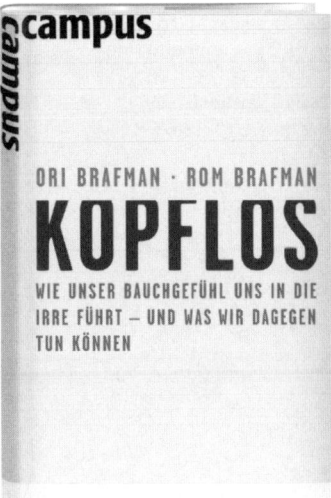